KB077649

Petrology and Geological Structure in Korea

토목기술자를 위한 개정판

한국의 암석과 지질구조

저자_ 이병주, 선우춘

머리말

지구상에 인류가 태어나면서부터 이들은 주거할 공간의 확보 및 활동의 편리함과 안전을 위해 스스로 자연환경을 극복하기 시작하였다. 또한 이들은 함께 모여 살 주거 공간의 확보를 위한 방편으로 터를 닦고 움막을 지었다. 이때부터 주변의 돌멩이 즉 암석을 가까이 하면서 터를 닦고 지반을 구축하였던 것이다. 이것이 바로 암석에 대한 이해와 터 고르기의 시초가 아니었을까 생각해 본다.

토목공사를 실시함에 있어서 대상이 되는 지반의 지질과 지질구조를 이해함으로써 설계 시 이를 반영하고 시공 시 부딪힐 수 있는 사고와 위험에 미리 대비할 수 있다면 분명히 훌륭한 공사를 완결 지을 수 있을 것이다. 이것은 전쟁 시 적에 대한 충분한 정보를 바탕으로 전략을 짜서 전쟁에 임한다면 승리할 확률이 높아지는 것과 같은 맥락이다.

이 책은 1장과 2장에서는 암석과 지질구조에 대한 일반적인 사항이 설명되어 있고, 3장에서는 한국의 전체적인 지질구조 및 층서대에 대한 내용을 설명하였다. 그리고 4장부터 고생대에서 신생대까지 암석 시대별로 그에 따른 지역적인 암석들의 분포와 특성에 대하여 설명하였다. 또한 각 장마다 풍화, 불연속면, 이방성, 점토광물, 특수지반 등과 같은 특별주제에 대해서도 기술하였다.

오래전부터 토목기술자를 위한 지질공학적 내용을 담아 한 권의 책으로 만들어야 겠다는 생각은 있었으나 실행하지 못하고 있었으나 최근 토목분야에서도 지질 및 지질공학에 대한 관심이 전 세계적으로 높아지는 것을 보면서 서둘러 집필을 하기로 결심하였다.

지질학과 토목공학은 실지로 상호 공존하면서 발전하여야 할 학문이다. 실례로 18세기 미국과 유럽에서 토목공학도들이 지질학의 발전에 크게 기여한 바 있다. 미국의 Lewis Evans(1700-1756), 영국의 William Smith(1769-1839), 프랑스의 Pierre Cordier(1777-1862) 와 그 외 많은 다른 사람들이 지질학의 근본을 알리는데 많은 공헌을 했다. 이제 토목공학과 지질공학이 서로 부족한 부분을 보안해줌으로써 더 큰 시너지 효과가 발생할 것을 확신한다.

그런 의미에서 본 교재가 토목, 자원 및 지질에 대해 관심이 있는 학생이나 현장실무자 모두에게 도움이 될 수 있기를 바라며, 이 책을 통하여 지질에 대한 이해가 깊어지는 계기가 되었으면 한다. 마지막으로 많은 용어들이 영어로 표기할 수밖에 없었던 점에 대해서는 학계의 선후배가 함께 풀어가야 할 숙제로 남기고 독자 여러분께 양해를 구하고 싶다. 부디 너그러운 마음으로 헤아려 주실 것을 부탁드린다.

2010년 12월

이병주, 선우춘

CONTENTS

CONTENTS

Petrology and Geological Structure in Korea

Part. 01

암석의 종류와 분류

Part. 01

암석의 종류와 분류

지구의 겉 표면인 지각은 표면을 덮고 있는 흙, 즉 토사와 그 아래 암석으로 이루어져 있다. 이들 암석은 크게 퇴적암, 화성암 및 변성암으로 구분된다. 본 장에서는 각각의 암석에 대한 종류와 성인 및 분류를 차례로 기술한다. 본 장의 퇴적암, 화성암 및 변성암에 대한 기술은 정창희(1970)에 의한 『지질학개론』에서 언급된 내용을 중심으로 기술하였다.

1.1 퇴적암

육지 표면에 분포되어 있는 암석의 75%는 퇴적암 내지 변성퇴적암으로 이루어져 있고 나머지 25%만이 화성암 내지 화성기원의 변성암으로 되어 있다. 학자들이 바닷물에 들어 있는 Na(화성암에서 유래된 것으로 추정)의 양 및 기타 또 다른 근거로부터 계산한 바에 의하면 육상의 퇴적암층의 평균 두께는 1.5km이다. 그러므로 육지 표면의 4분의 3을 덮고 있는 퇴적암도 지하로 들어감에 따라 그 양이 감소될 것이며 해양지각에 가까이 가면 거의 퇴적암을 찾아볼 수 없을 것이다. 퇴적암은 지각의 표면에 겹겹이 층리를 가지며 얇게 붙어 있는 껍질이라고 생각할 수 있다(그림 1.1).

퇴적암은 지구의 역사 즉 지사의 연구에 꼭 필요한 암석으로, 지질학자들은 이 퇴적암층을 조사하여 수억 년 전부터 지금까지의 지사를 알아내려고 노력하고 있다. 지층이 간직한 모든 사실들이 정확하게 해석된다면 우리는 지구의 과거를 자세히 알 수 있을 것이다. 뿐만 아니라 퇴적암의 지층 내에 존재하는 화석을 연구함으로써 지구상에 서식했던 생물과 그 진화의 모습 및 현재의 생물에 대한 기원을 밝힐 수 있다.

1.1.1 퇴적암의 생성 과정

가. 퇴적물의 기원

지구의 태초, 퇴적암이 생성되기 전의 원시지각은 화성암 내지 운석 물질의 집합체였을 것이다. 이것이 풍화 및 침식작용을 받아 자갈, 모래 및 펄과 같은 쇄설물로 만들어져 이들이 물 밑에 쌓여서 최초의 퇴적암이 생성되었다. 그 후 지각변동으로 생성된 이곳이 육화되면서 물 위에 나타나 퇴적암이 생성되었다. 풍화작용은 모든 암석을 지표로부터 파괴하여 여러 가지 풍화생성물을 만든다. 이렇게 만들어진 풍화 및 침식에 의한 생성물은 강이나 호수 등의 물이나 빙하 혹은 바람 등에 의한 운반과 이들이 쌓이는 퇴적작용을 거쳐 고화작용을 받아 퇴적암으로 변한다.

나. 운반 및 퇴적

풍화 침식물인 쇄설물을 이동하는 에너지는 흐르는 물이 가장 큰 운반력을 가졌으나 빙하와 바람에 의하여도 풍화생성물이 운반된다. 이들 중 바다로 운반된 퇴적물들은 저류, 연안류, 해류 및 물결의 작용으로 이들이 집적되는 곳으로 퍼져 나간다. 퇴적암 생성의 다음 순서는 퇴적물들이 한곳에 쌓이는 퇴적작용이다. 퇴적물은 쇄설성 퇴적물, 화학적

그림 1.1 전북 부안군 채석강에서 겹겹의 층리를 가지는 퇴적암

퇴적물, 유기적 퇴적물로 크게 나누어지며 이들은 각각 퇴적의 과정을 달리한다.

다. 쇄설성 퇴적물

쇄설성 퇴적물은 암에서 분리되어 처음부터 퇴적될 때까지 알갱이로 존재하다가 퇴적된 물질이다. 원암으로부터 분리되어 운반되는 도중에 점차로 마모되고 변형되어 운반 과정의 말기에는 최종적인 형태를 가진 펄에서 왕자갈까지의 크고 작은 입자들로 완성된다. 이들은 그 크기에 따라 환경에 대하여 안정한 위치에 선택적으로 퇴적된다. 입자들의 직경 및 형태는 그들의 퇴적 속도와 퇴적 장소를 정하여 준다. 입자가 크고 원형에 가까운 것은 바로 낙하하여 퇴적되므로 얕은 수저에 쌓이고, 직경이 작고 납작한 입자는 침하 속도가 늦으므로 떠서 먼 곳까지 운반되어 깊은 곳에 퇴적된다.

왕자갈은 사람의 머리보다 더 큰 돌덩어리로서 약간 둥글게 되어 모서리가 없어진 것이다. 모서리가 떨어지지 않고 예리한 모와 능선이 있는 큰 돌덩어리를 암괴라고 하여 구별한다. 왕자갈과 잔자갈도 서로 부딪치고 달아서 둥글게 된 것을 말한다. 학자에 따라서는 2mm 이상 되는 입자를 자갈로 취급한다. 그들에 의하면 왕모래는 자갈로 분류되나, 암석이 왕모래로 되어 있어도 이를 사암이라고 부르는 사람이 많으므로 왕모래를 모래의 일종으로 구분하는 것이 좋을 것으로 생각된다.

자갈·왕자갈·잔자갈이라고 하면 장경이 2mm 이상의 큰 알갱이 한 개 한 개를 의미하기도 하고 집합체를 의미하기도 한다. 그러므로 한 개씩의 자갈을 강조하고 싶으면 '한 개의 자갈'이라고 하는 것이 좋을 것이다. 모서리가 있는 자갈 크기의 덩어리에는 각력이라는 말을 쓰는데 이것은 집합체로서의 용어이다. 각력이 굳어진 것이 각력암이다.

왕모래와 모래에는 물속에서 대체로 모서리가 그대로 보존되어 있다. 이는 물이 입자들 사이의 완충 작용을 담당하여 입자들의 마찰을 피하게 하기 때문이다. 이와 반대로 사막의 모래는 서로 충돌하여 둥글고, 표면은 우유빛 유리처럼 갈려 있다. 모래는 풍화작용과 마찰에 대한 저항이 큰 광물들로 구성되어 있다. 풍화에 대한 저항이 가장 큰 광물은 석영이므로 모래의 대부분은 석영입자로 되어 있다. 세립의 모래입자는 큰 입자들이 서로 충돌할 때에 만들어진 작은 입자들과 2차적으로 생성된 입자들의 혼합으로 되어 있다. 육안으로도 점토보다는 약간 거칠게 보이므로 점토와 구별이 가능하다. 점토는 다른 광물이 화학적인 풍화작용과 속성작용으로 변하여 만들어진 2차적인 점토광물들로 되어 있다. 점토의 주성분인 고령토의 입자는 극히 작으나 전자현미경으로 보면 극히 미세한 결정형을 나타낸다.

라. 화학적 퇴적물

모암이 풍화작용에 의하였거나 모암에서 분리된 암설로부터 수용성의 물질이 용해되어 일단 용액상태로 존재하는 것이 화학적 퇴적물이다. 이 퇴적물은 바다나 호수 등의 침전장소로 이동하여 과포화가 일어난 곳에 침전되어 고화작용이 일어난다. 침전은 염분의 추가 및 증발로 물의 염분 농도가 커지거나 수온이 변할 때에 일어나며, 넓은 바다보다 폐쇄된 바다나 호수에서 침전이 빨리 일어난다.

마. 유기적 퇴적물

유기적 퇴적물은 생물의 유해가 쌓여서 만들어진 퇴적물이다. 동물은 주로 그 껍질이나 뼈를 퇴적물로 공급하는데 그 성분은 물에 용해되어 있던 무기물로서 이들은 생물화학적인 퇴적물이라고 할 수 있다. 식물은 CO_2로부터 취한 탄소를 포함한 유해를 퇴적하여 탄소를 주성분으로 하는 퇴적암, 즉 석탄을 만드는 경우가 있다.

바. 속성작용

퇴적물이 퇴적된 후에 받는 모든 물리적·무기화학적·생화학적인 변화를 속성작용(diagenesis)이라 하며 이러한 속성작용을 통하여 퇴적물은 석화(lithification)한다. 속성작용은 변성작용 전까지의 변화로써 이에는 ① 다짐작용(compaction), ② 새로운 물질의 첨가, ③ 물질의 제거, ④ 광물상(mineral phase)의 변화에 의한 변형, ⑤ 광물상끼리의 교대에 의한 변형이 발생한다. 퇴적암은 여러 단계에 걸친 속성작용을 받는다. 이러한 속성작용을 연구하여 퇴적물이 어떻게 퇴적암으로 변하였는가를 알아내는 것은 경제적으로도 유익하다. 속성작용은 공극수와 불가분의 관계에 있으며 퇴적물에서 어떤 성분을 제거하거나 첨가하는 역할을 하므로 공극수의 화학 성분 규명이 중요하다. 퇴적 장소에는 계속하여 퇴적물이 쌓이므로 아래의 퇴적물은 두꺼운 지층으로 덮여서 압력을 받게 되고 그 속에 들어 있던 물을 짜내어 입자들 사이의 간극을 좁혀 주므로 입자들은 서로 밀착된다. 다음에 입자들 사이를 통과하는 물에 들어 있는 규산분·석회분·철분이 각각 SiO_2, $CaCO_3$, $Fe_2O_3 \cdot nH_2O$로 침전되며 입자들을 교결시킨다. 그 중 가장 강력한 교결 재료는 석영으로서 침전된 SiO_2이다. 교결작용은 결정작용을 동반한다. 수용액으로 되어 있는 상기 성분들이 침전할 때에는 한 분자씩 서서히 집결하여 결정을 만들므로 가장 치밀한 교결재가 된다.

1.1.2 퇴적암의 특징

퇴적암은 퇴적물이 바다나 호수 및 강바닥과 같은 물 밑이나 육지의 어느 한곳에 쌓여서 만들어진 것이므로 화성암과는 구별이 가능한 몇 가지 특징을 가진다. 그 중 대부분의 퇴적암이 가진 특징으로 중요한 것은 층상으로 발달되는 평행구조로서 이것이 층리(bedding)이다. 이 밖에 결핵체, 사층리, 물결자국, 건열, 빗자국 등과 화석이 포함된다. 이들은 퇴적암에만 볼 수 있는 특징이다.

가. 층리

퇴적물이 쌓이는 바다 밑바닥은 대체로 수평인 면이며 이 면 위에 퇴적물이 거의 고르게 한 겹 한 겹 쌓여서 점점 두꺼운 지층이 형성된다. 층과 층 사이의 면은 퇴적물이 굳어진 후에도 잘 쪼개지는 면을 형성하며 이 면을 층리면(bedding plane)이라고 한다(그림 1.2).

그림 1.2 중생대 백악기 공주분지 내 층리가 잘 발달한 퇴적암(적색의 셰일과 회색 사암이 호층을 이룸)

층리들 중 두께가 1cm 이하의 얇은 층리를 엽층(lamina)이라 하며 1m 이상 두꺼운 층리를 가지는 퇴적암을 괴상(massive)의 퇴적암이라고 부른다. 때로는 퇴적물에 잘 발달된 층리가 생물에 의하여 교란되어 층리가 없어지는 경우가 있다. 생물의 이러한 교란작용을 생란작용(bioturbation)이라고 하며 생란작용이 심하면 퇴적물을 잘 혼합시켜 균일하게 하기도 한다. 어떤 암석에는 절리가 발달되어 마치 층리와 같이 보이는 일이 있다. 이런 경우에는 층리에 따른 입자들의 배열 상태를 주의하여 관찰하여 절리와 층리와의 혼동을 피하도록 한다.

층리의 성인은 시간을 달리하여 순차로 쌓이는 퇴적물의 입자의 크기, 퇴적물의 종류와 색, 운반 매질 등의 변화 때문이다. 이러한 변화를 일으키는 원인을 보면 다음과 같다.

① 일기, 계절 및 기후의 변화 : 일기와 계절은 짧은 시일 사이에 강수량의 변화와 풍향의 변화를 일으키고, 기후는 장기간의 어떤 지역에 건습의 차를 나타내며 풍화 속도에 변화를 일으킨다.

② 해저의 심도 변화 : 해수의 증감 또는 조륙운동에 인한 육지의 상승 및 침강으로 해저의 깊이가 변하면 이에 따르는 퇴적물의 입도와 그 구성 성분이 달라진다.

③ 해류의 변화 : ①의 변화로 해류의 변화가 일어나고 이 때문에 해류에 의하여 운반되는 물질(생물을 포함)의 퇴적 장소가 달라진다.

④ 해수와 호수 농도 및 수온의 변화 : 증발이 심해지거나 수온이 변하면(보통 높아지면) 용액으로 되어 있던 염분이 과포화 상태에 달하여 침전을 일으킨다. 수온이 높아지면 중탄산석회($Ca(HCO_3)_2$) 중에서 CO_2가 나가므로 $CaCO_3$의 침전을 일으킨다.

⑤ 생물의 성쇠 식물 또는 동물이 상기한 환경 변화와 진화에 의한 변화로 번성 또는 쇠퇴할 때 그 유해의 공급이 가감되어 층리가 생성된다.

나. 사층리

모래가 쌓여서 형성된 사암층에는 층리가 일정한 방향을 가지지 않는 경우가 가끔 관찰된다. 이런 복잡한 층리를 사층리라고 하는데, 이는 모래를 운반한 바람이나 물이 한 방향으로만 움직이지 않은 곳에 쌓인 지층임을 표시한다. 즉 수심이 대단히 얕은 물 바닥이나 사막의 사구에서 볼 수 있는 퇴적구조이다(그림 1.3).

퇴적물이 쌓이며 사층리를 형성할 당시에는 사층리의 각도는 25°~35°의 안식각을 유지하나 퇴적 후의 다짐작용으로 퇴적 당시보다는 훨씬 작은 각도(15°~20°)를 가지게 된다. 그러나 지층이 횡압력을 받아서 변형하게 되면 도리어 안식각보다 큰 각도를 보이는

그림 1.3 중국 대항산 원생대 규암층에서 관찰되는 사층리

경우도 있다. 어느 경우든 사층리가 있으면 퇴적의 순서를 쉽게 알아 낼 수 있다. 만일 지층이 지각변동으로 뒤집혀 있으면 그 사실을 곧 판단할 수 있으므로 지질학상 중요한 자료가 된다. 또한 지층에 나타난 사층리를 많이 측정하여 그 방향을 통계적으로 처리하면 그 지층이 퇴적할 때의 고수류(古水流)의 방향과 퇴적물의 공급원을 알 수 있는 중요한 구조이다. 우리나라 남동부의 경상분지에서는 사층리의 분석을 이용하여 중생대 백악기의 퇴적암들이 퇴적 당시 대체로 북서쪽이서 남동쪽으로 물이 흘렀음이 밝혀져 있다.

다. 물결자국(연흔)

잔물결이나 물결의 흐름이 그 아래 얕게 쌓인 퇴적물의 표면에 미치면 파상의 요철(凹凸), 즉 물결자국이 새겨진다. 이것이 퇴적작용이 계속되는 동안에도 파괴되지 않고 있으면 층리면 상에 그대로 보존되어 나타난다(그림 1.4). 경상남북도의 중생대층 퇴적암 중에서 특히 자주 발견된다. 물결자국에는 정부가 뾰족하고 곡부가 평탄한 것이 있으며 이런 물결자국을 포함하는 지층은 변형작용을 받아 지층이 역전될 경우에도 그 퇴적 순

그림 1.4 중국 Jixian의 상부 원생대 지층에서 관찰되는 물결자국

서를 판단하는데 이용된다. 수심이 깊은 바다나 호수에서 퇴적된 퇴적암에서는 물결자국이 생기기 어려우며, 물결자국은 사층리와 함께 퇴적 환경을 연구하는 데 중요한 자료가 된다.

라. 건열

얕은 물아래에 쌓인 점토 성분의 퇴적물이 한때 수면 위에 노출되어 건조하게 되면 수분의 증발로 퇴적물의 표면이 수축하여 틈이 생긴다. 이런 틈을 건열이라고 한다(그림 1.5). 건열이 파괴되지 않고 묻혀서 지층 중에 보존되는 일이 많다. 건열은 밑으로 향하여 쐐기 모양의 단면을 보여 준다. 건열구조가 발달하는 지층에서는 지층의 상하판단의 기준이 되기도 한다.

그림 1.5 중국 Jixian의 상부 원생대 지층에서 관찰되는 건열

마. 결핵체

퇴적암 중에는 자갈모양의 구형이나 반구형 혹은 불규칙한 모양을 가진 단단한 물체가 마치 퇴적암 내에 마치 자갈처럼 들어 있는 경우가 관찰되는데 이들을 결핵체라고 한다. 그 직경은 수 mm에서 수 m에 달하는 것까지 있다. 그 성분은 인산염, 경석고, 방해석, 규산, 갈철석, 적철석, 능철석 혹은 황철석이 보통이며, 이들이 수중에 용해되어 있다가 어떤 입자를 중심으로 침전을 일으키면서 서로 뭉쳐져서 만들어진 것이다. 성인적으로는 두 종류가 존재할 수 있으며, 하나는 퇴적물이 쌓일 때에 동시적으로 물밑에서 성장하다가 퇴적물로 덮인 것이고, 다른 하나는 퇴적암이 생성된 후에 지층 중의 어떤 입자가 핵이 되어서 지하수에 녹아 있는 광물질을 집결시킨 것이다.

바. 화석

퇴적물이 침전되던 당시에 수중에 살던 생물의 유해가 지층과 같이 쌓여서 지층 중에 남아 있으면 이들을 화석이라고 한다(그림 1.6). 이 밖에도 생물의 유해는 아니지만 퇴적암 속에 생물체의 흔적으로 생물체가 만든 구멍, 발자국, 기어간 자국 등이 남아 있는 경우가 있으며, 이들을 통틀어서 생흔화석(trace fossils)이라고 한다. 생흔화석은 퇴적 속도, 퇴적 양상, 퇴적 환경, 고생물의 생태 등에 관한 여러 가지 지질학적 정보를 제공한다.

1.1.3 퇴적암의 분류

퇴적암은 앞 절에서 이미 언급한 바와 같이 퇴적물들이 강이나 바다 혹은 호수 등지나 풍력에 의해 쌓여서 된 암석이다. 그러니만큼 퇴적물의 크기 즉 구성물질의 입자크기가 퇴적암을 명명하는데 첫 번째 기준이 된다. 또한 퇴적물의 종류에 따라 쇄설성 퇴적물에서 유래된 쇄설성 퇴적암과 그 외 화학적 내지 유기적 퇴적물에서 유래된 비쇄설성 퇴적암이 그 분류기준이다(표 1.1).

그림 1.6 강원도 사북지역 하부 고생대 지층에서 발견된 삼엽충화석

쇄설성 퇴적암은 암석을 구성하는 입자의 크기에 따라 역암에서 이암까지 분류되며 자갈과 같이 비교적 입자가 큰 퇴적물이 운반되고 쌓여서 암석화가 된 것을 역암이라 하며(그림 1.7) 반대로 입자가 매우 적은 펄 등이 암석화가 된 것을 이암 혹은 셰일이라 하며(그림 1.8 및 1.9), 모래가 암석이 된 것을 사암이라 한다(그림 1.10). 화산쇄설암은 화산활동과 수반하여 발생한 쇄설물들이 공중으로 분출하였다가 중력에 의해 지표에 쌓인 것으로 쇄설물의 크기에 따라 화산각력암에서 화산재로 이루어진 응회암까지 분류된다. 그 외 생물의 유해가 퇴적된 석탄, 규조토, 처트 등과 탄산칼슘 즉 $CaCo_3$ 등과 같은 화학적 퇴적물이 퇴적된 석회암(그림 1.11 및 1.12)과 돌로마이트, 석고 등이 비쇄설성 퇴적암으로 분류된다.

다음 표 1.1은 이들 분류 기준에 의한 퇴적암의 분류표이다.

표 1.1 퇴적암의 분류

조직	성인	구성물질		퇴적암
쇄설성 퇴적암	해성 및 육성쇄성물(주로 유수에 의하여 운반, 퇴적)	쇄설물의 명칭	입자의 직경(mm)	
		표력(대력)	256 이상	
		왕자갈	256 ~ 64	역암
		자갈	64 ~ 4	역암
		잔자갈	4 ~ 2	역암
		모래	2 ~ 1/16	사암
		실트(펄)	1/16 ~ 1/256	실트스톤
		점토	1/256 미만	이암 및 셰일
	화산쇄설암(화산분출물이 운반, 퇴적)	화산암괴	32 이상	화산각력암
		화산력	32 ~ 4	집괴암
		화산자갈	4 ~ 1/4	래피리응회암
		화산진	1/4 미만	응회암
비쇄설성 퇴적암	유기적 퇴적암(생물 유해의 집합)	석회질 생물체		석회암, 돌로마이트
		규질생물체		규조토, 처트
		식물체(탄질)		석탄
		동물체(아스팔트질)		아스팔트, 석유, 천연가스
	화학적 퇴적암(화학적 침전물의 집합)	탄산칼슘($CaCO_3$, 방해석)		석회암
		돌로마이트($CaMg(CO_3)_2$)		돌로마이트
		염화나트륨($NaCl$)		암염
		황산칼슘($CaSO_4 \cdot 2H_2O$)		석고
		질산나트륨($NaNO_3$)		칠레초석

그림 1.7 역들의 분급은 양호하지 않으나 원마도가 비교적 좋은 역으로 구성된 역암(강원도 도계지역의 흥전층)

그림 1.8 박리성(fissilty)이 발달하고 있는 흑색 셰일(충남 보령탄전의 대동층군내)

그림 1.9 제3기 포항분지 내의 이암

그림 1.10 충남탄전 내 남포층군에 협재된 사암

그림 1.11 차별풍화에 의해 생성된 충식구조를 가지는 충식석회암회암(방해석이 풍부한 층과 이질암층이 교호함)

그림 1.12 노두의 표면이 코끼리 등과 같이 민둥민둥한 석회암

그림 1.13 거력의 각력을 함유하는 화산쇄설성각력암 노두

그림 1.14 2~64mm 정도의 화산쇄설물을 가지는 래피리응회암

1.2 화성암

지하심부의 마그마가 지하 또는 지표에서 냉각 고결되어 만들어진 암석을 화성암이라 하는데, 지하에서 고결된 마그마를 관입암, 지표에 분출한 마그마를 용암이라 하고 이를 화산암 혹은 분출암이라 한다. 관입암은 지하 깊은 곳에서 천천히 냉각 고결되어 암석을 구성하는 광물들이 등립질 및 완정질 조직을 가지는 것을 심성암이라 하고 지표 가까이로 관입하여 맥상으로 산출되는 화성암을 암맥이라 한다. 화산암은 용암류와 화산쇄설암인 응회암으로 구분된다.

화성암을 이루고 있는 광물 즉 조암광물은 여러 종류가 있으나, 일반적으로 7종류가 그 대부분을 이루어 흔히 화성암을 이루는 7대 조암광물이라 일컫는다. 7대 조암광물은 석영, 장석, 운모, 각섬석, 휘석, 감람석 및 준장석이다.

1.2.1 화성암의 산상

가. 화산암의 산상

화산암은 화산의 화구나 지각의 틈을 따라 분출된 것으로서 용암류(그림 1.15)와 화산암설(volcanic debris), 두 종류의 산상을 가진다. 즉 용암류는 화구나 갈라진 틈으로부터 용암이 지표로 흘러나와 식어서 굳어진 것으로서 이것이 이를 용암이라 한다. 또한 화산암설은 화산이 폭발할 때에 화구로부터 공중으로 솟아 올라간 화산 쇄설물들로 이들의 크고 작은 파편들이 지표나 물속에 떨어진 것이다.

나. 관입암의 산상

관입암은 지하심부의 마그마가 지표를 향해 상승하면서 지각의 약대를 따라 주입되어 굳은 것이다. 관입암은 관입 시 모암과 관입체의 구조적 관계에 의해 산상을 암맥, 실(sill), 병반, 저반, 및 암주로 나눌 수 있다.

(1) 암맥

이미 존재하는 암석(모암 이라 칭함) 중의 갈라진 틈을 따라 마그마가 관입한 화성암체를 암맥이라 하며 암맥을 형성한 암석을 맥암이라고 한다(그림 1.16). 암맥은 반심성암으로 분류되고 다른 암석과의 양측 접촉면은 거의 평행하다. 암맥은 모든 모암이 어떠한 암

그림 1.15 지표 위를 흘러가는 용암

석이거나 관계없이 뚫고 들어가 있으며 그 연장이 수 m밖에 안 되는 것으로부터 수백 km 이상 연속되는 것이 있다. 또한 그 폭도 역시 수 mm로부터 수백 m 이상에 달하는 것이 있다. 맥암은 대개 두 종류 이상의 광물로 구성되어 있으나, 석영이나 방해석 같이 단일 광물이 맥상으로 모암을 뚫고 있을 때 이를 맥(vein)이라고 하여 구별한다.

암맥이 들어 있는 틈은 밑에 있는 마그마 방(magma chamber)을 지표로 연결시켜 용암을 유출시킨 통로인 경우도 있다. 이런 경우에 암맥은 깊은 곳에서부터 지표까지 이르고 있을 것이다. 그러나 암맥에는 지표에 도달하지 못한 것도 있다. 암맥 중에는 다음에 언급할 큰 화성암체들 사이의 통로가 되어 있던 것도 있다. 암맥은 맥암의 침식에 대한 저항 여하에 따라 다른 암석보다 지표에 두드러져 있기도 하고 우묵한 고랑을 만들기도 하여 쉽게 찾아낼 수 있다. 또 그 색과 풍화의 모양, 구조의 차이로도 구별이 가능하다.

암맥은 틈을 따라 들어갈 때에 기존 암석의 암편을 떼어 내어 암맥 속에 함유하는 일이 있다. 이를 포획암(xenolith)이라고 한다. 또 암맥이 냉각될 때는 기존 암석에 접한 부분이 속히 식어서 큰 결정의 양이 적으나 중심부에는 굵은 결정이 생긴다. 암맥은 인접하여 있는 암석, 특히 퇴적암에 열을 가하여 접촉변성작용이 일어나는 경우도 있다.

그림 1.16 응회암을 관입하고 있는 염기성 암맥(전라남도 해남군)

암맥은 곳에 따라 같은 방향으로 평행하게 여러 개로 관입되어 있는 곳도 있는데 이러한 지역을 암맥군집(dyke swarm)이라 한다. 이는 지각에 여러 개의 틈을 평행하게 생성케 한 지각변동에 그 원인이 있다. 그 외 암맥은 방사상으로 관입되어 발달하기도 하며, 드물게 화성암체가 발달하는 곳에서는 원형의 환상암맥(ring dyke)으로 산출되기도 한다.

(2) 실

암맥은 기존 암석의 종류에 관계가 없으나 실(sill)은 퇴적암이나 변성암과 같이 층리나 엽리가 발달하는 곳에만 국한되고, 그 층리면이나 엽리면에 평행하게 관입한 암맥을 지칭한다. 그러므로 부주의로 아래 위의 퇴적암과 같은 것으로 보고 화성암임을 인식하지 못하는 경우가 있다. 관입암상이 퇴적암의 층리면을 헤치고 들어가는 것은 층리면에 따르는 방향 밖의 방향으로 마그마가 관입할 조건이 되지 못하였기 때문일 것이다.

관입암상의 규모는 암맥과 대동소이하며 또 지층 사이에 끼게 된 화산암상과 그 산상이 비슷하여 주의하지 않으면 구별이 곤란하다. 용암류가 건조한 육지 상에서 퇴적 중인 지층 위에 흘러 퍼진 후, 그 위에 계속하여 퇴적물이 쌓이면 관입암상과 같은 모양을 가지게 된다. 이런 두 암상은 다음과 같은 점에 주의하면 구별이 가능하다. 즉 관입암상은 아래

위에 있는 퇴적암 중으로 작은 암맥을 뻗어 들어가게 되거나 퇴적암에 열의 작용을 가하여 변색케 한다. 화산암상은 작은 암맥을 퇴적암 중으로 뻗는 경우가 없고 그 상부에는 기공이 생기는 경우가 많으며, 상위의 퇴적암 중에는 분출암상에서 떨어진 돌조각이 사력으로 되어 들어 있는 경우가 있다. 또한 전자는 주로 반심성암으로 되어 있는데 반하여, 후자는 분출암으로 되어 있으므로 이것도 양자를 구별하는 방편이 된다.

(3) 병반

퇴적암 중에 관입암상처럼 들어간 화성암체의 일부가 더 두꺼워져서 렌즈상 또는 만두 모양으로 부풀어 오른 것을 병반이라고 한다. 야외에서 화성암체가 병반임을 확인하려면 최소한 윗부분 두 개소와 밑바닥이 되는 퇴적암을 발견하여야 한다. 그렇지 못한 경우에는 병반이라고 단정하기 곤란하다. 병반은 주로 반심성암으로 되어 있으나 심성암인 경우도 있다.

(4) 저반

암맥을 따라 지하로 들어간다면 그곳에서 큰 화성암체를 발견할 수 있을 것이다. 이 화성암체는 오래전에 녹은 상태에 있으면서 상부로 암맥이나 화산활동을 파생케 한 큰 마그마 쳄버가 고결된 것이다. 이는 천천히 냉각되어 큰 심성암체로 변하였다가 지각의 상승과 지표로부터의 침식작용으로 위에 덮여 있던 암석이 제거되어 지표에 드러나게 된 것이다. 지하에 들어 있는 큰 심성암체, 또는 이렇게 하여 넓은 면적으로 지표에 노출된 큰 심성암체를 저반이라고 한다. 지표에 노출된 저반의 면적은 200km^2 이상으로 정한다(그림 1.17).

화강암의 저반은 대체로 습곡 산맥의 중심선을 따라 불규칙한 대상으로 길게 노출된다. 그러므로 이런 저반은 습곡작용에 관계있는 화산활동의 결과로 생긴 것이라고 생각할 수 있다. 보통 산맥이 생성되는 도중에 형성된 저반은 지층을 들어 올리며 관입하여서 대체로 지층의 층리와 평행한 접촉면을 가진다. 이에 반하여 조선 말기에 형성된 것은 지층을 불규칙하게 자른다. 전자를 정합관입, 후자를 부정합관입이라고 한다.

화강암의 저반은 지하로 깊이 들어감에 따라 그 직경을 증가시키나 더 깊이 들어가면 작은 덩어리로 갈라지고 혼성암이나 편마상 화강암으로 변할 것으로 생각된다. 저반 주위에는 암맥이 파생되어 있는 일이 많고 저반과 저반 사이에는 이들 저반으로 관입당한 오랜 암석이 뾰족한 쐐기 모양으로 꽂혀 있는 부분이 있다. 이것을 현수체라고 한다.

(5) 암주

지표에 나타난 심성암체의 면적이 100km^2 이하이면 이를 암주 또는 암류(stock)라고 하여 저반과 구별한다. 암주도 지하로 향하여 그 직경을 증가하여 저반이 된다. 지하에서 저반과 연속되는 일이 있고 또 오랫동안 침식이 가해지면 저반으로 변할 것이다. 우리나라 1/1,000,000 지질도에서 장경이 15km 이하인 작은 화강암체는 모두 암주이며 그 수는 적지 않다. 큰 저반은 그 상부에서 많은 암주를 침식으로 잃어버렸을 것으로 생각되며 암주 중의 어떤 것은 상부로 화산을 분출시켰을 것으로 보인다(그림 1.17).

1.2.2 화성암의 구조 및 조직

큰 화성암체나 작은 화성암편들이 각각 다른 종류의 암석으로 인식되는 것은 화성암체들의 형태가 서로 다르고 여러 화성암의 깨진 면에 나타나는 모양이 서로 달라서 구별이 가능하기 때문이다. 이런 화성암의 특징 중 대규모의 것을 구조(structure)라고 부르고, 광물입자들이 서로 모여서 만드는 소규모의 특징을 조직(texture) 또는 석리(fabric)라고 하여 구별한다.

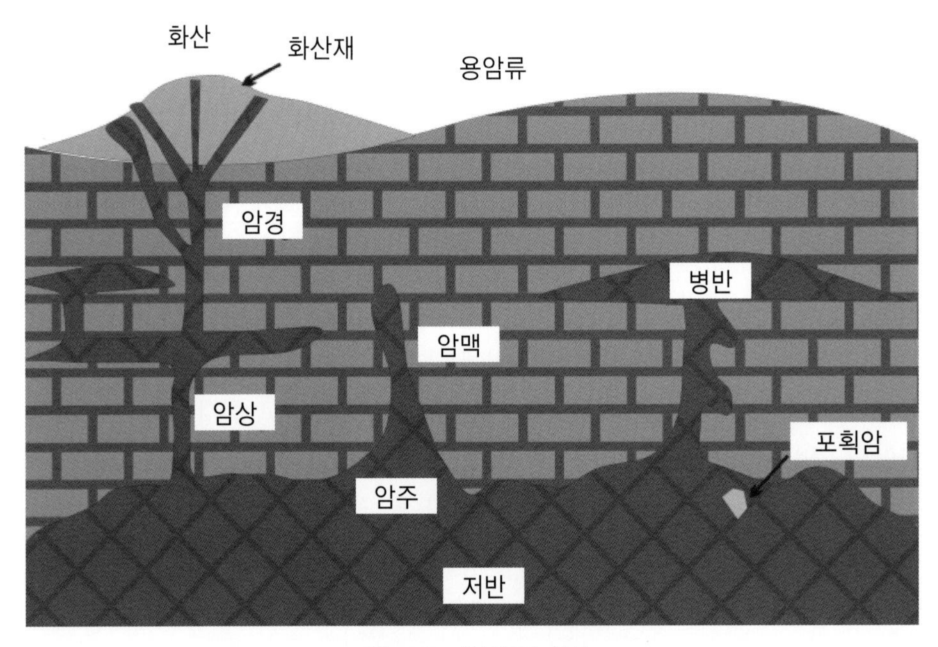

그림 1.17 화성암의 산상

가. 화성암의 구조

화성암의 구조는 다음의 몇 가지로 나누어 생각할 수 있다. 즉 화성암체의 형태, 큰 노출면 또는 큰 파면에서 볼 수 있는 구조, 작은 조각에서 볼 수 있는 작은 구조, 광물의 구조 및 절리로 구분된다.

(1) 화성암체의 형태

종류를 달리하는 여러 암석으로 둘러싸여 있는 화성암체나 지표에 분출된 화성암체가 여러 가지 형태(저반·암경·암맥·암상·용암류)로 구별되는 것은 이들이 각각 특유한 구조를 가지고 있기 때문이다. 그러므로 화성암의 산출 상태를 나타내는 술어는 동시에 화성암체의 큰 구조를 나타내는 말로 이미 앞 절에서 언급하였다.

(2) 노두 규모에서 볼 수 있는 구조

한 변의 길이가 수십 cm 이상인 큰 노출면 또는 화성암의 파면상에 나타나는 구조에는 다음과 같은 것이 있다.

① 괴상 : 화성암의 노출된 면이 균일한 모양을 가지고 방향성을 가지지 않고 두꺼운 형태를 가질 때 이를 괴상(massive)이라고 한다. 대개 심성암체인 화강암류에서 나타나며 다음 그림 1.18은 화강암의 분포지역인 미국의 요세미티 공원의 하프돔으로 괴상의 구조를 잘 보이고 있다.

② 엽리상구조 : 심성암은 보통 괴상이지만 곳에 따라서는 어느 방향으로 유동한 흔적이 보일 때가 있다. 이는 변성작용에 의한 입상화나 재결정작용이 아니며 그림 1.19와 같이 엽리상구조(foliated texture)를 가진다. 이는 초생구조(primary structure)로서 일견 편마암에 가까운 조직을 가지며 이런 화성암을 초생편마암(primary gneiss)이라고 하여 변성암인 편마암과 구별하며 압쇄암화 작용에 의해 생성된 엽리상구조와도 구별된다.

③ 유동구조 : 화산암에서 지표에 용암에 분출할 때 굳지 않은 용암이 흐르면서 유동구조(flow structure)가 발달한다. 화산암이 유동하여 굳어질 때에 생성되는 면 구조를 일컫는다(그림 1.20).

④ 구상구조 : 암석 중에 광물들이 어떤 점을 중심으로 동심구를 이룬 것을 말한다. 이는 일견 역암처럼 보이기도 하는데, 구상화강암(orbicular granite) 혹은 구상반려

암(orbicular gabbro)은 그 좋은 예이다.

⑤ 포획암 : 마그마가 관입하면서 모암의 암편을 함유하고 있는 것을 포획암(xenolith)이라 하며 포획암이 들어 있으면 화성암 파면의 모양이 균일하지 못하게 된다. 동일한 마그마로부터 처음에 굳어진 암석이 암편으로 포획되는 일도 있다. 이질의 퇴적암이나 변성암 포획암으로 잡히면 보통 짙은 색을 띠게 된다(그림 1.21).

그림 1.18 화강암의 분포지역인 미국의 요세미티 공원의 하프돔(절리의 발달이 거의 없이 괴상의 구조를 잘 보이고 있다)

그림 1.19 초생구조를 보이는 엽리상화강암의 노두

그림 1.20 화산암인 유문암 내에 발달하는 유동구조

그림 1.21 화강암 내에 관찰된 포획암(인천시 강화군 화도면 분오리 동막해수욕장 부근)

(3) 암석 시료에서 볼 수 있는 구조

장경이 10cm 이하인 작은 암편이라도 화성암을 만드는 광물들이 미립 또는 유리질인 경우에는 이에 나타나는 어떤 특징을 구조라고 부른다.

① 다공상구조 : 용암 중에 포함되어 있던 기체가 빠져 나가다가 용암이 굳어지면 그대로 잡혀서 고결된 화산암 중에 구멍으로 남게 된다. 이런 구멍이 기공(vesicle)이고 기공이 많은 암석의 구조를 다공상구조(vesicular structure)라고 한다(그림1.22).

② 행인상구조 : 앞의 ①에서 설명한 원인으로 생긴 기공들이 다른 광물질로 채워진 것을 행인(amygdale)이라고 하며 행인이 많은 암석의 구조를 행인상구조(amygdaloidal structure)라고 한다.

③ 구과상구조 : 한 점을 중심으로 광물질이 방사상으로 자라서 구형의 알갱이가 만들어지면 이를 구과(spherulite)라고 하며 구과가 많이 들어 있는 화산암의 구조를 구과상구조(spherulitic structure)라고 한다.

④ 마이아로리틱(miarolitic)구조 : 화강암질 암석 중에 작은 공동이 있는 구조를 표현하는 말이다. 공동에는 정동(druse)처럼 주위로부터 광물의 결정들이 돋아나 있다(그림 1.23).

⑤ 반상조직 : 화성암 중에 기질(matrix)보다 큰 자형의 광물을 가지는 조직을 반상조직

(porphyritic texture)이라 하며, 특히 화강암 중 1~2cm 큰 것은 5cm 정도의 자형의 장석을 가지는 것을 반상화강암이라 한다(그림 1.24).

그림 1.22 제주도 현무암에서 보이는 다공상구조

그림 1.23 마이아로리틱 구조(양산부근의 제3기 화강암)

그림 1.24 자형의 장석 반정을 가지는 반상화강암

1.2.3 화성암의 분류

화성암은 아래 표 1.2에서와 같이 분류 기준이 크게 두 가지이다. 첫 번째 기준은 표 1.2의 가로에 표시된 SiO_2의 함량이며 두 번째 기준은 표의 세로 란에 표시한 화성암의 생성 시 마그마가 식으면서 굳어진 장소 즉 지하 심부인지 혹은 지표에까지 도달하여 분출하였는지에 따라 분류된다.

화성암에서 SiO_2의 함량이 65% 이상이면 산성암, 65%에서 55%까지는 중성암, 55% 이하는 염기성암으로 분류하며 특히 40% 미만은 초염기성암으로 분류한다. 화성암에서 SiO_2의 함량이 클수록 암석의 색깔이 희어지며 반대로 SiO_2의 함량이 적어지면 검은색을 띠는데 그 양상은 그림 1.25와 같다. 마그마가 식은 장소에 따라서는 지하 심부에서 천천히 냉각한 경우는 심성암이며 지표에서 분출한 경우는 화산암이고 그 중간 단계는 암맥으로 분류하여 반심성암이라 명명한다.

이러한 화성암의 분류에 의할 때 화강암은 SiO_2의 함량이 65% 이상인 산성계열의 마그마가 지각심부에서 서서히 식으면서 형성된 심성암이며 유문암은 같은 종류의 마그마가 지표에 분출하여 형성된 화산암임을 알 수 있다. 또한 반려암은 염기성마그마에 기인한 심성암이며 현무암은 같은 종류의 마그마가 지표에 분출한 화산암이다.

표 1.2 화성암 육안 분류표(그림 1.26 ~ 그림 1.31 참조)

		← 담색 ─── 검은색 →					
		산성암	중성암			염기성암	초염기성암
SiO_2 %		〉65	65~60	60±	55±	52~45	40±
광물성분		석영 정장석 흑운모 백운모 각섬석	정장석 사장석 석영, 흑운모 각섬석, 백운모	정장석 흑운모 백운모 각섬석	사장석 각섬석 흑운모	사장석 휘석 감람석	감람석 휘석 자철석 크롬철석
심성암		화강암	화강섬록암	섬장암	섬록암	반려암	감람암 듀나이트
반심성암		화강반암 석영반암	화강섬록반암	섬장반암	섬록반암	반려반암	
화산암		유문암 석영조면암	석영안산암	조면암	안산암	현무암	
비현정질암맥		← 규장암 →			← 현무암		
유리질	유리질	← 흑요암 →				분석 다공상 행인상 현무암	
	다공상구조	← 부석 →					
	행인상구조	← 행인상 부석 →					

그림 1.25 SiO_2의 함량에 따른 암석의 색깔이 달라진다

그림 1.26 경사각이 수직에 가까운 유동구조를 가지는 유문암

그림 1.27 치밀 안산암(경남 양산군 동면)

그림 1.28 서로 다른 분출 단위(flow unit) 경계를 보이는 현무암

그림 1.29 서울 화강암의 노두

그림 1.30 흑운모화강암

그림 1.31 경남 함양군 마천면 일대에 분포하는 반려암

1.3 변성암

기존의 암석이 생성 당시와 다른 지질 환경 하에 놓이게 되면 그 환경에 적응하기 위한 변화를 겪는다. 암석이 이러한 변화에 의해 성질이 다르게 변화하는 것을 변성작용(metamorphism)이라 하는데 주된 환경 변화란 온도 및 압력이 가해지는 것이다.

변성작용은 암석에 큰 압력이나 높은 온도가 가해질 때, 화학성분의 가감이나 교대작용이 일어나거나 이들 둘 이상의 작용이 합작할 때에 일어나는 현상으로 그 결과 변성암(metamorphic rock)이 생성된다. 변성작용을 일으키는 중요한 요인으로는 온도, 압력, 화학성분, 지하수 등이 있으며 이들 중 하나 혹은 둘 이상이 서로 작용하여 변성작용이 이루어진다. 마그마의 관입 등에 의해 그 주위에 온도가 높아짐으로써 일어난 변성작용을 접촉변성작용이라 한다. 주로 압력에 의해 형성된 변성작용을 동력변성작용(dynamic metamorphism), 열과 압력이 서로 조합하여 형성된 변성작용을 광역변성작용(regional metamorphism)이라 한다.

접촉변성작용에 의해 형성된 변성암은 대부분 호온펠스(hornfels)로 대표된다. 동력변성암은 압력이 가해진 지질환경, 즉 지표에서부터 땅속으로의 깊이에 따라 분류가 가능한데 지표 가까이에서 압력을 받아 기존의 암석이 변형된 것을 파쇄암(cataclasite) 혹은 단층 각력암(fault breccia)이라 하고, 지하 10km 이하에서 기존의 암석이 압력이 집중되면 압쇄암(mylonite)이 형성된다.

광역변성암은 변성암에 나타나는 고유한 조직인 엽리(foliation)가 발달하며 광물구성입자의 크기 및 변성강도에 따라 점판암(slate), 천매암(phylite), 편암(schist) 및 편마암(gneiss)으로 분류할 수 있다. 광역변성암에 의해 새롭게 형성되는 변성광물로는 남정석, 십자석, 녹염석, 녹니석, 양기석 등이 있다. 그 외 석영입자를 주성분으로 하는 사암이 접촉변성작용이나 광역변성작용을 받으면 규암(quartzite)이 되고, 석회암이나 고회암이 접촉변성작용이나 광역변성작용을 받으면 대리암(marble)이 되며, 석탄이 접촉변성작용이나 광역변성작용을 받으면 무연탄(anthracite)이 되고 더 심하게 압력을 받으면 흑연을 거쳐 금강석으로 된다. 염기성 화산암류가 접촉변성작용이나 광역변성작용을 받으면 각섬암(ampbibolite)이 되고, 초염기성암이 열수의 도움을 받아 접촉변성작용이나 광역변성작용을 받으면 사문암(serpentinite)이 된다.

그림 1.32 점판암

그림 1.33 천매암

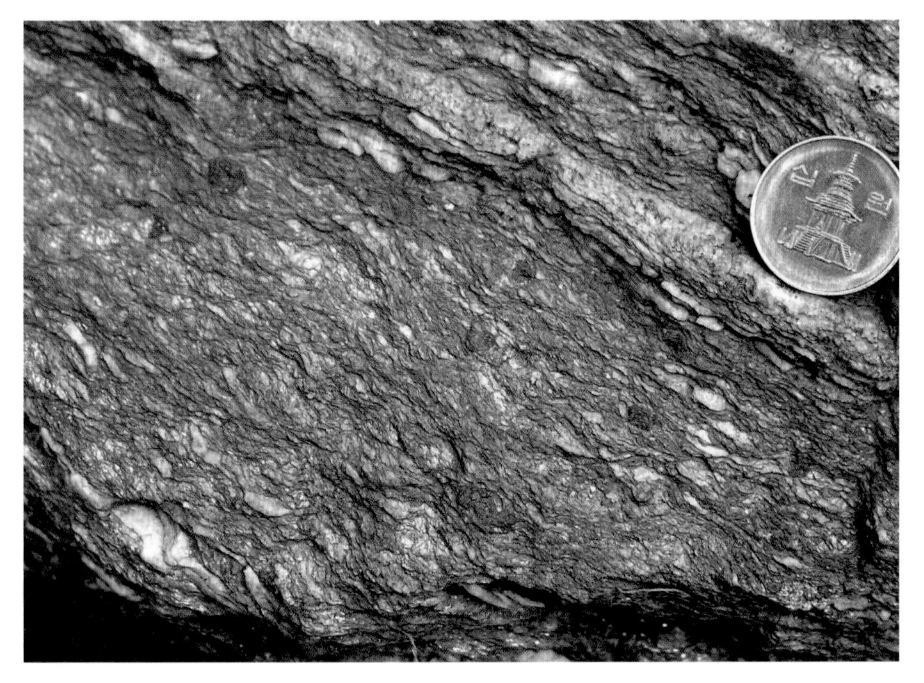

그림 1.34 편리가 잘 발달한 운모편암

그림 1.35 편마상구조가 잘 발달한 흑운모편마암

그림 1.36 규암(경기도 고양시일원)

그림 1.37 대리암

그림 1.38 각섬암

그림 1.39 사문암 노두(충청남도 홍성군)

변성암은 원암인 퇴적암, 화성암 및 변성암으로부터 만들어지는 것이며 이 사실은 어떤 변성암을 한 방향으로 추적하여 갈 때에 점차로 변성의 정도가 낮은 암석으로 변하여 가고 어떤 경우에는 전혀 변성되지 않은 화성암이나 퇴적암으로 점차 변하여 가는 것을 보아 증명될 수 있다. 변성암에는 변성의 정도가 심한 것으로부터 경미한 것까지 있다. 이는 암석에 작용한 변성작용의 요인(압력·온도·화학 성분)의 대소 또는 다소에 의하여 결정된다.

1.3.1 환경과 암석의 변성

암석의 현미경적 연구로 이루어진 가장 중요한 발견은 굳고 변함이 없어 보이는 암석도 그 환경이 변하면 그 환경에 적응하도록 변화하게 된다는 사실이다. 어떤 환경에서 안전했던 암석도 환경이 달라지면 불안정하게 되고 나중에는 새로운 환경에서 안정한 상태로 변해 버린다.

지각 내부에서 암석 중의 광물들 사이에 변화를 일으키게 하는 요인은 압력·온도·화학 성분의 변화이다. 이들 중의 하나만이라도 변하면 암석 중의 광물들은 그 영향을 받게 된다. 예를 들면 퇴적암은 지표 부근의 상온·상압에 가까운 환경 하에서 생성된 암석이다. 이런 암석이 습곡작용을 받거나 지하 깊은 곳에 들어가면 압력과 온도의 증가로 그 중의 다수의 광물들은 불안정하게 되어 서로 반응하면서 그곳에서 안정한 새로운 광물로 변하게 되고 새로운 조직과 구조를 가진 암석으로 변한다. 광물들은 딱딱한 고체 상태로써도 서로 반응하여 성분을 교환할 수 있으며 액화할 필요가 없음이 밝혀져 있다. 그러나 그 반응 속도는 완만하며 특히 규산염 광물들 사이의 반응은 더욱 완만하여 조건에 따라서는 장기간 후에도 반응이 종료되지 않는다.

변성암은 퇴적암과 화성암으로부터 만들어짐은 물론, 이미 만들어진 변성암으로부터도 새로운 변성암이 만들어짐은 앞에서 언급되었으며 압력·온도·화학 성분에 대해 알아보기로 한다.

가. 압력

지하의 물질이 받는 압력에는 모든 방향으로 균일하게 가해지는 정수압과 어떤 한 방향에 대하여 더 크게 작용하는 편압의 두 가지가 있다. 변성작용에서는 강한 정수압이 작용하는 곳이 변성암의 구조 변화에 중요한 역할을 한다.

얼음은 깨지기 쉬운 고체이나 큰 지압하에서 편압을 가해 주면 깨지지 않고 가소성을 가지고 유동을 일으킨다. 암염도 큰 지압하에서 편압을 받으면 유동을 일으킨다. 예를 들면 이란에서는 지하의 암염층이 큰 압력으로 밀려 지표로 유출되어 암염류를 이루는 곳이 있다.

석회암도 같은 모양으로 큰 압력에서는 유동을 일으킨다. 석회암 중에 생겼던 공동이 압력으로 눌려서 없어지고 봉합선 모양의 선만을 남기게 된 것이다. 광물이나 암석 같은 깨지기 쉬운 물질도 큰 압력에서는 가소성을 가지게 되며 온도가 높아지면 가소성은 더 커진다. 암석이 가소성을 가지고 천천히 유동할 수 있는 곳은 대륙지각의 하반부라고 생각된다. 대륙지각의 상반부에서는 유동을 일으키는 암석도 있으나 전혀 그렇지 못하여 압력 밑에 파쇄만을 일으키는 암석이 많다.

높은 압력에서 새로이 생겨나는 광물은 될 수 있는 대로 작은 공간을 점령하는 광물, 즉 밀도가 높은 광물로 변하려 한다. 석류석은 큰 압력에서 만들어지는 광물 중 가장 잘 알려진 것이다. 고압 하에서 만들어진 변성암은 보통 밀도가 크다.

나. 온도

온도가 높아지면 화학 반응이 촉진된다. 더욱 중요한 것은 저온에서 일어나지 않는 반응이 고온에서는 일어날 수 있다는 사실이다. 이론적으로 광물 중에 들어 있는 어떤 원자가 다른 원자와 위치를 바꾸려면 일정한 정도 이상의 진폭을 가지고 진동해야 한다. 그런데 원자의 진폭은 온도가 높아질수록 커진다. 그 좋은 예로써 백운모는 녹니석과 어떤 온도 이상에서 서로 반응하여 흑운모로 변하지만 그 온도에 달하지 못하는 경우에는 백운모와 녹니석은 서로 접하여 있어도 영원히 합하지 못한다. 온도는 광물의 가소성을 증가시키는 데 힘이 크다. 온도가 10℃ 상승하면 유동성은 거의 2배로 증가된다.

다. 화학 성분

압력과 온도만은 암석의 전체적인 화학 성분을 거의 변하게 하지 못한다. 그러므로 외부로부터 어떤 성분이 가해지는 것이 화학 성분변화의 가장 빠른 길이 된다. 마그마로부터 발산되어 주위의 암석으로 공급되는 액체 및 가스는 암석의 화학 성분을 변화시키는 데 가장 좋은 물질이다.

1.3.2 변성암의 구조

암석이 변성작용을 받으면 압력의 방향과 관련하여 면구조 및 선구조가 생겨난다. 면구조로는 벽개(cleavage), 엽리(foliation), 편리(schistosity), 편마구조(gneissosity)가 있으며 선구조(lineation)로는 광물배열선구조(mineral alignment), 파랑선구조(crenulation lineation) 등이 있다.

가. 쪼개짐

셰일이 약간 변성되어서 점판암으로 변하면 일정한 두께를 가진 얇은 판으로 쪼개지는 성질이 생긴다. 이렇게 세립질인 암석에 틈이 발달되어 쪼개지는 성질을 쪼개짐이라고 한다. 쪼개짐은 점판암을 구성하는 광물 입자들이 어떤 일정한 방향으로 배열되어서 일어나는 성질이 아니고 이와는 관계없이 생긴 틈에 기인한다(그림 1.40).

나. 엽리, 편리 및 편마상구조

암석이 재결정작용을 받아 운모와 같은 판상의 광물이 평행하게 배열되면 변성암은 평행구조를 나타내게 되며, 이런 구조를 엽리(foliation)라고 한다. 엽리는 변성암에 발달하는 면구조를 총칭하는 말로 편암 내에 발달하는 엽리를 편리(schistosity)(그림 1.41)라 하며 편마암 내에 발달하는 엽리를 편마상구조(gneissosity)라 한다.

다. 선구조

변성암 내에 선상으로 직사면체 광물이 장축 방향으로 평행하게 배열되면 이 선구조가 생겨난다. 선구조는 엽리의 발달이 없는 암석에도 나타날 수 있으나 엽리상에서 바늘 모양의 광물이 배역될 때 나타나며 대체로 엽리면에 집중된다(그림 1.42). 선구조에는 이 밖에 습곡의 축, 주름 같은 작은 습곡축이 만드는 파랑선구조(crenulation lineation)(그림 1.43), 서로 사교하는 두 방향의 엽리면이 만나서 생기는 선이나 단층면상의 단층 조선(fault stiration) 등이 선구조들이다.

그림 1.40 저변성작용 내지 다이아제네시스 과정에서 셰일내 발달하는 쪼개짐을 보이는 노두

그림 1.41 편리가 잘 발달한 운모편암

그림 1.42 변성암의 엽리면 상에 관찰되는 선구조

그림 1.43 파랑습곡의 습곡축이 만드는 파랑선구조

라. 파쇄암과 압쇄암(일명 분쇄암)

파쇄암은 단층작용에 의해 모암이 부서지고 갈려서 만들어진 것으로 지각 천부에서 형성될 경우는 파쇄암이라 불리며, 비교적 지각 심부에서 온도와 압력이 증가된 상태에서 형성될 경우는 압쇄암이라 불린다(그림 1.44).

파쇄암은 재결정작용이 진전되지 않은 경우가 많으며, 암석 입자가 매우 심하게 파쇄되어 유리질인 것을 슈도타킬라이트(pseudotachylite)라 한다. 또한 지각 심부에서 재결정작용이 더 진행되면 초압쇄암(ultra-mylonite)이 된다.

1.3.3 변성암의 분류

변성암은 앞에서 언급한 퇴적암이나 화성암이 온도와 압력의 영향으로 본래의 암석과 다른 형태의 암석으로 변한 것으로 크게 광역변성암과 접촉변성암으로 대별하며 표 1.3과 같이 분류한다.

그림 1.44 화강암이 압쇄암화 작용에 의해 만들어진 압쇄암

표 1.3 변성암 분류표

원래의 암석	접촉변성암	광역변성암
셰일, 사암	호온펠스	점판암 → 천매암 → 편암 → 편마암
석회암	결정질 석회암(대리암)	결정질 석회암(대리암)
석영질 사암	규암	규암 및 규질편암
석회질 셰일, 응회암, 현무암	녹염석 호온펠스	각섬암 및 각섬석편암
화강암		화강편마암

가. 광역변성암

조산운동(orogeny)과 같은 지각변동은 암석에 큰 편압을 가하여서 암류대의 암석에 유동을 일으키고 재결정작용(recrystallization)을 일으켜 암석을 변성케 한다. 이렇게 압력에 의하여 일어나는 변성작용을 동력변성작용이라고 한다. 동력변성작용은 광의로는 동력열변성작용(dynamothermal metamorphism)이며 압력과 열(열은 압력이 가해질 때에 자연히 생김)이 같이 작용한 변성작용이다. 동력변성작용으로 만들어진 암석을 동력변성암이라고도 한다.

(1) 편마암

암석을 구성하는 광물의 입자가 화강암처럼 등립질이며 육안으로도 광물을 쉽게 구별할 정도의 큰 입자를 가지며 편마상조직(gneissosity)이 발달하는 변성암을 편마암이라 한다. 편마암에는 화성암 및 퇴적암에서 유래된 것이 있다. 편마암은 석영, 장석과 같은 우백질 광물과 흑운모, 백운모, 각섬석, 휘석과 같은 우흑질 광물 및 변성광물인 석류석, 십자석, 남정석, 홍주석, 전기석, 근청석을 포함하기도 한다. 편마암은 그 구조와 구성광물 및 원암의 종류에 따라 다음과 같은 명칭으로 불린다.

① 조직에 의한 분류 : 호상편마암(banded gneiss), 안구상편마암(augen gneiss), 반상변정질편마암(porphyroblastic gneiss) 등이 있다.

② 광물 성분에 의한 분류 : 화강편마암(granite gneiss), 섬록편마암(diorite gneiss), 반려편마암(gabbro gneiss), 운모편마암(mica gneiss), 각섬석편마암(hornblende gneiss), 휘석편마암(augite gneiss) 등이 있다.

③ 변성암의 기원에 의한 분류 : 화성암에서 기원된 편마암을 정편마암(orthogneiss) 퇴적암에서 기원된 편마암을 준편마암(paragneiss)이라 하며, 혼성편마암(migmatite)과 화강편마암도 있다.

그림 1.45 우백대와 우흑대가 대상으로 교호하는 호상편마암

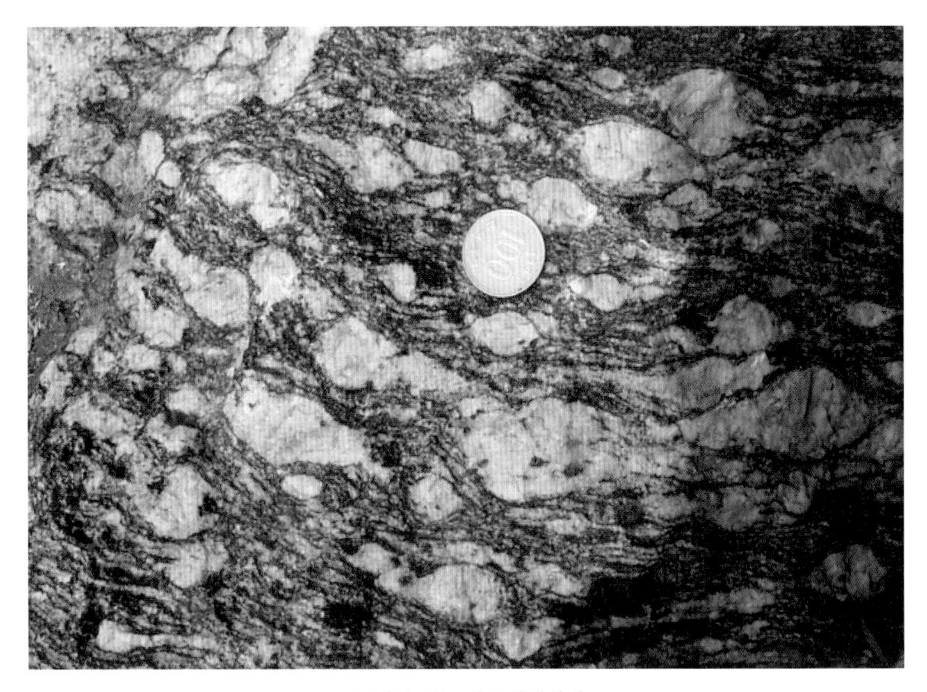

그림 1.46 안구상편마암

그림 1.47 반상변정질편마암

그림 1.48 혼성편마암

그림 1.49 화강편마암

(2) 편암

편암의 광물 입자는 육안으로 결정이 구별되나 편마암보다는 작은 입자들로 구성되어 있는 변성암이다. 편리조직은 편마암보다 뚜렷하고 더 얇고 편리에 따라 비교적 잘 쪼개지나 그 면은 완전히 평탄치 못하고 파상을 이루기도 한다. 일반적으로 편암의 구성광물로는 석영, 장석, 백운모, 견운모와 같은 무색광물과, 유색광물로서는 흑운모, 각섬석, 녹니석, 흑연, 휘석, 녹렴석 등으로 구성되어 있다. 이들 광물들 외에 변성작용으로 만들어진 변성광물인 석류석, 십자석, 남정석, 홍주석, 전기석, 근청석과 같은 광물이 산출되기도 한다.

편암은 그 조직과 구조 및 광물 성분으로 파상편암(crumpled schist), 점문편암(spotted schist)으로 분류되기도 한다. 또한 특징적인 구성광물명을 붙여 석영편암, 운모편암, 견운모편암, 각섬편암과 같이 암석명을 붙이기도 한다. 두 종류의 광물이 많이 들어 있을 때에는, 한 예로 석영견운모편암과 같이 두 광물의 이름을 다 붙이되, 석영보다 견운모가 더 많을 때에 견운모를 편암 바로 앞에 놓는다.

그림 1.50 운모편암

그림 1.51 석영편암

그림 1.52 각섬석편암

(3) 천매암

변성 정도가 편암보다 낮고 점판암보다는 높은 변성암으로서 구성광물의 입자는 육안으로 식별이 곤란할 정도로 작다. 편리면은 강한 광택을 발하는데 이는 세립의 견운모에 의한 것이다. 구성광물은 미립의 석영과 견운모이며 녹니석·녹렴석·방해석도 다소 들어 있다. 그러나 점판암의 구성 입자보다는 입도가 크다. 변성 정도가 높은 천매암 중에는 석류석 같은 큰 반상변정이 포함되는 일이 있다. 편리면에 따라 파상으로 또는 지그재그로 굴곡 된 모양이 보이는 예도 있다. 천매암은 대부분이 퇴적암, 특히 점토질인 암석이 변성된 변성암이다.

(4) 점판암

입도가 작은 변성암으로서 보통 육안으로 식별할 수 있는 광물이 발견되지 않는다. 현미경하에서도 극히 작은 석영립과 식별이 불가능한 물질이 보일 정도이다. 점판암의 특징은 쪼개짐이 잘 발달 되어 있어 평행한 얇은 판으로 잘 쪼개지는 데에 있다.

점판암은 변성 정도가 가장 낮은 변성암이다. 이는 이암이나 셰일로부터 변성된 것이며 그 중에서도 셰일에 가까운 변성 정도가 더 낮은 변성암으로서 쪼개짐만이 발달된 것이다. 변성 정도가 높아지면 그 중에 미립의 운모가 생성하며 이를 운모점판암(mica slate)이라고 한다. 점판암의 쪼개짐은 엽리와 관계없이 발달되며, 어떤 것에는 거의 엽리와 직각으로 나타난다. 그러므로 엽리의 주향과 경사 측정에 있어서는 세심한 주의가 필요하다.

알프스에서 채취된 셰일·점판암·천매암·편암을 분석해 본 결과 이들 암석은 모두 60% 내외의 SiO_2, 15% 이상의 Al_2O_3 및 소량의 Fe, Ca, K, Mg, Na을 포함하고 있음이 판명되었다. 이는 점토광물의 분석치와도 비슷하다. 그런데 위의 각 암석이 외관을 달리하면서도 그 평균 성분에 변화를 일으키지 않은 것은 변성작용이 원소의 재배열로 다른 광물을 만들었을 뿐이기 때문이라고 생각할 수 있다. 변성의 정도가 커짐에 따라 셰일이 변하여 화학성분이 같은 변성암이 생성되는 순서는 셰일→점판암→천매암→편암과 같다.

나. 접촉변성암

지각 중에 관입된 마그마가 완전히 고결하는 데는 비교적 긴 시간(수십만 년 또는 그 이상)을 요한다. 마그마가 방출하는 열과 마그마로부터 분리된 화학 성분은 관입된 마그마 주위의 암석을 변화시킨다. 이들의 작용이 미치는 범위는 마그마의 양(또는 화성암체의 규모)과 열량 및 화학 성분의 다소에 관계가 있으나 대체로 화성암체에서 수백 m 내지 2km까지이며, 이 범위 안에서 일어나는 접촉변성작용에는 거의 압력이 작용한 증거가 없다. 이와 같이 열의 작용만으로 일어나는 열변성작용(thermal metamorphism)을 정규 접촉변성작용이라고 한다.

암석이 상압 하에서 녹는 온도는 화강암이 약 800℃이고 현무암은 1,100℃이다. 지하에서는 압력이 커지므로 암석이 녹는 온도는 높아질 것이나 마그마는 수분과 휘발분을 다량 포함하여 고결되는 온도는 암석들이 녹는 온도보다는 낮은 것으로 생각된다. 암석은 열을 잘 통과시키지 않는 물질이므로 관입된 마그마에 가까운 부분은 곧 가열되어도 먼 부분의 가열은 더디고 약하므로 마그마에서 수 km 떨어진 곳의 암석은 거의 변화를 받지 않는다.

열변성작용이 일어나면 원암의 성질과 가열의 정도에 따라 여러 가지 암석이 만들어진다. 원암이 화성암인 경우에는 거의 변화를 받지 않고 퇴적암은 쉽게 변화를 받는다. 특히 세립질인 이암이나 셰일 등과 같은 점토질암석과 석회암이나 돌로마이트와 같은 석회암질 암석은 큰 화성암체 부근에서 열의 작용을 받아 호온펠스(hornfels)로 변하거나 완전히 재결정되어 많은 접촉광물(contact minerals)이 생성된다.

호온펠스는 주로 셰일로부터 변성된 접촉변성암으로서 흑색 세립(1mm 이하의 입자)의 치밀·견고한 암석을 말한다. 넓은 의미로는 완전히 재결정된 입상조직(1mm 이하)을 가진 접촉변성암을 총칭한다. 편리의 발달은 없거나 불량하고 주요 구성물은 석영, 흑운모, 백운모, 장석이나 석류석, 홍주석, 근청석도 간혹 포함되며 휘석이나 각섬석이 포함되기도 한다. 호온펠스는 열에 의해 변성되었으며 때로는 SiO_2의 교대작용에 의해 암석의 강도가 매우 단단하고 깨어진 면이 마치 쇠뿔 모양으로 깨어져서 붙여진 이름이다.

1.4 암석의 풍화작용

지각을 구성하고 있는 암석을 자세히 관찰 해 보면 그 표면은 대부분 흙으로 덮여 있다. 이 흙이란 암석을 구성하고 있는 광물이나 암편들이 자연적으로나 혹은 인위적으로 응집력을 잃어 분리된 상태이다. 이들 암석에서 분리된 흙이나 암편들은 이동이 간편하여 지표면에 여러 곳을 덮고 있기도 하며 구성하고 있는 암석 위에 그대로 놓여 있기도 하다. 이들 암반에서 분리된 것들을 풍화물이라 하며 이들 풍화물들로 구성되어 있는 지반은 대개 암반에 비해 매우 연약하다.

토목구조물을 설계하거나 시공할 때 지반에 이들 풍화물 즉 암반에서 분리된 흙이나 암편들이 쌓여 있으면 이 지반은 구조물의 기초로써는 연약하여 이 부분을 걷어내거나 혹은 지반을 보강하여야하는 과정을 반드시 거쳐야 한다. 이에 따라 본 장에서는 먼저 풍화에 대한 정의 및 풍화의 종류 그리고 암석에 따른 풍화 특성을 알아보고 풍화와 지질공학적 관계를 기술한다.

1.4.1 암석의 풍화 특성

암석의 풍화 작용은 지표의 암석이 자연적인 요인(유수, 바람, 빙하 등)과 인위적인 행

위에 의하여 제자리에서 부서지는 현상으로서 기계적 풍화 작용과 화학적 풍화 작용이 있으며, 전자에 의하여 암석이 붕괴되고, 후자에 의하여 분해되어 미세한 다른 물질로 변화한다. 대부분의 경우 두 풍화 작용은 동시에 진행되며, 암석의 종류 및 자연 조건에 따라 상대적이 중요도가 달라진다(표 1.4).

표 1.4 풍화와 기후 조건과의 관련성

	열대	온대	한대
기계적 풍화	×	○	○ 기계적 풍화에 강한 석회암이 고지 형성
화학적 풍화	○	○ 점토, 고령토 생성	×

기계적 풍화 작용은 팽창과 수축, 결빙과 용해, 하중의 제거, 식물 뿌리의 성장 등이 중요 요인으로서 팽창과 수축은 비열이 서로 다른 광물 입자로 구성된 암석이 일교차는 온도의 변화에 의하여 팽창과 수축을 반복하여 풍화작용을 일으키며, 절리면에 침투한 지하수나 간극수가 동결과 융해를 반복하여 암편을 탈락시킨다. 또한 심성암 등 지구의 내부나, 깊은 해저에서 생성되어 큰 압력 하에 있었던 암석들이 지반의 융기 및 침식에 의해 지표에 노출될 때 하중의 제거에 의하여 팽창하며, 판상 절리를 만들고 박리를 일으켜 암편이나, 암괴로 분리된다.

기계적 풍화의 전형적 산물이 간혹 산사면에 발달하는 테일러스(talus)이다. 테일러스는 일반적으로 조립의 원마도가 좋지 않은 암편(rock fragment)이 경사가 급한 사면 또는 그 하부로 중력에 의해 이동되어 대규모로 퇴적되어 있는 양상을 의미한다(그림 1.53). 테일러스 분포지역은 암편이 어느 정도의 두께와 폭을 가지며 형성되어 있기 때문에 식생이 분포하지 않음이 큰 특징 중의 하나이다.

화학적 풍화는 습윤 기후에서 활발하게 일어나며, 지각 내부의 높은 온도와 압력에서 생성된 암석이나, 광물이 지표의 낮은 온도와 압력에 노출되고, 물과 접하게 되면 보다 안정한 광물로 화학적 변화를 일으킨다. 따라서 지표 부근의 상온, 상압하에서 형성된 쇄설성 퇴적암에서는 화학적 풍화 작용이 별로 발생하지 않으며, 화성암과 변성암의 광물들 중에서는 장석과 철-마그네슘 계열의 광물이 가장 쉽게 화학적 풍화 작용을 받고 상대적으로 석영은 저항력이 강하다. 화학적 풍화 작용은 가수 분해, 산화작용, 탄산염화 작용,

그림 1.53 산록에 발달하는 테일러스

환원 작용, 증발 작용 등에 의해 진행되며, 특히 석회암이나 백운석(dolomite)과 같은 탄산염 광물(방해석 등)은 탄산염화 작용으로 지하수 중의 탄산에 의해 비교적 쉽게 용해, 풍화되어 석회 동굴 및 공동 등 카르스트 지형을 형성한다.

조성 광물 중 화성암 및 변성암에 주요한 구성 광물인 장석과 석화암의 대부분을 차지하는 방해석의 화학적 풍화는 대기 중의 이산화탄소(CO_2)가 빗물 등에 용해되어 형성된 탄산(H_2CO_3)에 의해 진행된다.

$H_2O+CO_2 \leftrightarrow H_2CO_3 \leftrightarrow H^{+}+HCO_3^{-}$(중탄산 이온)

〈정장석의 풍화 → 고령토〉

$2KAlSi_3O_8$(정장석) + $2H_2CO_3$(탄산) + $9H_2O$ → $Al_2Si_2O_5(OH)_4$(고령토) + $4SiO_4$ + $2K^{-}$ + $2K^{-}$ + $2HCO_3^{-}$

〈방해석의 풍화〉

$CaCo_3$(방해석) + H_20 + CO_2 ↔ Ca_2^{+} + $2HCO_3^{-}$(중탄산 이온) ↔ $Ca(HCO_3)_2$(중탄산 칼슘)

이상과 같이 암석의 풍화 상태에 따른 분류는 다음 표 1.5와 같다.

표 1.5 암석의 풍화 상태 분류(6단계)

풍화 상태	ISRM / BSI 5930	site investigation (현장조사)	이수곤 외 (화강암)
① 신선 (Fresh)	조암광물의 풍화는 관찰되지 않으며, 주불연속면 상에 약간의 변색이 될 수 있다.	모암은 변색은 관찰되지 않으나, 이 외의 풍화 효과로 강도의 손실이 발생한다.	장석류는 칼로 긁히지 않으며, 시료 체취는 지질햄머의 많은 타격이 필요하다. 점하중강도지수: 9-18 MPa 슈미트해머 반발값: 59-62
② 약한 풍화 (Slightly Weathered)	조암광물과 불연속면 표면에 변색이 관찰된다. 모든 조암광물은 풍화에 의해 변색되고 신선한 상태보다 약해진다.	암석은 약한 변색을 보인다. 부분적으로 불연속면의 틈새가 벌어지고, 표면의 변색이 관찰되지만, 무결암의 경우 신선암에 비해 눈에 띄는 강도의 저하는 없다.	장석류는 칼로 쉽게 긁히지 않으며, 시료 채취는 1회 이상의 지질햄머 타격이 필요하며, 신선암에 비해 약간의 강도 저하가 있다. 점하중강도지수: 5-12.5 MPa 슈미트해머 반발값: 51-56
③ 보통 풍화 (Moderately Weathered)	조암광물의 절반 이하가 변질(decomposed)되거나, 토상으로 붕괴(disinter-grated)된다. 신선암 및 변색된 암은 핵석이나, 불연속면의 골격을 이룬다.	암석은 변색된다. 불연속면의 틈새는 벌어지고 내부로 변질되기 시작한 변색된 표면을 가진다. 무결암은 신선함에 비해 뚜렷한 강도의 저하를 보인다. (원암과 풍화암의 부피비는 곳에 따라 추정할 수 있다.)	장석류는 쉽게 칼로 긁히지만 벗겨낼 수는 없다. 샘플은 1회의 강한 지질햄머 타격으로 쪼개지며, NX 코아는 손으로 부러뜨릴 수 없다. 신선암에 비해 강도가 저하된다. 점하중강도지수: 2-6 MPa 슈미트해머 반발값: 37-48
④ 심한 풍화 (Highly Weathered)	조암광물의 절반 이상이 변질되거나, 토상으로 붕괴된다. 심선암 및 변색된 암석은 핵석이나, 불연속면의 골격을 이룬다.	암석은 변색된다. 불연속면의 틈새는 벌어지고 표면은 변색되며, 불연속면에 인접한 모암 조직은 변질된다. 변질은 암석 내부 깊이 진행되나, 핵석은 아직까지 존재한다. (원암과 풍화암의 부피비는 곳에 따라 추정할 수 있다.)	장석류를 칼로 어렵게 벗겨낼 수 있으며, 지질햄머의 끝이나 칼로 홈을 팔 수는 없으나, 해머의 강한 타격으로 부러뜨릴 수 있고 NX 코아를 힘겹게 손으로 부러뜨릴 수 있다. 신선함에 비해 두드러진 강도 저하를 보인다. 점하중강도지수: 0.3-0.9 MPa 슈미트해머 반발값: 12-21
⑤ 완전 풍화 (Completely Weathered)	모든 조암광물은 변질되거나 토상화되며, 원암의 구조는 넓은 범위에서 아직까지 남아 있다.	암석은 변색되고 토상화되나, 원암의 조직은 대부분 유지되며 작은 핵석이 가끔 존재한다.	장석류는 쉽게 칼로 긁히며, 지질햄머의 끝이나 칼로 홈을 팔 수 있다. 대부분의 강도는 손실된 상태이며, 점하중 강도 또는 슈미트 해머 타격시험이 불가능하다.
⑥ 풍화 잔류도 (Residual Soil)	모든 조암광물은 토상화되며 암의 구조나 광물 조직은 붕괴되고, 부피의 큰 변화가 발생하지만 흙의 뚜렷한 이동은 아직까지 없다.		장석류는 쉽게 칼로 긁히며, 샘플은 손가락으로 홈을 팔 수 있으며, 손으로 굴착이 용이하고, 물의 교반에 의해 붕괴된다.

1.4.2 풍화대의 시공과 구분방법

풍화를 설계나 시공에 반영하려면 위에서 언급한 풍화지수와 육안 또는 현미경 등의 관찰을 통해 설명될 수 있는 풍화의 심화정도에 기초하여 정량적인 풍화도의 설정이 필요하다. 이 풍화등급(Weathering grade)은 표 1.5와 같이 그 풍화의 심화정도에 따라서 ① 신선(F), ② 약간 풍화(SW), ③ 보통 풍화(MW), ④ 심한 풍화(HW), ⑤ 완전 풍화(CW), ⑥ 풍화 잔류토(RS) 6단계로 분류하는데 신선(F)~보통 풍화(MW)는 암반에 적용되고 완전 풍화(CW)~풍화 잔류토(RS)는 토사층에 적용될 수 있다.

또한 심한 풍화(HW)는 암석 또는 암반에서 흙으로 전이되어 가는 과정에 속하는 것으로 심한 풍화(HW)의 지반에서는 암석과 토층이 혼재되어 있는 양상으로 관찰되며, 설계나 시공에서 있어서 경도가 비슷한 암석의 경우 같은 풍화등급을 보이는 암석은 비슷한 공학적 특성(강도, 변형률 등)을 보인다. 같은 화강암반이라도 지질특성이 점이적 풍화형태인지, 핵석 풍화 상태인지에 따라 분류 방법이 달라질 수 있다.

풍화암반이 점이적인 풍화인 경우에는 암석의 풍화등급에 따라서 암반의 풍화도를 결정할 수 있으나, 핵석지반에서는 핵석의 함유량에 따라서 암반의 풍화도를 결정한다. 따라서 실제 공학적인 목적으로 풍화도를 분류할 경우에는 지질 특성을 정확하게 파악한 후에 그에 맞는 풍화도 분류를 수행하여야 정확한 암반의 풍화도 분류가 된다.

6단계의 풍화도를 구분하기 위해서는 육안적 관찰과 역학적 특성을 고려하는 방법이 있다. 육안적 관찰은 화학적 변질정도, 물리적 분해정도로 나누어지는데, 화학적 변질정도는 암석의 주 구성광물(석영, 장석, 흑운모 등)의 화학적 변질정도를 파악하는 것으로 특히 흑운모의 변질과 이에 따른 주위 광물의 착색정도 그리고 장석이 변질된 상태 등으로 판단할 수 있다. 물리적 분해정도는 암석 내에 미세한 균열의 발달과 암석입자간 경계부 상태를 육안으로 관찰하는 것이다. 또한 역학적 특성은 암석입자가 칼에 긁혀지는지, 또는 지질햄머 타격 시 관찰되는 암석의 파괴정도로 암석의 풍화상태를 정성적으로 파악할 수 있으며, 슈미트햄머값이나 점하중시험값, 급속흡수지수(QAI)값 등을 종합하여 정량적으로 암석의 풍화도를 판단할 수 있다.

각각의 풍화도에 따른 자세한 분류기준은 다음 표 1.6과 같다.

표 1.6 풍화의 등급과 특징

용어 (Term)	부호 (Symbol)	풍화 특징 (Diagnostic feature)
잔류토 (Residual Soil)	W Ⅵ or RS	- 암석이 완전히 토양화 - 원래의 암석조직이 완전히 파괴됨 - 부피가 증가됨
완전 풍화 (Completely Weathered)	W Ⅴ or CW	- 암색이 변하고 토양화됨 - 암석조직은 남아있음 - 흔히 작은 핵석이 발견됨
심한 풍화 (Highly Weathered)	W Ⅳ or HW	- 암색이 변함 - 단열면은 벌어져 있음 - 단열면이 깊이 탈색, 변질되어 있음 - 핵석이 흔하게 발달
보통 풍화 (Moderately Weathered)	W Ⅲ or MW	- 암색이 변함 - 단열면은 벌어져 있음 - 단열면은 탈색되고 변질이 시작단계임
약한 풍화 (Slightly Weathered)	W Ⅱ or SW	- 암색은 약간 변함 - 단열면은 약간 벌어짐 - 무결암의 강도는 신선한 암에 비하여 크게 약하지는 않음
신선 (Fresh)	W Ⅰ or F	- 암색이 변하지 않음 - 강도의 손실을 야기하는 풍화영향 없음

풍화상태에 따라 나타나는 지질공학적 특성은 한반도에 분포하는 각종 암상에 대한 기재와 함께 그에 따른 풍화 특성을 다음 4장에서 기술하기로 한다.

1.5 지질조사와 지질도

토목기술자들에게 지질조사는 시공대상에 따라 약간의 차이가 있을 수 있으나 조사 시 가장 먼저 실시하여야 할 사항으로 본 절에서는 지질조사에 대한 정의 및 지질조사의 목적과 방법 그리고 지질도에 대해 기술한다.

1.5.1 지질조사

지질조사란 조사대상지역에 대한 지질 상황에 대한 정보, 즉 지질정보를 확보하기 위해 그 지역에 분포하는 암석의 종류와 분포 상태, 생성 연대, 암종 간의 상관관계, 지질 구조 등을 조사하여 그 지역의 발달 역사를 명확하게 하는 것이다. 조사 방법에는 지표지질조사, 시추조사 및 물리 탐사법 등이 있다. 이들 지질조사를 실시하기 위한 사전 자료 수집으로는 먼저 인공위성이나 항공사진을 통한 지형을 분석하고 기 발간된 지질도 및 지질 관련 논문 등을 찾아 정보를 입수한다. 지표지질조사 시 가장 중요한 과정은 조사지역의 암석 및 지층의 생성상태를 야외조사 노트에 기록하고 시료를 채취한다. 그리고 노두를 추적하여 지질경계를 긋는다. 지층의 생성 상태에 의해 지질구조를 파악하고 지층의 주향과 경사 등을 도면에 기재하여 지질구조를 표시한다. 필요시는 시추를 실시하여 지층의 두께, 암석의 변화와 지질구조 등을 파악한다. 또 유용광물이 모여 있는 광상의 징후 등을 조사하여 기존의 광산의 존재 여부도 함께 수집한다. 야외에서 채취된 암석시료는 지질현상의 규명을 위해 실내에서 현미경관찰, 암석의 화학분석, 형광분석, X선 분석 등에 의해 정밀하게 조사한다. 또 퇴적암이 분포하는 곳에서 화석이 산출할 경우는 화석에 의해 지층의 지질시대 규명과 퇴적환경을 밝히기도 한다.

지질공학에서의 지반조사는 구조물 기초, 터널, 댐, 교량, 지하구조물, 사면 등 대상 구조물의 종류에 따라 조사 방법, 조사의 정밀도를 위시하여 검토해야 할 시항들이 각기 다르며 조사 단계 또는 조사 과정도 조금씩 다르다. 대체로 조사 과정은 시공 전의 사전 예비 조사와 본 조사로 크게 대분되며 각각의 조사 목적, 방법 및 조사 항목은 다음 표 1.7과 같다.

표 1.7 지질조사 단계별 항목

조사 종류	예비 조사		본 조사	
	자료 조사	현지 조사	기본 조사	정밀 조사
조사 목적	- 지형, 지질 및 지질구조 개요 파악 - 암종과 단층대 등 지반에 미치는 지질 예측		- 지질도 및 지질단면도 작성 - 지질 이상대 파악으로 정밀 지질조사 지점 선정	- 상세 설계를 위한 정밀 지질자료 수집 - 시공법의 선정
조사 방법	기존 자료의 수집 및 정리	현지답사를 통한 지질 및 지형 관찰	- 지표 지질조사 - 시추조사 - 개략적 믈리탐사	- 각종 지질 및 토질 시험 - 정밀 시추 조사
조사 항목	- 축척별 지형도, 각종 지질도 수집 분석 - 인공위성 및 항공사진 수집 분석 - 조사 지역 내 기 수행 광산 여부 자료 수집 - 기 시설 구조물의 공사 기록 - 지하수 특성 자료 및 기 시추공 자료 수집 - 지반 침하 자료 수집 등	- 현지의 골짜기 및 능선의 발달 방향과 상태 현지 파악 - 토양의 구성 및 토양 심도 추정 - 분포 암석의 종류 풍화 정도 조사 - 개략적 단층 및 절리 등 지질구조 자료 조사 - 샘, 기 시추공 내 지하수 수위 파악 등	- 표준관입 시험 - 분포 암석의 물리적 특성 확인 - 지하수위 조사 등	- 토질 시험 - 간극 수압의 측정 - 수질 조사 - 지반의 변형 측정 - 양수 시험 - 지하수의 유속 및 수로 조사 등

1.5.2 지질도

대부분의 사람들이 여행 시 최종 목적지를 찾아 가기 위해 소위 교통도 혹은 지형도를 흔히 이용한다. 지형도는 산, 강, 도로, 마을 등이 기재되어 있어 자기가 찾아가는 목적지까지 어느 도로를 이용하고 어떤 마을을 지나야 하는지에 대한 정보를 얻을 수 있다. 마찬가지로 대상지역의 지질정보를 얻기 위해서는 지질도를 보게 되는데, 이때 지질도에는 지형도상에 그 지역에 분포하는 암석(예: 화강암, 퇴적암, 편마암 등), 지질구조(예: 습곡, 단층, 절리 등), 광산(금광, 석탄광 등) 등이 기재되며 암석상호 간의 관계 지질역사(지사) 및 지질단면도가 표시되어 있다.

지질도는 국립지리원에서 발행한 지형도상에 모든 지질 정보를 덧씌워 인쇄한 것을 말한다. 지질은 색깔, 선, 특유의 무늬, 부호 따위로 서로 구별이 될 수 있도록 표시되어 있다. 이러한 그리기 방법은 대개 국제적으로 약속되어 있어 화강암은 붉은색 바탕에 십자 모양의 무늬를, 유문암이나 편마암은 물결무늬를 정해진 바탕 색깔 위에 더하기도 한다. 지질도에서 쓰는 색깔은 시대별 암석별로 대개 정해져 있다. 다음 그림 1.54는 경북 대덕산부근의 지형도 및 지질도의 예이다.

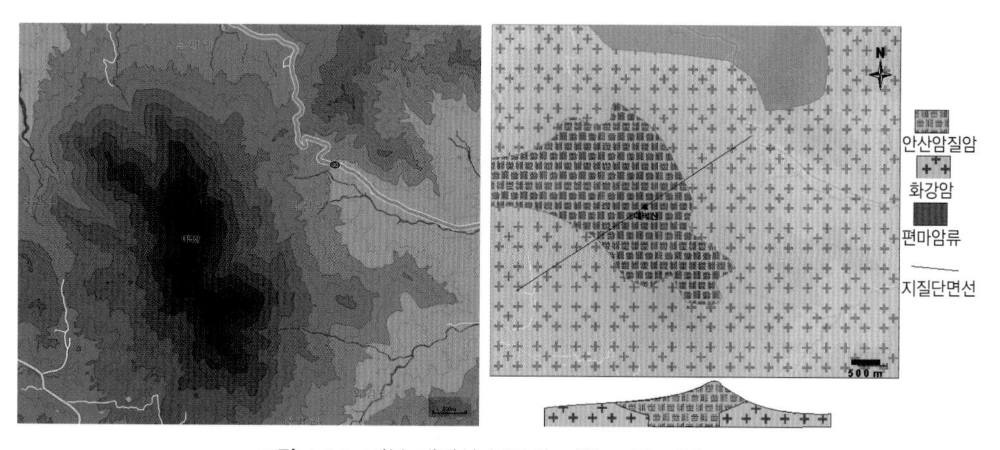

그림 1.54 경북 대덕산 부근의 지형도 및 지질도

우리나라에서 작성된 지질도는 1:1,000,000 한국지질도, 1:250,000 광역지질도, 1:50,000 국도기본도폭, 1:25,000 정밀지질도, 1:10,000 정밀탄전지질도 등이 있으며, 목적에 따라서는 1:1,000 축척의 상세 지질도를 작성하기도 한다. 미국의 경우에는

1:24,000 축척의 지형도를 기본도로 삼고 있다. 야외조사에서 사용하는 지형도는 발간될 지질도의 축척보다 큰 것을 사용한다. 1:50,000 축척의 지질도 조사를 위해 1:25,000 축척의 지형도를 사용하며 1:25,000 지질도 작성에는 1:5,000 지형도를 사용한다.

우리나라에서 지질도 조사 발간 연구 업무는 유일하게 한국지질자원연구원에서 수행하고 있다. 우리나라의 지질도 조사 발간은 일제강점기에 조선총독부 산하에 지질조사소를 설치하여 우리나라 전역에 61매(남한 25매, 북한 36매)의 1대 5만 도폭이 발간 된 후 1961년부터 도폭지질조사가 재개 되어 현재 남한 총면적 99,137km^2 중 84,354 km^{2}의 1대 5만 지질도가 내륙은 거의 완성 되었으며, 1대 100만 축척의 지질도는 1995년도에 3판이 발간되었다. 1대 25만 축척의 지질도는 1975년 남한 전 지역이 처음으로 발간되고 200년대 들어 현재 남한 총 13개 도폭이 완성되었다. 다음 표 1.8은 지질도 조사 및 발간의 과정을 표시한 것이다

표 1.8 국내 지질도 조사 및 발간의 과정

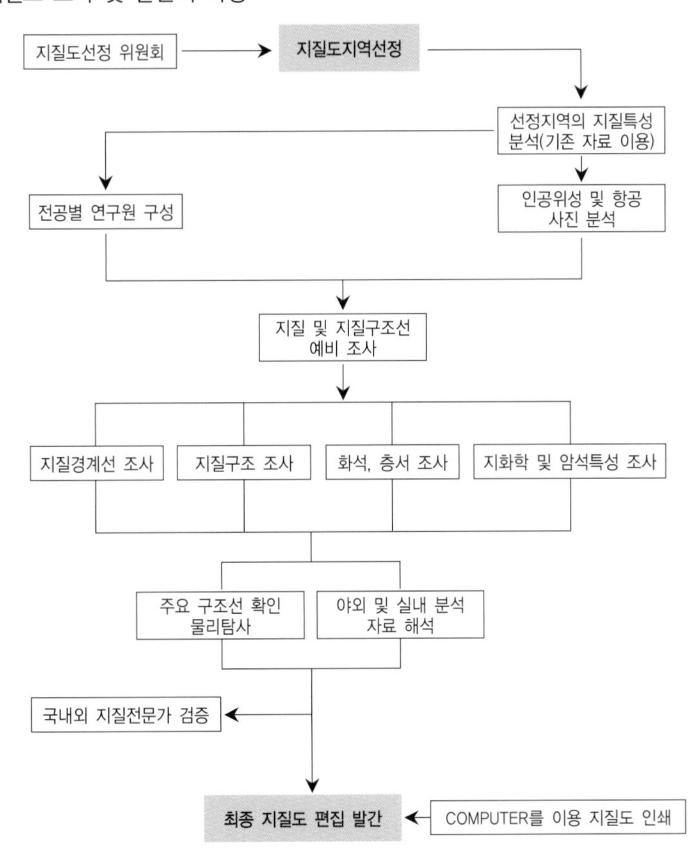

지질도는 세계 어느 국가든지 자기 국토에 여러 축척의 지질도를 작성하여 발간 이용하고 있다. 지질도는 표 1.9와 같이 국토를 대상으로 하는 다양한 분야에서 이용된다. 앞에서 언급한 바와 같이 지질도가 처음 작성된 일제 강점 시에는 우리나라의 지하자원 찬탈을 위한 목적으로 지하 유용광물 부존이 유망한 지역을 선정하여 지질도가 작성되었다. 이로 인해 우리나라의 1대 5만 지질도는 그 당시 구획된 지역을 그대로 현재까지 유지하며 1대 5만 지질도를 150개 광구로 나누어 광업등록소에 광구 등록용 자료와 지하자원 탐사에 여전히 이용되고 있다. 최근 들어 지하자원의 고갈과 탐사가 쇠퇴하면서 지질도는 토목분야에 이용이 증가되었다. 토목분야에서 대상 지역의 암반의 상태에 대한 지질정보가 지질도에 수록되어 있으므로 이용되고 있으며, 지하수 개발 석골재 개발 등과 일본 및 중국 대륙과의 지층 대배 연구 등 지구과학 분야에도 활용되고 있다. 이에 따라 우리나라는 국가 주도 하에 꾸준히 지질도 작성 사업이 계속되어 우리나라의 국토의 이용 및 균형 있는 발전에 기여하고 있다.

표 1.9 지질도의 활용 분야

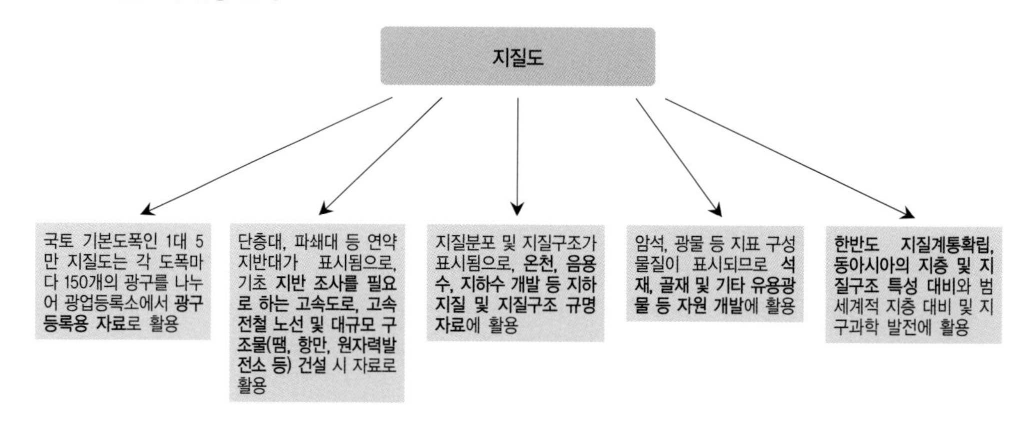

1.5.3 지질도의 작성과 해석

지질도에는 일반적으로 지형도에 표시된 등고선, 도로, 하천, 산, 밭의 경계 등과 같은 지형정보와 진북과 자북의 기호와 함께 격자 좌표계가 기재되어 있다. 만일 지질도가 공학적 목적으로 사용되어야 한다면, 1:10,000 축척 또는 그 이상의 축척이 필요하다. 지질도 작성을 위한 조사 시 야외에서 측정된 노두 위치에서 지층의 주향과 경사들에 의해 지하로 발달한 상태를 추적할 수 있다. 즉, 야외 조사자는 노두에서 관찰되는 면구조들의 주향

경사에 의해 지층의 3차원 발달 상태를 추정하여 조사하고 지질도상에 표시해야 한다. 실지로 야외 지표조사에서 노두에서 측정한 층리들의 주향과 경사와 지형의 발달 상태를 고려하여 소위 'V's rule'에 따라 지질도상에 지층 경계가 그려진다. 조사지역에 발달하는 지층의 층리가 수평인 경우(그림 1.55 (a))에는 지층의 경계가 지형의 등고선을 따라 그려지며 지층의 층리가 수직인 경우(그림 1.55 (b))는 지형등고선과 무관하게 지질도상에 지층 경계가 일직선으로 그려진다.

그러나 지층의 경사가 수평이나 수직이 아닌 경사각을 가질 경우 지층경사각이 지형의 경사각보다 작을 때는 그림 1.56 (a)와 같이 지형의 능선과 골짜기 방향과 같은 지층경계가 그려지며, 그림 1.56 (b)와 같이 지층경사각이 지형의 경사각보다 클 때는 지형의 능선과 골짜기 방향이 서로 다른 방향으로 지층경계가 그려진다. 이와 같이 지층의 경사각과 지형의 능선 및 골짜기의 상호 관계에 따라 지질도 상에 지층경계를 그릴 수 있어 V's rule은 지질조사 시 매우 유용하게 이용되고 있다.

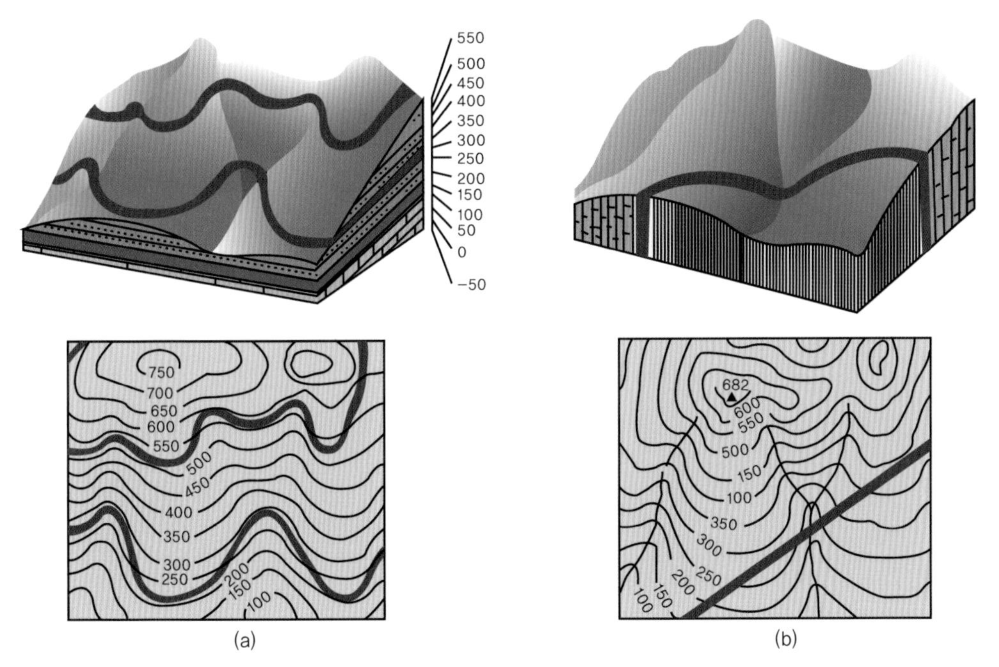

그림 1.55 V's rule에서 지층이 평행한 경우(a)와 지층이 수직인 경우(b), 지층과 지형과의 관계에 따라 지질도 상에 그려지는 지질경계

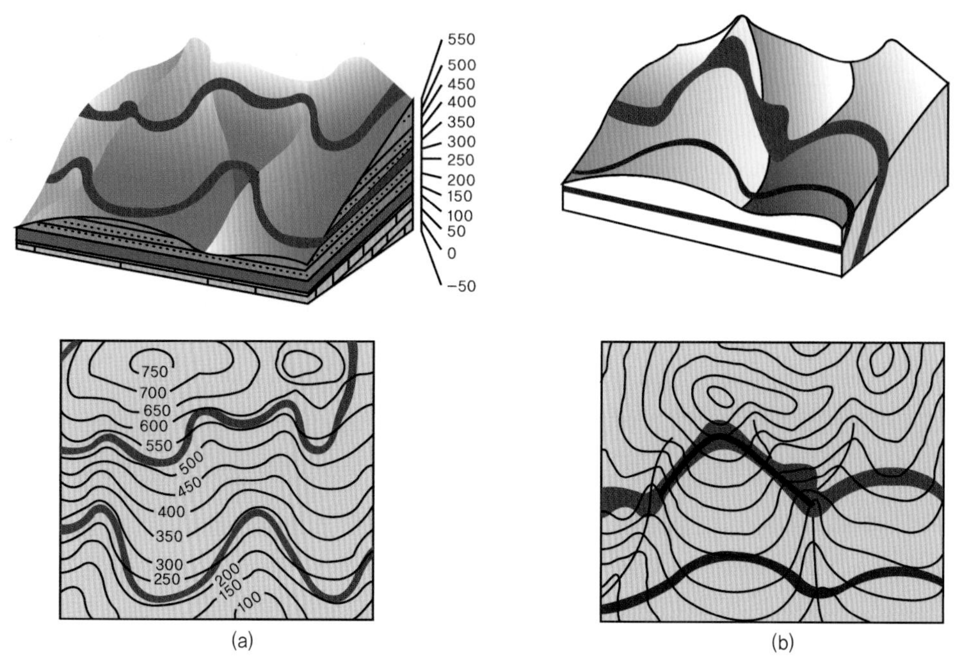

그림 1.56 V's rule에서 지층의 경사가 지형의 경사보다 낮은 경우(a)와 지층의 경사가 지형의 경사보다 큰 경우(b), 지층과 지형과의 관계에 따라 지질도상에 그려지는 지질경계

작성된 지질도에는 2차원의 평면도인 지질도와 지질단면도가 그려져 있다. 퇴적암이 분포하는 지역에서 지질도상의 지질경계와 지형 등고선의 관계를 보면, 이 지층의 주향반향을 알 수 있고 또한 지질단면에서 그 지층의 경사각도를 유추할 수 있다. 다음 그림 1.57은 그들의 관계를 보여 주는 그림이다.

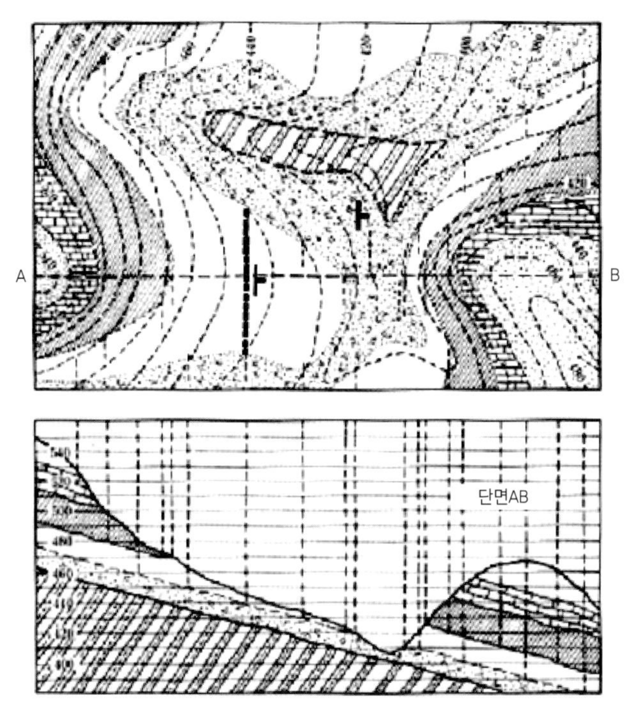

그림 1.57 지질도와 지질단면도, 동일 등고선에서 만나는 지층경계선을 이어주면 주향선이 된다.

또 다른 예로 그림 1.58에서 지질학자는 식생으로 덥혀 있는 부분이 있더라도 지표에 나타나 있는 작은 노두에서 지층의 주향과 경사를 측정하고 이해하여 지질도를 작성할 수 있다. 주향선은 노두와 등고선의 교점을 통과해야 하지만 그들의 방향은 분명하지 않다. 아무튼 가용한 노두에서 다수의 주향과 경사의 측정으로 주향방향을 알 수 있었다. 그래서 층리상부의 주향선은 150m와 200m에 대해 그리고 층리하부의 주향선은 150m에 대해 작도할 수 있다. 이것은 지역 전체를 통해 모든 노두를 결정하는 주향선을 그리기에 충분하다. 실지로 지표지질조사 시 지표면은 흙이나 식생으로 덮여 연속 노두를 관찰할 수 있으므로 지질도는 이들 표토층을 무시하고 암반의 발달 상태만이 표시되어 있다. 광산이나 석유산업에서 사용되는 것과 넓은 축척의 지질도에서는 상세한 노두 위치를 표시하는 것은 크게 중요하지 않지만 지질공학에서는 표도가 덮인 곳과 노두가 발달하는 곳의 위치가 매우 중요하다. 그래서 만일 그림에 있는 층리의 노두작성이 불안정한 공동을 가지는 기 채굴적을 가지는 탄층과 잠재적인 불안정성의 위험으로부터 안전한 육상 위에 건설될 필요가 있다면, 그때는 피복층 아래에 있는 노두의 위치를 정확하게 알아내는 것은 분명 매우 중요한 일이다(그림 1.59).

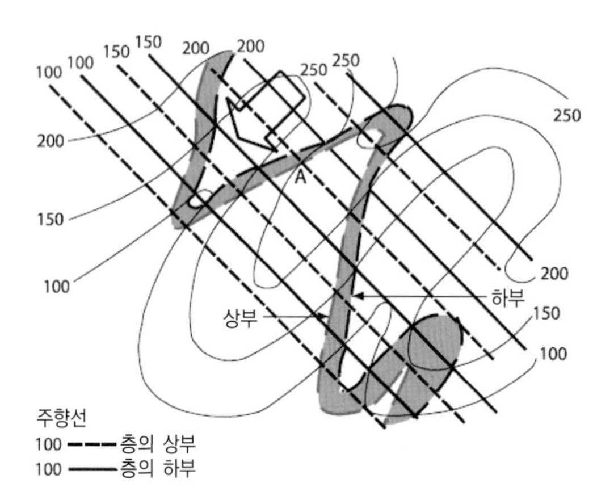

그림 1.58 지층의 경계는 지형 등고선과 지층의 주향선의 상반과 하반의 접촉에 의해 결정된다(선우춘 외, 2010).

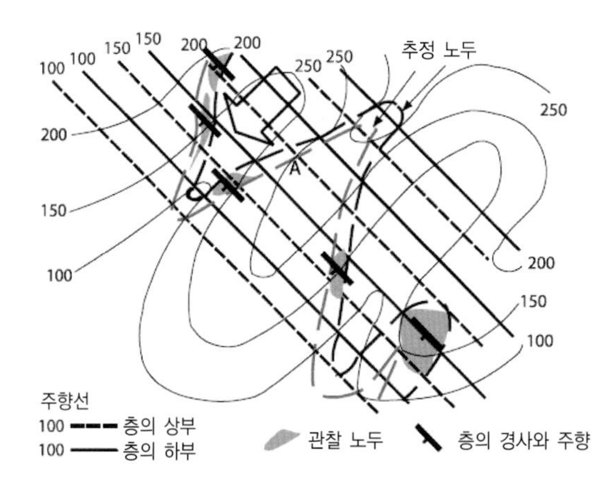

그림 1.59 관찰된 노두는 적지만 주향선은 노두에서 측정한 층리의 주향의 방향으로 그릴 수 있다. 관찰된 노두에 의해 지층경계를 그리고 노두 위치를 추정 할 수 있다(선우춘 외, 2010)

그림 1.61은 댐을 건설하기로 되어 있는 한 지역의 간단한 지질도이다. 댐의 꼭대기 부분을 나타내는 선을 볼 수 있다. 기초암석을 형성하는 셰일은 매우 풍화되어 있을 것이라고 믿어지고 있다. 그리고 신선한 셰일에 도달하기 위해서는 50m 깊이의 굴착이 요구될 수 있다. 단층과 조립현무암의 노두 모양으로부터 단층은 상류 쪽으로 경사져 있고, 주립현무암의 암상은 하류 쪽으로 경사져 있다. 의문은 이것들이 기초굴착에서 만날 것인지의 여부이다. 이 질문에 답을 주기 위하여 단층과 조립현무암에 대한 주향선이 반드시 작도되어야 한다. 이 경우에는 조립현무암의 상부에 대한 주행선만이 필요할지라도 조립현무암의 상하부 둘 다 그림 1.62와 같이 그려진다.

강에서 댐 바닥의 고도는 약 60m(해수면)이다. 그래서 굴착바닥면은 고도가 +10m가 될 것이다. 이지점 아래에서 조립현무암의 상부에 대한 주향선은 약 +20m가 되고 단층의 고도는 약 −50m이다. 그러므로 조립현무암은 굴착이 이루어지는 강의 위치에서 발견될 수 있을 것이다. 댐 서쪽의 접합부 아래에서는 조립현무암의 상부가 약 +60m로 +10m의 기초굴착과는 만나지 않는다. 댐 동쪽의 접합부 아래에서는 조립현무암의 상부는 약 −40m로 기초굴착의 바닥 아래 먼 곳에 위치한다. 이것은 조립현무암이 굴착부의 중앙과 중앙의 서부에서 발견될 것이라는 것을 의미한다. 이러한 지도의 해석은 결정적인 것이 아니다. 왜냐하면 댐의 부지와 가장 가까운 노두 사이에서 조립현무암의 경사와 두께가 일정하다고 가정하고 있기 때문이다.

하지만 잠재적인 문제를 밝히고 더 나아가야 할 것은 시추공과 다른 수단에 의한 조사이다. 조사할 가치가 있는 또 다른 문제는 단층의 조사이다. 단층과 조립현무암은 교차 한다. 그들의 교차점을 지도상에 그려진 것이 그림 1.61이다.

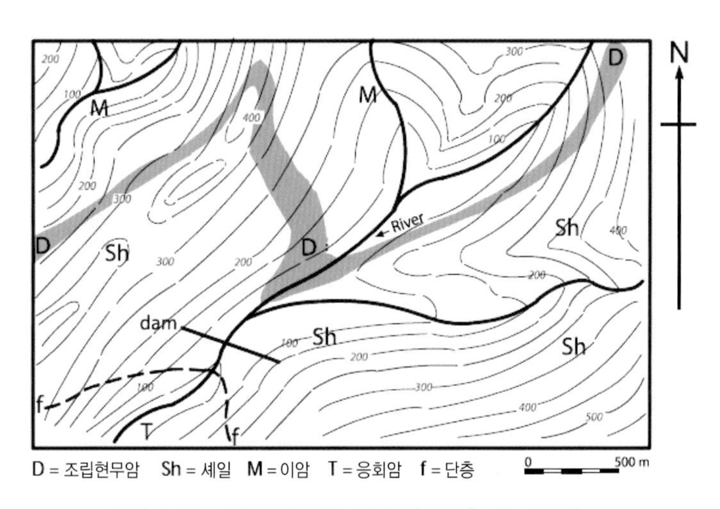

그림 1.60 댐부지에서의 지질도(선우춘 외, 2010)

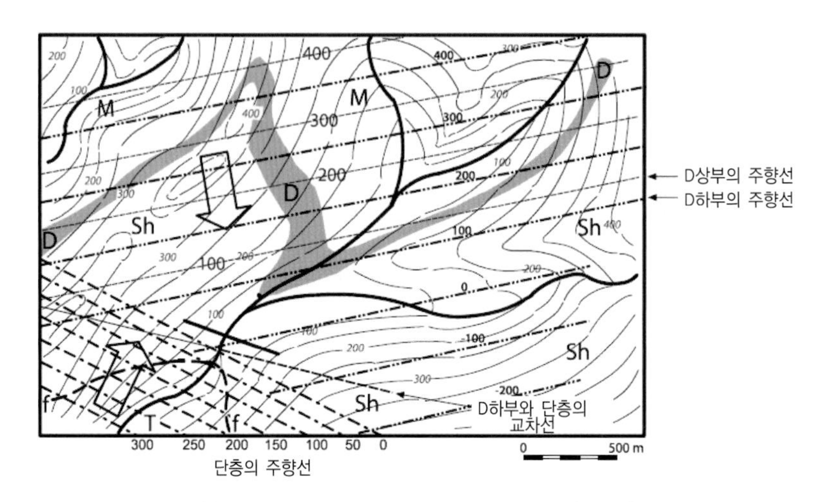

그림 1.61 단층과 조립현무암의 상하부에서의 주향선(선우춘 외, 2010)

그림 1.62의 해석에서 단층은 모든 암석을 관통하여 자르고 있다고 가정했다. 조립현무암이 관입하기 전에 단층이 존재했다는 것은 가능한 일이다. 실제로 이것은 아마 댐만큼은 아니지만 다소 중요하지만 그러나 어떤 배수터널이 계곡을 통해 굴착이 된다면 확실히 중요하다. 추가적인 지질연구들이 이러한 점을 결정하기 위해 요구된다. 문제에 대한 해답은 주향선을 작도함으로써 얻을 수 있다는 것에 주목해야만 한다. 단면은 아마 주향선에 익숙하지 않는 사용자들을 위하여 그 해답을 증명하기 위해서만 사용된다.

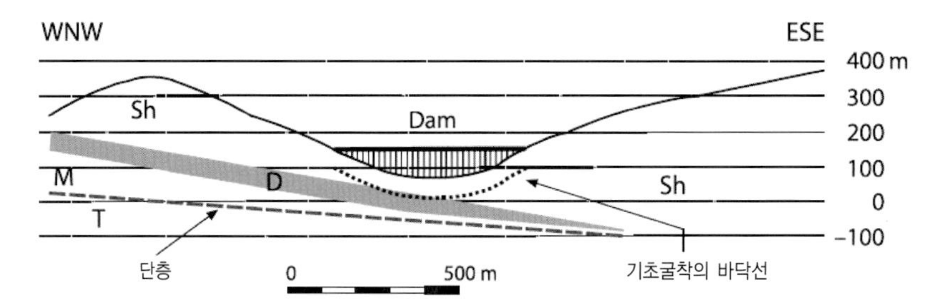

그림 1.62 초굴착에서 만날 수 있는 지질을 추정하기 위해 그려진 단면.
상세한 지질 상황을 보여주기 위해서는 단면의 축척은 그림 1.61과 1.62의 축척보다 더 커야 한다(선우춘 외, 2010).

이렇게 언급된 것은 대부분 퇴적암이나 엽리를 가지는 변성암들과 같이 층상의 암석이 분포하는 지역에서의 지질도이다. 그러나 저반이나 병반과 같은 대규모 화성암체는 지질 경계를 예측할 수 있는 기하학적인 요소가 존재하지 않는다. 그리고 지하에서의 그들의 형상은 대부분은 표면노두의 발달과는 다소 모호하게 연장될 수도 있다. 하천 퇴적물, 모래톱, 모래채널 광상 등과 같은 퇴적광상에서는 모양이 매우 불규칙하다. 지하에서의 이들의 위치와 형상은 상당한 수의 시추공의 도움이 있을지라도 좀처럼 결정할 수 없다. 그래서 가장 중요한 것은 암석과 흙이 퇴적되거나 혹은 관입된 방식에 대한 개념을 얻기 위하여 암석과 흙의 성질을 파악하는 것이다. 만일 암석과 흙이 불규칙하여 위에서 언급된 내용들이 사용될 수 없다면, 다른 기술들로 일반적으로 물리탐사기법이 지하의 경계 모양을 파악하기 위하여 이용된다.

Part. 02
변형작용과 지질구조

Part. 02 변형작용과 지질구조

지각이 조구조운동에 의해 응력을 받으면 지각 내에 변형이 발생한다. 이러한 변형작용은 지각 심부에서 열과 압력에 의한 변형작용이 발생할 때는 연성변형이 일어나며, 비교적 지각 천부에서 지각이 응력을 받으면 취성변형이 발생한다. 연성변형작용에 의해 생성된 지질구조의 대표적 산물은 연성전단대 및 습곡 등이며 취성변형작용에 의해 생성된 지질구조는 절리 및 단층 등이다. 다음 그림 2.1은 지각에 단층작용이 일어났을 때 지표에서 지하 심부로 가면서 변형의 특성을 보여 준다.

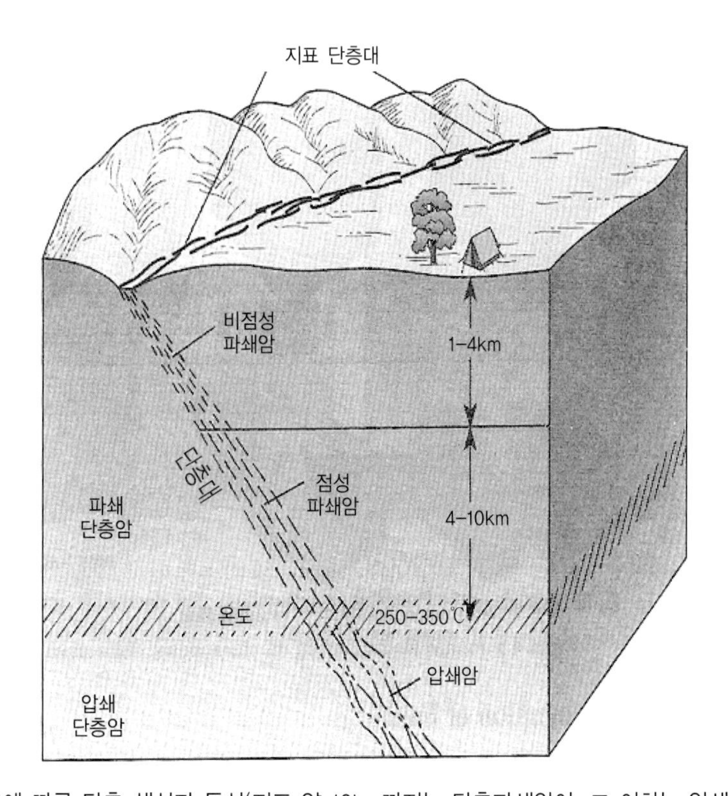

그림 2.1 심도에 따른 단층 생성과 특성(지표 약 10km까지는 단층파쇄암이, 그 이하는 압쇄암으로 변화됨)

2.1 연성전단대

지하 10km 이하 심부에서 연성전단작용(ductile shearing)이 작용하면 이에 대한 산물로 연성전단대가 발생하는데 이 연성전단대에는 암석을 구성하고 있는 광물입자들이 늘어나고 입자의 크기가 줄어지는 압쇄암화작용이 일어나며 압쇄엽리가 발달하게 된다. 1970

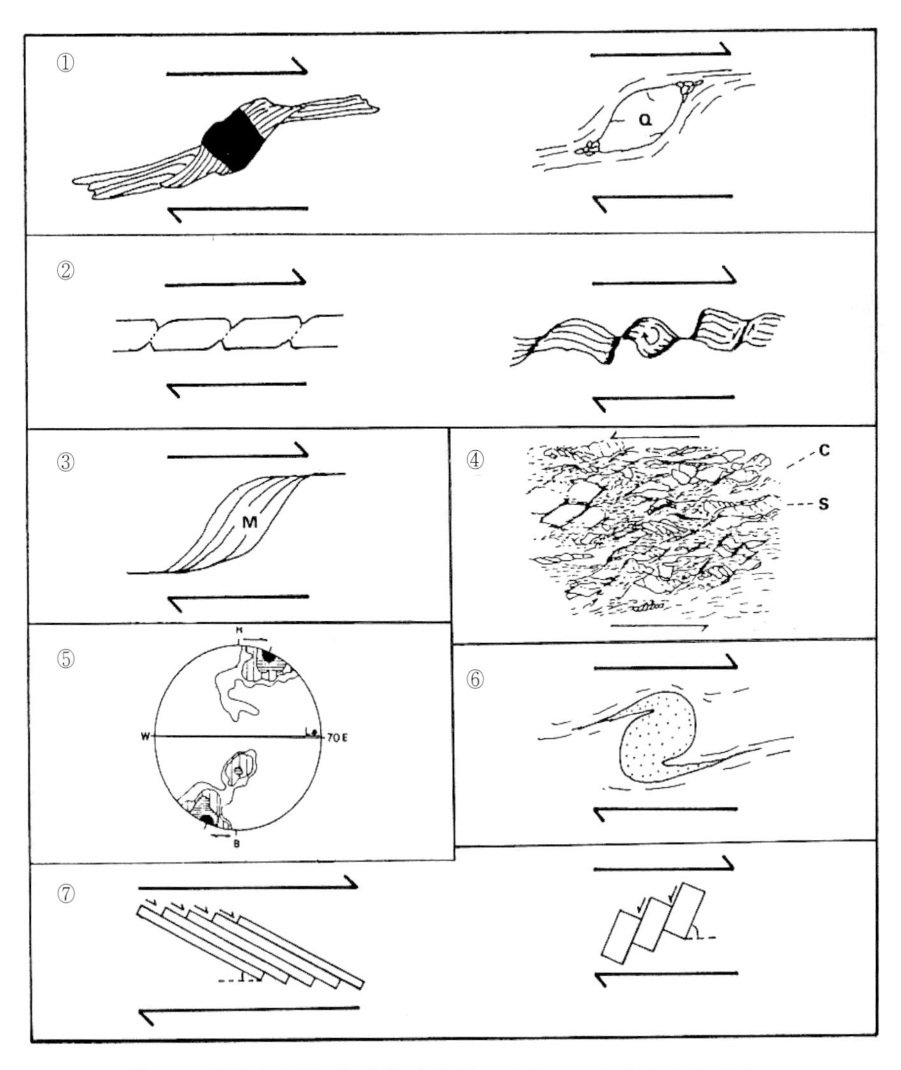

그림 2.2 연성전단작용에 의해 발생하는 여러 종류의 운동감각 결정 요소

① 비대칭 압쇄영 ② 부딘구조 ③ 고기모양운모 ④ S-C 엽리구조
⑤ 석영 C축의 방향 ⑥ 구름구조 ⑦ 책장미끌림구조(bookshelf sliding)

년대부터 이들 연성전단대에서 작용한 전단작용의 운동감각의 결정에 대한 연구가 활발하여 많은 결과를 발표하였다. 그림 2.2는 연성전단작용에 의해 생긴 압쇄암 내의 여러 요소들로 광물의 주위에 압쇄영이 발달하고 그들이 비대칭으로 형성될 때 전단작용의 운동감각을 결정하는 지시자가 되기도 한다(그림 2.2 ①). 그 외 압쇄암에는 부딘구조, 고기모양운모, S-C 엽리면, 구름구조 등이 발달하여 이들이 전단감각을 결정하는데 지시자로 사용된다(그림 2.2 ②,③,④,⑥).

연성전단대에서는 일반적으로 가장 변형이 심한 중심부에서 가장자리로 가면서 점이적으로 변형정도가 약해지며, 변형이 심한 중심부는 입자가 분쇄되어 마치 편암과 같은 모양이며 엽리가 잘 발달한다. 그러나 편암과의 차이점은 압쇄암에서만 가지는 조직이 발달한다. 그림 2.3은 S-C 엽리를 발달하는 압쇄암의 현미경 사진을 스케치한 것이다.

이미 언급한 대로 연성전단대를 가로지르며 입자크기도 현저한 변화를 나타내어 즉 중

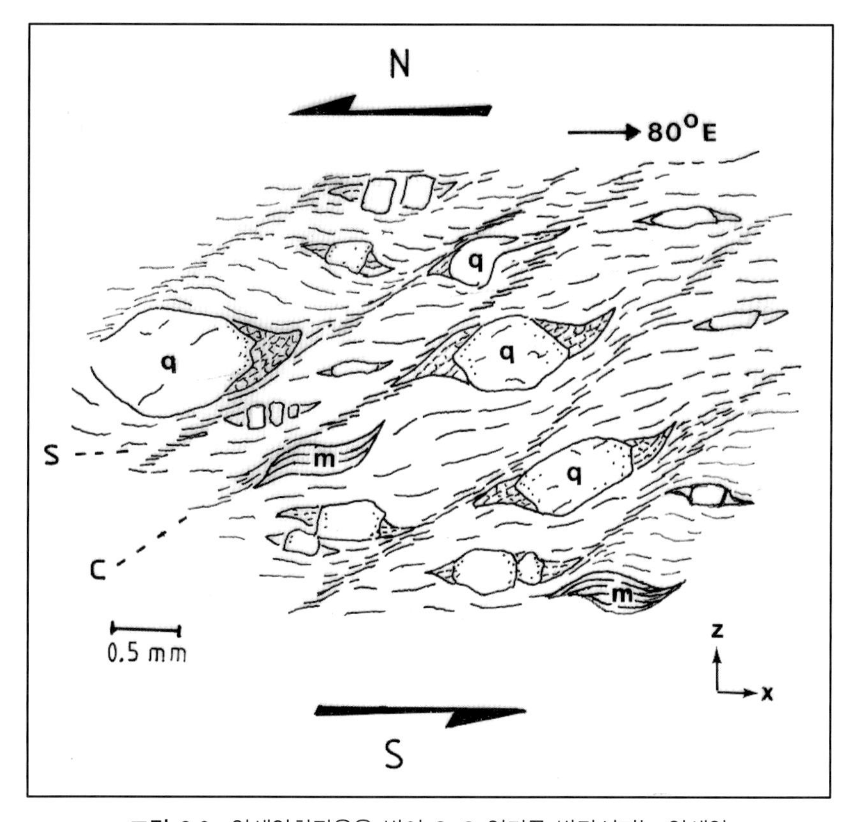

그림 2.3 압쇄암화작용을 받아 S-C 엽리를 발달시키는 압쇄암
(q: 석영, m: 운모)

심부를 향해 석영 및 장석류 모두 뚜렷한 입자크기 감소현상을 나타낸다. 그러나 이 경우 장석류가 석영보다 훨씬 더 현저한 크기 감소를 보여준다. 장석은 변형 전의 입자가 변형 작용 동안에 파쇄되고 나눠지며 세립화된다.

전단대를 형성하는 전단변형과정에서 즉 압쇄암화작용 과정에서 앞에서 언급한 전단대 중심부를 향한 엽리발달 정도의 강화와 더불어 다양한 원인에 의한 입자크기 감소로 원암의 석기 및 반정광물이 세립화되며 기질을 형성하게 된다. 반상쇄정에 대한 기질함량의 변화도 전단변형 정도를 반영할 수 있다. 즉 전단변형정도가 심하면 심할수록 기질함량은 증가한다. 그래서 기질함량비로 압쇄암화 정도를 분류하기도 하는데(Spry, 1969), 기질함량이 10~50%이면 원압쇄암, 50~90%이면 압쇄암, 90~100%이면 초압쇄암이라고 분류한다.

한반도에서 가장 대표적 연성전단대 중의 하나인 순창전단대(과거에는 호남전단대로 불리기도 함)는 우수향의 주향이동성 전단 감각을 가지는 연성전단대이다(이병주, 1989). 그림 2.4는 순창전단대 내에서 이러한 연성전단 운동 감각을 뒷받침하는 증거인 압쇄암의 현미경 사진이다. 그림 2.4의 ⓐ, ⓑ, ⓒ, ⓓ는 구름구조를 ⓔ는 우수향의 비대칭 습곡을 그리고 ⓕ는 책장미끌림구조(bookshelf sliding)를 마지막으로 ⓖ와 ⓗ는 S-C 엽리구조에 의한 우수향의 증거들이다. S-C 엽리구조란 S엽리는 원래 압쇄암의 압쇄 엽리면이며 C엽리는 2차로 생성된 엽리로 S엽리와 C엽리의 교차각의 방향으로 운동감각을 알 수 있다.

2.2 습곡

층리를 가지는 퇴적암이나 엽리를 가지는 변성암들이 횡압력을 받아 물결모양으로 굴곡된 형태를 가지는 지질구조를 '습곡'이라 한다.

2.2.1 습곡의 각 부분 명칭

습곡 형태 중 가장 기하학적으로 이상적인 형태는 수학에서의 사인 곡선(sine curve) 형태로 위로 향하여 구부러진 형태를 배사라 하고 아래로 향해 구부러진 것을 향사라 한다(그림 2.5). 습곡구조에서 배사나 향사의 가장 높은 지점을 힌지라 하며 힌지를 연결한 선이 습곡축이다. 습곡축을 중심으로 양쪽을 습곡익부 혹은 습곡의 날개라 한다. 상부와

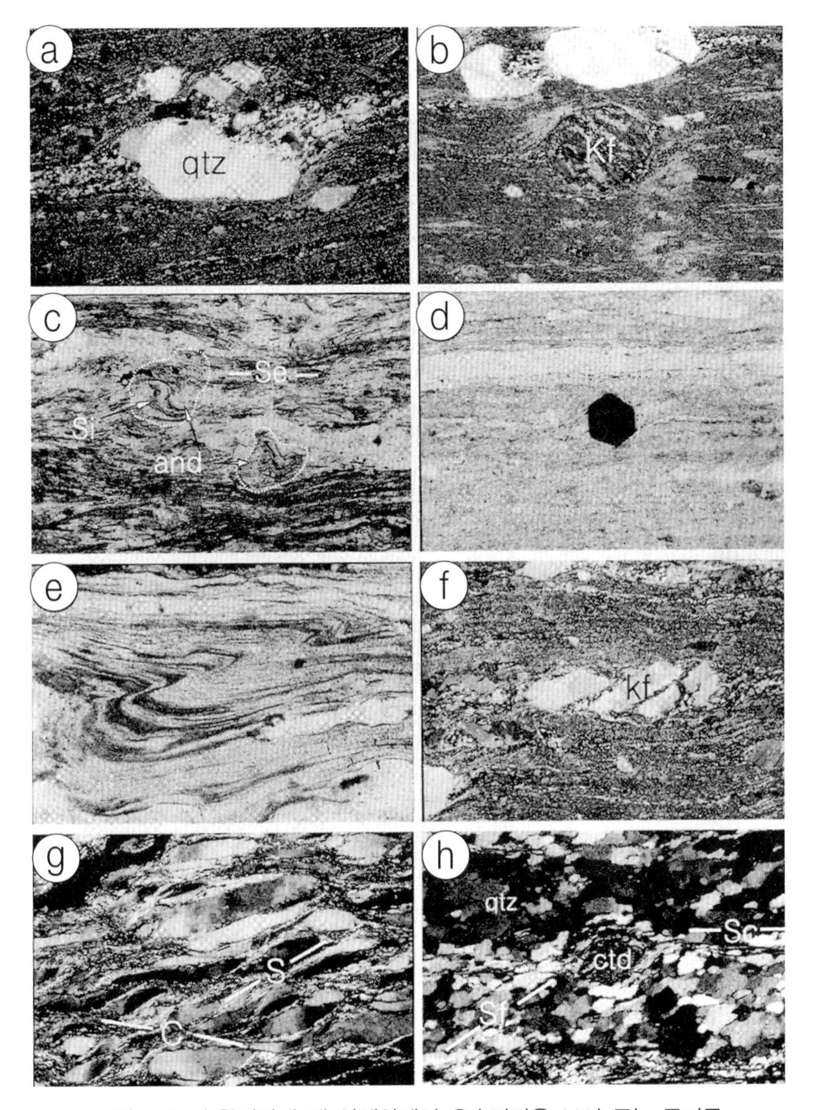

그림 2.4 순창전단대 내 압쇄암에서 우수감각을 보여 주는 증거들

하부의 습곡축을 포함하는 면을 습곡축면이라 한다(그림 2.5).

습곡구조의 야외조사는 습곡의 양 익부의 주향과 경사 및 습곡축과 습곡축면을 측정한다. 습곡 형태의 분류는 습곡축면의 기울기가 수평인 것은 횡와습곡, 축면이 기울어진 것은 경사습곡 등으로 구분된다. 또한 양 익부의 기울기의 연장이 만나서 이루는 각에 따라 완사습곡, 급사습곡 및 등사습곡으로 구분된다(그림 2.6).

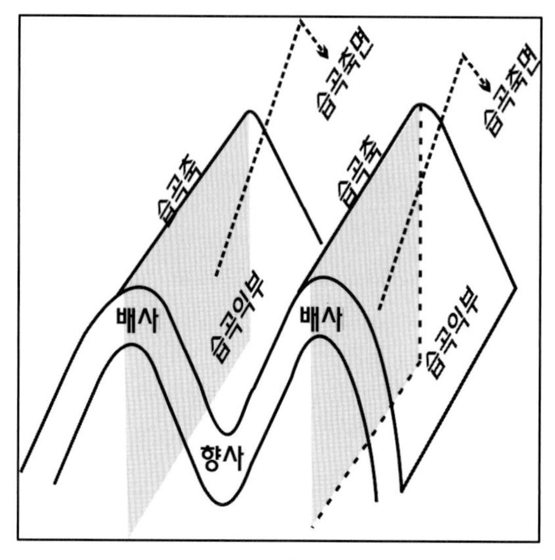

그림 2.5 습곡과 습곡의 명칭

습곡구조는 층리나, 엽리와 같은 면구조를 가지는 퇴적암 또는 변성암에서 흔히 관찰할 수 있으며, 횡압력에 의해 지층이 휘어져 굴곡된 구조를 말한다. 습곡의 인지는 지표에 노출된 습곡구조를 직접 확인하거나, 시추 및 탐사를 통해 지층 경사의 변화 등을 분석함으로써 확인할 수 있고, 층리 및 엽리 등 면구조를 평사 투영하여 그 관계를 분석함으로써 습곡축의 방향과 형상을 추정할 수 있다.

습곡구조의 각 부분에 대한 명칭은 다음과 같다.

- 관(crest) : 습곡의 가장 높은 곳에 위치하는 점
- 저부(though) : 습곡의 가장 낮은 부분에 위치하는 점

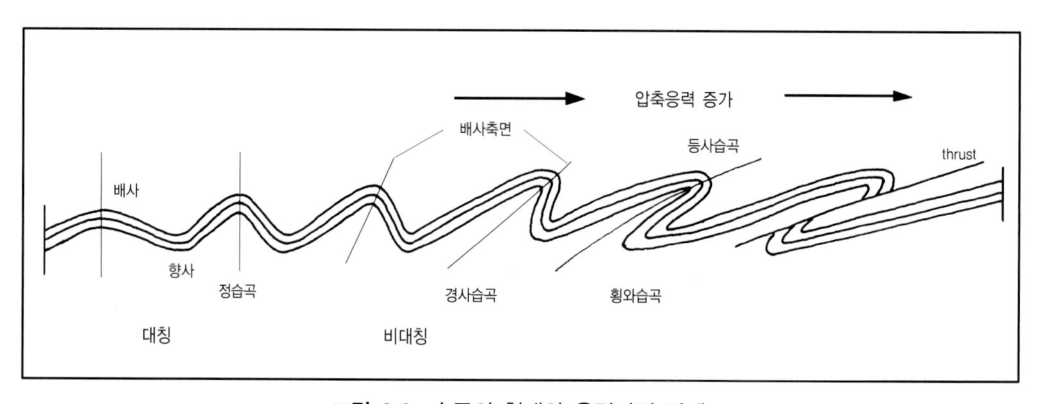

그림 2.6 습곡의 형태와 응력과의 관계

- 익부(limb) : 습곡된 두 면
- 습곡축(fold axis 또는 hinge point) : 두 익부가 만나는 점, 또는 습곡된 면에서 최대로 휘어진 점
- 습곡축선(hinge line) : 습곡축을 연결한 선
- 습곡축면(fold axial plane) : 습곡축과 습곡축선을 포함하고 있는 면구조
- 익간각(interlimb angle) : 두 익부 사이의 각

습곡구조는 각 층의 경사 및 경사 방향을 변화시키며, 습곡축면을 기준으로 배사구조(anticline, 지층이 아래를 향해서 휘어진 구조), 향사구조(syncline, 지층이 위를 향하여 휘어진 구조), 단사구조(monocline, 지층이 완만하게 또는 계단형의 한 방향으로 경사진 구조)를 형성하고, 습곡과 관련된 절리들을 발달시킨다.

습곡의 분류는 익간각의 크기와 습곡축면의 경사, 습곡축의 경사각으로 형태를 구분할 수 있다.

습곡의 형성은 지구 표면에 접선 방향의 힘이 작용하여 지각이 압력에 반응하여 암석이 휘어져 생성된다. 이 경우는 작용력과 관계되는 습곡형태를 만든다. 다른 경우는 지구표면에 반경방향으로 작용하는 힘이 지층을 움직이거나 휘게 만든다. 예를 들면 중력의 작용으로 아래로 움직이거나 암염 돔의 형성으로 지층을 상부로 밀어 올린다.

단사구조는 수평 또는 완만한 경사를 갖는 두 개의 평행한 날개 부분의 지층 사이에 국부적으로 급경사를 이루며 휜 부분을 갖는 구조를 말한다. 경사가 오직 한 방향을 갖는 것이 향사나 배사와 다르다. 대규모 단사구조는 견고한 기반 위에 퇴적층이 놓여 있을 때 기반이 단층을 작용을 받을 때 종종 발생한다.

2.2.2 습곡의 종류

습곡의 형태 중 동형습곡(similar fold) 및 동심습곡(concentric fold)은 습곡의 성인에 의한 분류이며 나머지는 습곡의 모양에 따른 분류이다(그림 2.7).

① 평행습곡(parallel fold) : 성층면이 평행이고 층의 두께가 일정한 습곡

② 세브론 습곡(shevron fold) : 정부나 저부의 각이 W자 형으로 예리하게 꺾인 습곡

③ 동형습곡(similar fold) : 층리면이 서로 평행하지 않고, 정부나 저부로 갈수록 층이 두꺼워지는 연성변형을 나타내는 습곡

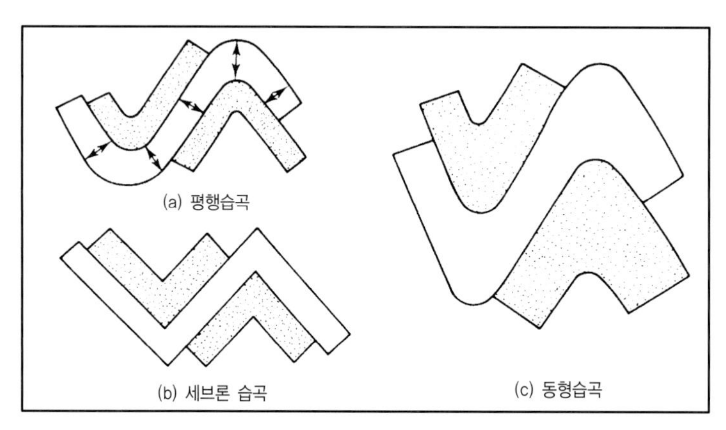

그림 2.7 습곡의 종류와 형태

④ 정습곡(normal fold) : 축면이 수직이고 두 날개는 서로 반대방향으로 같은 각으로 경사진 습곡

⑤ 경사습곡(inclined fold) : 축면이 경사지고 두 날개의 경사가 서로 다른 습곡
- 완사습곡(open fold) : 날개의 경사가 45° 이하인 습곡
- 급사습곡(close fold) : 날개의 경사가 45° 이상인 습곡

⑥ 횡와습곡(recumbent fold) : 습곡의 측면이 거의 수평으로 기울어진 습곡

⑦ 등사습곡(isoclinal fold) : 축면과 두 날개의 경사방향이 같은 습곡(그림 2.10 (a))

⑧ 배심습곡(dome shaped fold) : 어떤 점을 중심으로 지층이 모두 밖으로 경사진 구조로 그릇을 엎어놓은 것과 같은 형상의 습곡(그림 2.8 (a))

⑨ 향심습곡(centroclinal fold) : 지층의 경사가 한 점을 중심으로 경사져 우묵한 그릇의 형태를 가지는 습곡(그림 2.8 (b))

⑩ 복배사(anticlinorium) : 배사구조가 다수의 작은 습곡의 집합으로 되어 있는 습곡(그림 2.9 (a))

⑪ 복향사(synclinorium) : 향사구조가 다수의 작은 습곡의 집합으로 되어 있는 습곡(그림 2.9 (b))

⑫ 침강습곡(plunging fold) : 습곡의 축이 한쪽으로 기울어진 습곡을 침강습곡이라 하고, 축의 경사각을 축경사라 한다. 곡의 대칭성은 습곡날개의 상대적인 길이로 묘사되며 양 날개의 길이가 같을 때 대칭이라고 한다.

⑬ 비조화습곡(disharmonic fold) : 습곡의 힌지부분에서 W자 내지 M자 모양의 물결형태의 습곡(그림 2.10 (b))

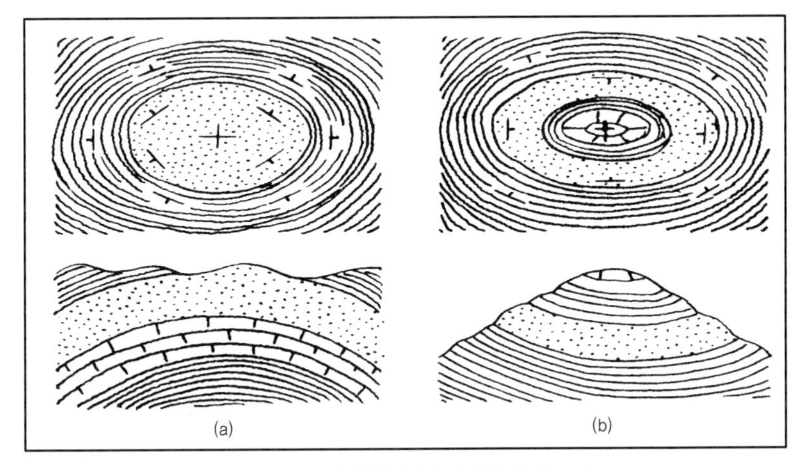

그림 2.8 배심습곡 (a)과 향심습곡 (b)

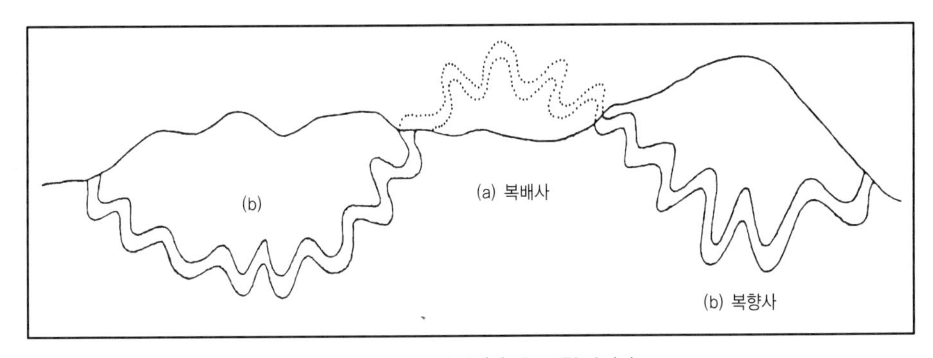

그림 2.9 복배사 (a)와 복향사 (b)

(a) 편마암의 엽리와 거의 평행한 습곡축을 가지는 등사습곡의 F1 습곡

(b) F1 습곡 힌지부분에서 발달하는 비조화습곡 (disharmonic fold)

그림 2.10 등사습곡 및 비조화습곡

그림 2.11과 2.12는 다변형작용(multi-deformation)에 의해 첫 번째 변형작용(D1)에 의해 생성된 F1 습곡이 후기에 작용한 변형작용(D2)에 의해 간섭된 형태를 보이고 있다.

(a)

(b)

그림 2.11 흑운모편마암 내에 발달하는 F1 습곡과 F2 습곡의 중첩습곡 (a) 및 등사습곡을 이루는 F1 습곡 형태 (b)

그림 2.12 D1 습곡이 D2 습곡에 의해 간섭을 받은 중첩습곡

그림 2.13 석회암 내에 발달하는 비대칭 습곡

2.3 절리

지각을 구성하고 있는 암반이 응력(stress)을 받으면 변형작용이 발생한다. 이 변형작용이 일어나는 곳의 조건(온도 및 압력)에 따라 변형 양상이 다르게 나타난다. 온도 및 압력이 높은 지하 심부에서는 연성변형작용이 일어나 습곡이나 연성전단대와 같은 지질구조가 생길 것이다. 반면 온도가 낮은 지각의 천부에서는 암반이 단지 깨어지는 취성변형작용이 일어나 절리나 단층과 같은 지질구조가 형성된다.

단열(fracture)이란 암석이나 광물 내에 깨어져 생긴 면(plane)을 총칭하는 것으로 라틴어로는 Fractus이며 "깨짐"이라는 뜻이다. 즉 암반 내에 발달하는 모든 깨어진 면들을 단열이라 할 수 있다. 절리는 암석의 갈라진 틈으로서 절리면을 중심으로 양쪽 암체의 상대적 변위가 없는 것을 말한다.

절리는 대개의 모든 암석에서 발달하고 있으며, 지하수 흐름의 통로 또는 풍화 진행의 방향성을 제공하며, 서로 다른 방향의 절리에 의해 분리된 암괴를 형성한다. 절리는 암석을 구성하는 광물의 배열상태, 면구조의 발달상태, 장력이나 압축력의 작용 등에 의해 발달하며, 기온의 변화나 지진에 의한 진동의 영향으로 형성되기도 한다. 절리는 취성변형의 산물이며 이 변형과정에서 전단응력(shear stress)에 의해 생성된 절리를 전단절리, 인장응력(tension stress)에 의해 형성된 절리를 인장절리라 한다.

절리면에는 그림 2.14에서 보는 바와 같은 깃털구조(plumose structure)나 갈비모양구조와 같은 흔적이 관찰되는데 이 구조로 절리 생성 시 깨어진 힘의 방향과 횟수를 인지할 수 있다. 그림 2.15는 화강암 내에 관찰되는 깃털구조로 그림의 왼쪽에서 오른쪽으로 깨어짐이 진행되었음을 알 수 있다.

절리에 대한 명칭은 절리의 기하학적 성인으로 분류되며 표 2.1을 참조한다.

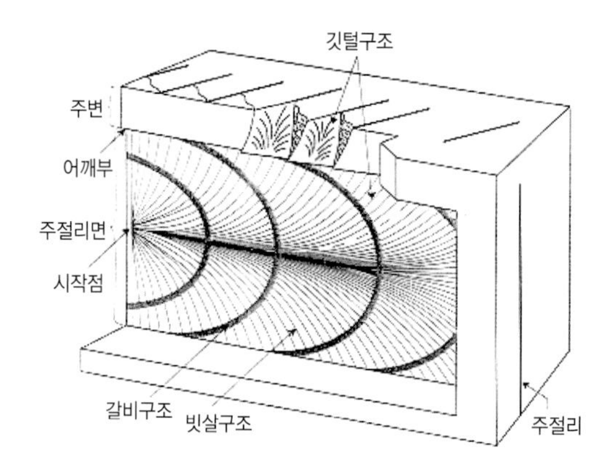

그림 2.14 절리면 상에 발달하는 깃털구조(plumose structure)

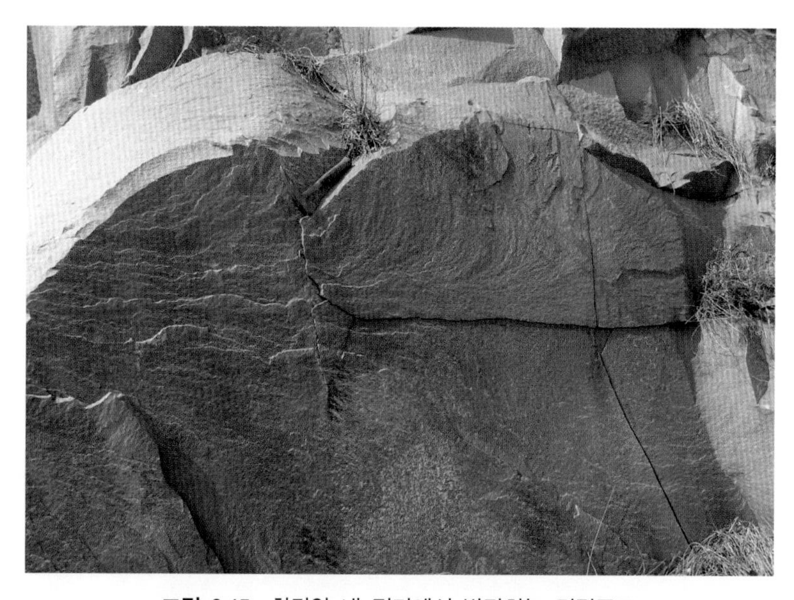

그림 2.15 화강암 내 절리에서 발달하는 깃털구조

그림 2.16 화강암 내에 발달하는 판상절리

그림 2.17 현무암 내에 발달하는 주상절리

표 2.1 절리의 종루와 분류(그림 2.16 및 2.17 참조)

절리의 종류		특징
기하학적 분류	주향 절리 (strike joint)	절리면의 주향과 지층의 주향이 평행한 절리
	경사 절리 (dip joint)	절리면의 주향이 지층이나 편리의 주향과 직각인 절리
	사교 절리 (oblique joint)	절리의 주향과 지층의 주향이 서로 사교한 절리
	층리면 절리 (bedding joint)	절리의 주향이 주향과 경사가 층리와 동일한 절리
형태적 분류	불규칙 절리 (irregular joint)	일정한 형태 없이 불규칙한 형태로 나타나는 절리로 일반적으로 석회암, 규암, 화성암 등에 잘 나타난다.
	방상 절리 (rectangular joint)	보통 60~90도의 각을 이루며, 두 방향으로 발달한다. 화강암과 같은 심성암에서 잘 나타난다.
	판상 절리 (sheeting joint)	화강암과 같은 지하 깊은 곳에서 형성된 심성암이 상부 피복층이 삭박되면서 지형의 경사와 거의 평행한 저각의 경사각을 가지며 판상으로 발달하는 절리
	주상 절리 (columnar joint)	기둥 모양의 절리로서 현무암이나 안산암과 같은 화산암에 잘 나타난다.
	원주상 절리 (spheroidal joint)	원통상의 절리로서 대개 주상 절리와 함께 나타난다.
성인별 분류	인장 절리 (tension joint)	장력에 수직인 방향으로 생긴 절리로서 주로 냉각에 의한 부피의 수축에 의해서 만들어 진다. 현무암의 주상 절리 등이 이에 해당한다.
	신장 절리 (extension joint)	습곡축에 수직 방향으로 발달하는 절리로서 습곡축에 평행한 신장에 의해 형성되며, 보통 조산대에서 잘 나타난다.
	우상 절리 (feather joint)	단층면에 잘 나타나는 절리로서 변형 타원체의 직각 방향으로 형성되는 절리이다.
	개방 절리 (release joint)	습곡축면에 평행하게 발달하는 절리로서 횡압력이 제거되었을 때 압력의 직각 방향으로 형성된다.
	전단 절리 (shear joint)	우력(偶力)에 의해 만들어진 절리로 보통 서로 직각으로 교차하는 두 개의 절리로 나타나며, 암석의 종류가 달라지면 그 경계면에서 휘어지며 암질이 서서히 변하면 절리면도 곡면으로 나타난다.

2.4 단층

앞 절에서 언급한 바와 같이 지각 내에 작용한 응력에 의해 취성변형작용이 일어나면 단열대가 형성된다. 이 단열대를 중심으로 변위가 발생하여 양 블록에 상대적으로 이동한 것이 단층이다.

토목구조물을 설계 시나 시공 시, 지반이 취성변형작용의 산물인 단층파쇄대를 통과하는 곳은 항상 문제점으로 등장한다. 이러한 지질구조들은 암반의 변형과 유체의 이동에 영향을 미친다는 사실이 확실하기 때문에 도로, 교량, 댐, 발전소, 및 지하공동을 이용한 저장·처분시설 등 지하공간 이용을 위한 설계 시 지질공학적인 측면에서 신중히 고려되어야 한다. 토목공사에 있어서 단층파쇄대의 존재가 문제되는 것은 원래 연속적으로 일정한 강도, 변형성, 투수성을 가진 암반에 강도를 약화시키고 이들 지반조건들의 크기가 큰 지역이 형성되기 때문이다.

취성변형의 대표적 산물인 단층은 한쪽 암체가 한 불연속면이나 한 불연속대를 중심으로 상대적으로 이동한 지질구조이다. 단층이 절리와의 차이점은 불연속면을 기준으로 양쪽 암체가 변위를 가지는 것이다. 단층은 변위를 가지므로 인해 단층면 상의 미끌림으로 인해 단층 활면이 형성되며, 단층 조선이 발달한다.

단층은 암석 내에 0.5mm 이상의 변위량을 나타내는 불연속면으로서 지층이나 광맥 및 암석 등에 변위가 생겨 불연속성을 보이거나, 단층 활면, 단층 조선, 단층 점토, 단층 각력암, 압쇄암 등 단층에 수반되는 직접적인 증거가 관찰될 때 인지될 수 있다, 이러한 직접적인 증거를 확인하지 못할 경우 단층면으로 유입된 열수 용액에 의해 그 주변암이 석영이나 녹니석 등으로 변질되었거나, 지형 또는 수계의 변화 등을 통해 단층을 추정할 수 있다.

단층 역시 분류 기준에 따라 여러 가지로 분류할 수 있으며, 특히 상대적 이동에 의해 역단층, 또는 스러스트 단층, 정단층, 주향이동단층로 구분된다. 이러한 단층의 상대적인 운동의 차이는 단층면에 작용하는 응력 조건에 따르며, 이 단층작용에 의해 모암이 부서져 있는 구간을 파쇄대라 한다(그림 2.18).

2.4.1 단층의 종류

단층의 분류는 단층면을 중심으로 상반과 하반의 상대적 운동방향과 단층면 상에서 주향성분, 경사성분 및 사교성분의 가지는 정도에 따라 구분된다. 단층의 운동에 의해 생긴 변위차를 성분에 따라 수직방향으로 변위가 일어난 거리를 수직변위 또는 낙차 그리고 수평방향의 이동거리를 수평변위, 그리고 실제 단층이 경사를 가지고 움직인 거리를 실이동이라고 한다(그림 2.19). 단층은 크게 정단층, 역단층, 주향이동단층, 사교단층 및 힌지단층 등으로 구분된다.

그림 2.18 단층작용에 의해 형성된 단층파쇄대와 관련 명칭

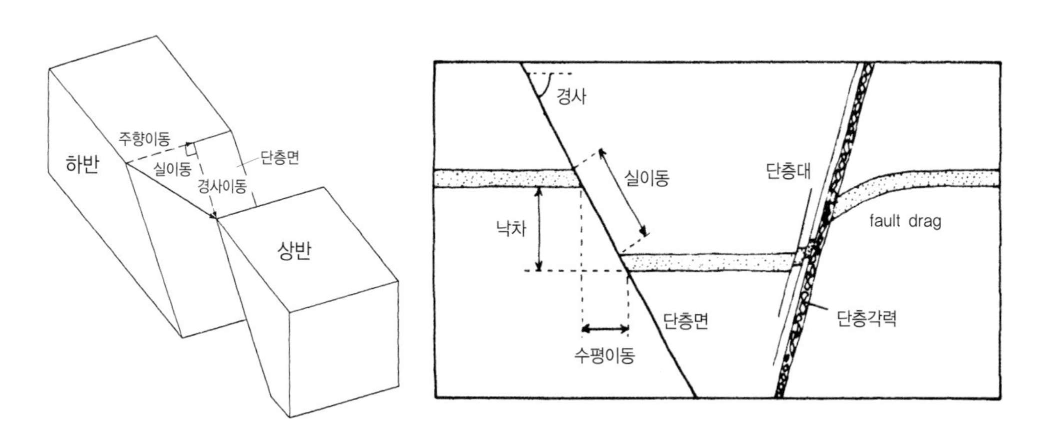

그림 2.19 단층의 기하학적 명칭

(1) 정단층(normal fault)

단층면을 중심으로 상반이 떨어진 단층으로, 주향이동성분은 없이 경사이동성분만이 있다(그림 2.20 및 그림 2.21). 정단층은 최대응력축(σ_1)이 수직이며 중간응력축(σ_2)과 최소응력축(σ_3)이 수평으로 작용하여 형성된 단층으로, 정단층을 흔히 인장단층(extension fault)라고도 하는데 이는 인장에 의해 형성된 단층임을 뜻한다.

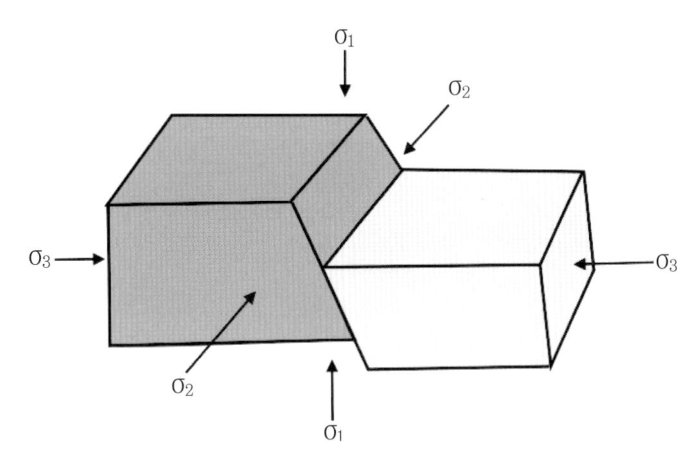

그림 2.20 정단층이 생성되는 주응력방향

그림 2.21 3-4조의 정단층이 함께하는 도미노구조

(2) 역단층(reverse fault)

정단층과 마찬가지로 경사이동성분만이 있는 단층이나 단층면을 중심으로 상반이 밀려 올라간 단층이다(그림 2.22 및 그림 2.23). 역단층은 최대응력축(σ_1)과 중간응력축(σ_2)이 수평으로 작용하였으며 최소응력축(σ_3)이 수직으로 작용하여 형성된 단층이다. 일반적으로 역단층은 단층면의 경사가 저각인 경우가 흔한데, 단층면의 경사가 45도 미만으로 저각인 역단층은 스러스트(thrust)라 한다.

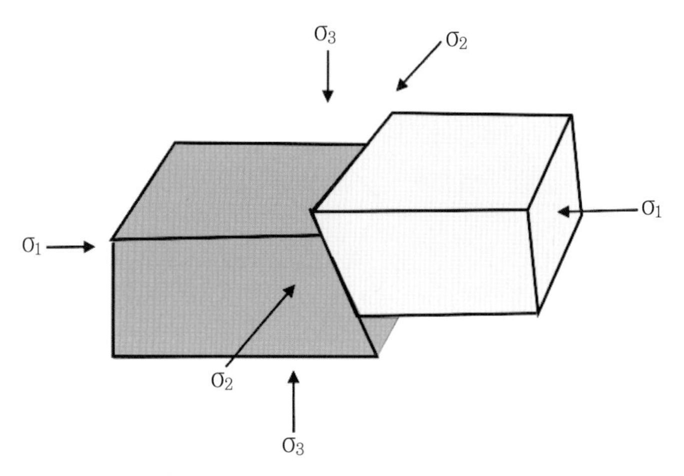

그림 2.22 역단층이 생성되는 주응력방향

그림 2.23 퇴적암 내에 발달하는 역단층

(3) 주향이동단층(strike-slip fault)

경사변위는 없이 주향변위만 가지는 단층으로 그림 2.24에서의 주향이동성분만을 가지고 경사이동성분은 없는 단층이다(그림 2.25). 주향이동단층은 최대응력축(σ_1)이 수평으로 작용하였으며 중간응력축(σ_2)과 최소응력축(σ_3)이 수직으로 작용하여 형성된 단층이다. 주향이동단층은 단층면을 중심으로 오른쪽 암체가 오른쪽으로 움직인 단층을 우수향(dextral 혹은 right handed) 주향이동단층, 왼쪽 암체가 왼쪽으로 움직인 단층을 좌수향(sinistral 혹은 left handed) 주향이동단층이라 한다.

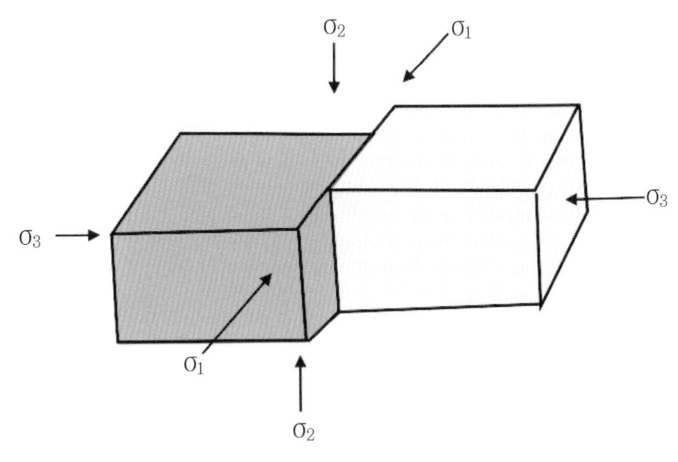

그림 2.24 주향이동단층이 생성되는 주응력방향

그림 2.25 단층조선이 수평인 주향이동단층면

(4) 사교단층(oblique fault)

위에서 언급한 단층들은 주향이동성분, 혹은 경사이동성분만을 가지는 경우의 단층들이다. 그러나 사교단층이란 그림 2.26과 그림 2.27에서와 같이 주향이동성분과 경사이동성분을 함께 가지는 단층을 말한다.

그림 2.26 좌수향의 운동방향을 가지는 사교단층

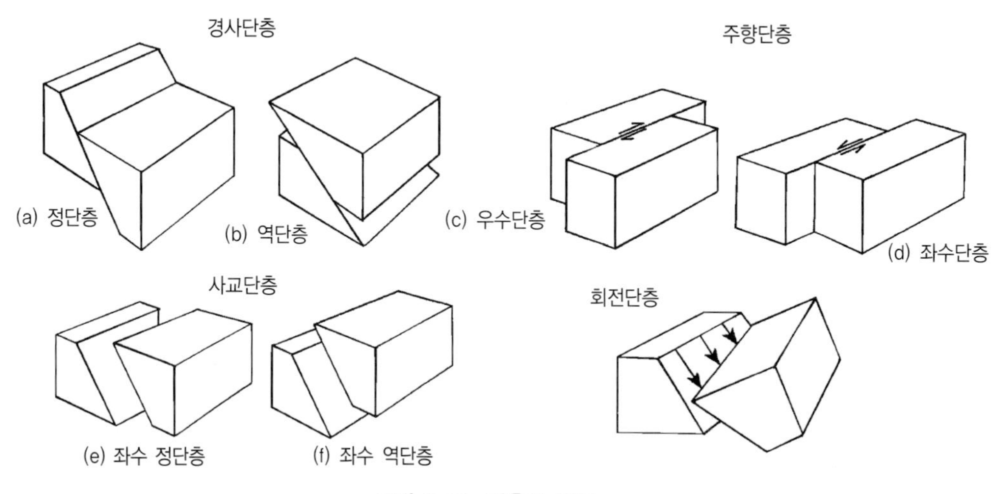

그림 2.27 단층의 종류

(5) 회전단층

단층면의 끝부분에서 변위가 차차 커져, 단층면을 중심으로 한 축을 중심으로 암체가 회전하면서 변위를 가지는 단층을 회전단층이라 한다(그림 2.27).

일반적으로 단층에서 그 연장과 폭에는 상관관계가 있음이 알려져 왔다. 즉 단층의 연장이 길면 그 폭도 상대적으로 크고, 연장이 작으면 단층의 폭도 적다. 또한 단층의 폭은 그림 2.28에서와 같이 단층대의 단층핵부(fault core)만을 의미하는지 아니면 단층손상대(damage zone) 즉 그림 2.28에서의 단층대폭 전체를 의미하는지는 조사자가 정의하여야 한다. 그림 2.28에서 보면 단층작용에 의한 단층파쇄대의 지역에 따라 단층이나 절리조(joint set)들이 차이가 있음을 알 수 있다.

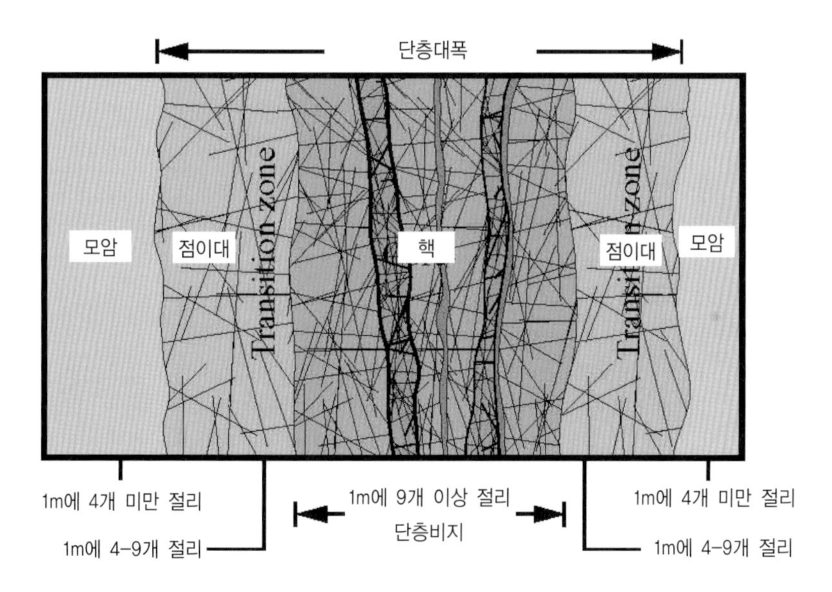

그림 2.28 단층에서 단층작용에 의한 파쇄대의 영향범위 및 명칭

2.4.2 단층의 구분 방법

지반 조사를 실시하는 지역의 주요단층은 기 발간된 지질도와 항공사진 및 인공위성사진의 판독으로 그 존재여부와 규모 등을 사전에 알 수 있다. 즉 대규모 지질구조선은 어느 정도 기존 자료로서 알 수 있으나, 실지로 구조물 설비를 위한 지반조사에는 정밀야외 지질조사가 반드시 수행되어야 한다.

위에서 언급한 단층 변위의 확인과 단층 물질의 존재, 단층활면 또는 단층 관련 단열의 발달 등은 단층을 인지하는 주된 특성이다. 이렇게 직접 단층의 고유 특성의 확인을 통한 방법 이외에도 아래 그림 2.29와 같은 단층 지형적 특징 또는 단층 변위로 인한 층서의 반복 또는 생략 등 불연속성 등이 단층 인지에 활용된다.

그 외 야외에서 단층을 판정하는 방법으로는 불연속선을 경계로 하여 양측으로 다른 암석이 분포하거나 균열의 면에 단층경면이나 조선이 발달하는 경우(그림 2.30)와 폭이 넓은 암맥이나 광맥이 갑자기 없어지거나 좁아지거나 소규모의 2차 습곡·단층각력·단층점토가 분포하며 시추나 터널굴진 중에 돌연 지하수가 용수하거나 코어의 회수율이 급격히 감소하는 장소는 단층의 존재가 의심스러운 곳이다.

2.4.3 단층조사법과 건설공사

단층의 조사시 제일 먼저 단층면의 주향과 경사를 측정하며 단층면 상의 조선(striation)의 선주향(trend) 및 선경사(plunge) 또는 선주각(rake or pitch)을 측정한다. 단층은 그 종류를 구분하기 위해 단층의 움직인 방향 즉 단층의 운동감각을 반드시 알아야 한다. 단

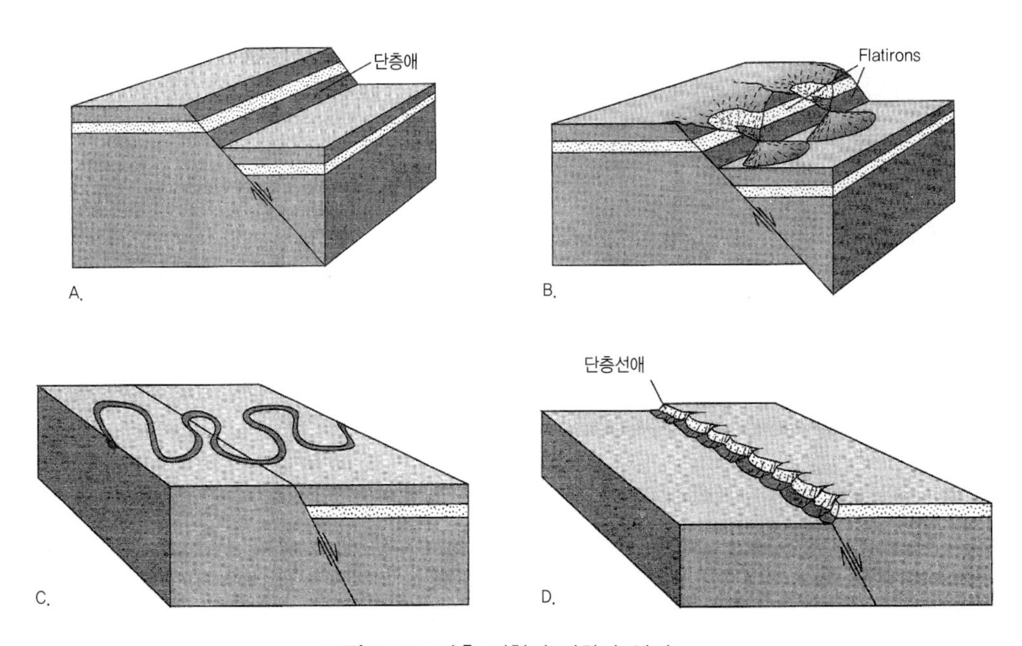

그림 2.29 단층 지형의 변화와 인지

그림 2.30 단층면과 단층조선

층면도 절리면과 마찬가지로 단층면의 거칠기를 측정하며 간극의 폭(크기), 충전물, 충전물의 종류, 입자크기, 모양, 분급을 기재하며 단층의 연장과 단층과 단층간의 간격을 측정한다. 단층은 미끄러질 때에 암석이 갈려 점토화한 것을 단층점토라 하며 각력으로 간극에 남아 있는 것을 단층각력이라 한다. 단층의 간격이 조밀하게 서로 평행한 단층들이 발달하는 부분을 단층대라 한다(그림 2.18). 단층은 절리와 달리 변위를 가지므로 가능하면 단층의 변위량도 측정한다.

단층에서 파쇄구간이 비교적 넓은 단층파쇄대는 구성 물질이 전단파괴의 정도에 따라 점토, 각력이 혼합된 점토, 각력이 혼합된 모래, 점토가 얇게 피복된 각력, 비교적 큰 암괴와 각력이 혼합된 층, 균열이 발달한 층, 비교적 균열이 많은 층으로 구분할 수 있다.

단층파쇄대의 형태는 그림 2.18에 이미 설명되어 있어나 실제로 현장에서 만날 수 있는 파쇄대 형태는 조합된 형태들로 되어 있고 그림 2.31에서와 같이 다양한 형태로 산출되고 다음과 같이 분류할 수 있다.

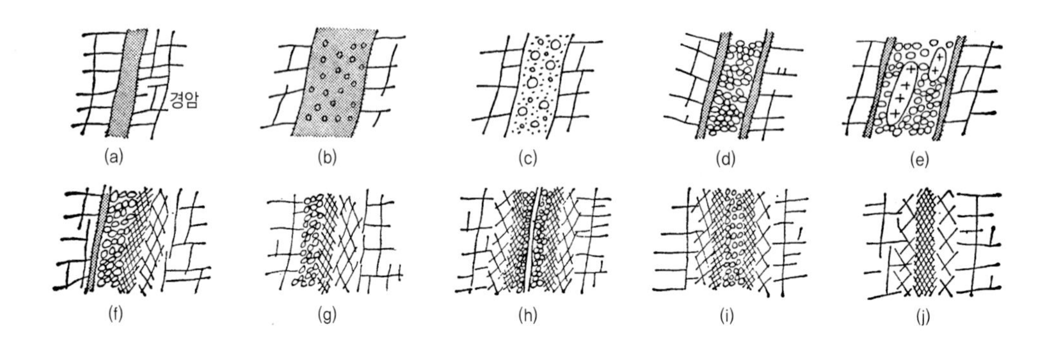

그림 2.31 단층파쇄대의 형태

① 파괴작용이 집중적으로 일어난 것

(a) 전부가 점토로 되어 있고, 양쪽 암반은 견고한 암반으로 남는다.

(b) 점토에 각력을 포함하는 것, 양쪽 암반은 파괴작용을 받고 있지 않는다.

(c) 모래형태의 파쇄된 암석과 각력으로 된다. 양쪽 암반은 파괴되어 있지 않다.

(d) 양쪽 암반의 경계부는 점토로 되어 있고 그 사이는 얇은 점토와 혼합되는 각력이 주가 된다.

(e) (d)와 같지만 비교적 큰 암괴가 포함된다.

② 파괴작용이 한쪽 암반에서 일어난 것

(f) 한쪽 암반과 접하여 점토가 있고 반대측으로 향하여 점토가 얇게 끼인 각력층 ⇒ 균열이 밀집한 암반 ⇒ 균열이 많은 암반으로 되어 있다. 점토는 견고한 암반과 접해 있다.

(g) 점토가 생성되지 않고 단층면도 불명확하다.

③ 파괴작용이 양쪽 암반에서 일어난 것

(h) 중심부에 점토가 생성되어 있고 양쪽 암반을 향해 좌우 대칭적으로 파괴작용이 감소되는 것

(i) 점토물은 생성되어 있지 않다. 단층면이 불명확하다.

(j) 균열이 밀집한 부분과 균열이 많은 부분만으로 구성, 명확한 단층면은 없다.

일반적으로 제 3기층의 퇴적암처럼 연암은 단층의 모양이 단순하고 폭이 좁으며, 밀착된 것이 많다. 경암은 여러 개의 단층군을 형성하고 평행하거나 분기되는 단층이 많아 폭이 넓은 파쇄대가 되기 쉽다. 이같은 단층군은 높은 투수성을 나타낸다.

건설공사에 있어서 단층파쇄대의 존재가 문제되는 것은 원래 연속적으로 일정한 강도·변형성·투수성을 가진 암반에 강도를 약화시키고, 변형성·투수성의 크기가 큰 지역이 형성되기 때문이다. 단층조사에 있어서는 파쇄대의 유무·폭·연장, 단층내 물질의 종류(점토와 각력의 체적비), 단층점토광물의 종류, 강도와 변형성, 투수성 등에 주목해야 한다. 건설공사에 있어서 단층파쇄대의 문제점은 다음과 같다. 터널에서 단층파쇄대는 투수대이면서 한편 차수대도 될 수가 있다. 산악 터널에 있어서 돌발적인 용수와 그것에 따르는 작업막장의 유출이나 붕괴의 원인이 되며, 암반이 약화되어 있기 때문에 큰 소성지압이 작용한다. 지보공의 침하·변형, 암반의 팽창 등의 변형이 발생하기 쉽다.

특히 단층파쇄대에서의 터널공사의 문제점은 다음과 같다. 단층의 낙차의 크기보다 점토층과 파쇄대의 두께, 위치, 방향, 파쇄정도가 중요하며, 단층의 폭은 낙차에 비례하지 않고, 단일 단층에서도 장소에 따라 두께가 변하고 다소 곡선을 이루게 된다. 단층이 터널과 직교하는 경우는 낙반 및 용수를 동반하는 붕괴가 많고, 사교 또는 평행하는 경우는 편압 또는 강한 압력이 작용할 위험성이 있다. 그리고 압축력을 받아 생성된 역단층은 다른 단층에 비해 파쇄정도가 심하고 규모도 크다.

사면에서 단층파쇄대는 지반이 연약한 곳이며, 침투수의 통로이기 때문에 신선한 암반에 있어서 불연속면으로 작용한다. 따라서 사면붕괴의 주요 원인이 되는 경우가 많고, 파쇄암반은 미끄러지는 재료가 되는 세립물질을 포함할 뿐만 아니라 풍화도 쉽게 일어난다.

댐에서는 단층부분이 수로가 될 수 있고 유속이 빠르면 파이핑현상에 의해 단층내 물질이 유실되어 댐의 안전성이 손상을 받을 수 있다. 이에 따라 강도적으로 약하고, 이방성이 크며 특히 중력댐 기초로써 전단강도의 부족과 침투수에 의한 부양압력이 문제가 될 수 있다. 아치댐에서는 접합부에 아치추력의 작용방향과 같은 방향으로 단층이 있는 경우는 위험하며, 필댐에서는 코아 기초부의 투수성·홍수토(洪水吐)의 기초와 절취사면의 안정에 문제가 생긴다. 특히 투수성이 크면 파이핑에 의한 코아 파괴와 연결될 수 있고 저수지 내에 있어서 사면붕괴도 단층파쇄대에 기인하는 경우가 많다.

2.4.4 활성단층의 정의

제4기(200만 년 전)에 들어서면서 현재까지 활동한 일이 있고, 또 활동할 능력이 있는 단층을 '활성단층'이라 한다. 활성단층은 지진을 일으킬 가능성이 있으며, 지진에 따라 그 양측이 상대적으로 수평, 수직방향으로 어긋나는 움직임이 일어날 수 있다. 지진을 동반하지 않고서도 지표면이 활동하여 어긋남이 발생되고 있는 것이 공학적으로 주목되고 있다.

활성단층 중에 대지진에 따르는 지표에 단층이 일어나는 일이 역사적으로 기록되고 있는 것은 지표(지진)단층이라 부르는 경우가 있다.

아래의 참고들은 외국의 원자력 위원회 등의 활성단층에 대한 정의를 열거한 것이다.

(1) 미국 원자력위원회(1973)

① 과거 3.5만년 동안에 적어도 1번 지표 또는 지표부근에서 변위를 일으킨 것. 또는 과거 50만년 동안에 몇 번이나 운동을 일으킨 것.

② 계기로 측정되어 충분한 정도를 가지는 지진활동이 단층과 직접적인 관계를 나타내는 경우.

③ 상기에서 정의된 활성단층과 구조적으로 관계가 있는 단층이며, 한편 변위가 생기면 다른 방향으로도 변위가 예측되는 것(예를 들면 분기단층 등).

(2) 뉴질랜드 지질조사소의 정의(1966, 표 2.2)

50만 년 전 이후에 활동한 일이 있는 단층으로, 과거 5,000년 전에 있었던 활동의 유무, 빈도에 의해 활동도를 I~III으로 등급을 지우고 있다.

(3) 캘리포니아주 규제법에 의한 정의(1972)

충적층(11,000년 전 이후)에 활동한 단층은 활성단층, 그 이외의 제 4기에 활동한 단층은 잠재가능 활성단층라 부르고 있다. 또 제 4기에서도 단층활동이 없었다는 지질학적인 증거가 있으면 사단층로 간주하여 규제대상에서 제외하고 있다.

(4) 일본원자력위원회 내진심의 지침에 의한 정의(1978)

제4기에 활동한 단층으로 장래에 활동할 가능성이 있는 단층 중에 5만 년 전 이후에 활동경력이 있는 것은 S2 단층, 1만 년 전 이후에 활동경력이 있는 것은 S1 단층으로 등급을 정하고 있다.

표 2.2 단층활동도 분류(뉴질랜드)

		최근 5,000년 동안의 활동		
		반복	1회	없음
5,000~50,000년 전의 활동	반 복	I	I	II
	1 회	I	II	III
	없 음	I	III	-
50,000~500,000년 전의 활동	반 복	I	II	III
	1 회	I	III	활동적이 아님
	없 음	I	III	-

이상의 모든 정의에서 공학적으로 중요한 활성단층이라는 것은 "과거의 새로운 시대에 되풀이하여 활동하여 장래에도 활동할 가능성이 있는 단층"을 말하며, 구체적으로는 다음 조건 중에 하나 이상 해당하는 것을 활성단층이라고 하는 것이 타당하다고 생각할 수 있다.

① 과거 35,000년 이내에 활동한 단층
② 과거 50,000년 이내에 2번 이상 활동한 단층
③ 중소지진(진도 4~5)이 2회 이상 발생한 단층
④ 미소지진(진도 1~3)이 빈번히 발생한 단층
⑤ 측지학적으로 활동하고 있는 것이 확실한 단층
⑥ 상기의 단층에 따라서 일어나는 단층

3.4.5 단층 등급분류의 예

본 장에서는 지금까지 발표된 단층의 분류에 대한 자료를 제시한다. 표 2.3은 Pusch (1995)에 의해 제시된 단층의 등급분류도이며, 표 2.4는 미발표 지질조사 보고서에서 분류한 단층 등급도이다.

이 기준은 주로 수리전도도를 기준으로 등간격으로 분류한 인상을 많이 주고 있는데, 열극충전물질 및 열극 틈 등의 다양한 지질학적 특성을 고려한 탄력적인 적용에 있어서 약간의 불합리한 점이 있으나 처음으로 지하수유동해석을 위한 분류로서 상당한 의미가 있다.

이 분류기준에서 특징적인 내용은 5, 6 및 7등급에 해당하는 열극의 수리전도도가 10^{-12}m/s 이하로서 거의 불투수성에 가까우며 이를 측정하기 위한 기기의 성능 또한 일반적인 엔지니어링 업무 목적에 의해 사용되는 기기로서는 만족할 수 없는 수준이다. 특히 7등급에 속하는 열극은 Griffith 균열로서 모든 열극의 생성기원의 규모에 속하는 크기이다. 또한 Pusch의 열극분류에서 5, 6 및 7등급은 지하수유동보다는 지구화학적 거동이 상대적으로 크게 작용하는 경향이 더 우세하므로 지나친 세부적 분류기준을 조정할 필요가 있다.

표 2.3 단층의 분류 등급 및 특성

형상(geometry)				특성(characteristics)		비고
등급	길이(m)	간격(m)	폭(m)	투수 계수(m/s)	충전물의 두께(m)	
하위 등급의 불연속면						
1	$> 10^4$	$> 10^3$	$> 10^2$	$10^{-7} - 10^{-5}$	100	광역 파쇄대 또는 광역 구조선대
2	$10^3 - 10^4$	$10^2 - 10^3$	$10^1 - 10^2$	$10^{-8} - 10^{-6}$	10^{-1}	주요 국지 광역 파쇄대
3	$10^2 - 10^3$	$10^1 - 10^2$	$10^0 - 10^1$	$10^{-9} - 10^{-7}$	$\leq 10^{-2}$	소규모 국지 광역 파쇄대
상위 등급의 불연속면						
4	$10^1 - 10^2$	$10^0 - 10^1$	-	$10^{-11} - 10^{-9}$	-	하위 등급 파쇄대 사이의 수리학적으로 우세한 불연속면
5	$10^0 - 10^1$	$10^{-1} - 10^0$	-	$10^{-12} - 10^{-9}$	-	하위 등급 파쇄대 사이의 눈으로 식별되는 불연속면
6	$10^{-1} - 10^0$	$10^{-2} - 10^{-1}$	-	$10^{-13} - 10^{-11}$	-	현미경하에서 관찰 가능한 광물배열 등에 의한 미세한 연약대
7	$< 10^{-1}$	$< 10^{-2}$	-	$< 10^{-13}$	-	광물 입자 내의 미세 균열

표 2.4 암괴, 점착력 및 마찰각에 의한 불연속면 분류 등급

암괴 부피(m^3)	점착력(MPa)	최대 마찰각(deg.)	불연속면 등급
〈 0.001	10 - 50	45 - 60	7
0.001 - 0.1	1 - 10	40 - 50	6, 7
0.1 - 10	1- 5	35 - 45	5, 6, 7
10 -100	0.1 - 1	25 - 35	4, 5, 6, 7
100 - 10,000	0.01 - 0.1	20 - 30	3, 4, 5, 6, 7
〉 10,000	〈 0.1	〈 20	모든 등급

따라서 김천수(1996) 등은 이들 분류기준을 토대로 열극특성에 대한 내용에 보다 많은 비중을 고려할 수 있도록 탄력적으로 적용하는 지침을 설정하였다. 즉 다음의 6등급(6F)의 지질학적인 열극특성분류와 5등급(5H)의 수리학적 분류기준을 각각 별도로 구분하여

상호 연관시키는 방법으로 F1에서 F6까지 6등급으로 분류하였다.

① F1 : 수십 km의 연장과 수 km의 폭의 광역열극대, 보통 점토 혹은 철분으로 충전, 수리적으로 가장 중추가 되는 중앙부의 폭은 수십 m로부터 조밀한 간격을 가진 상호 연결된 격리면을 포함하는 구간 및 대규모단층대로 지하공간의 건설시 절대로 피해야 할 구조이다.

② F2 : 수 km의 연장과 수백 m의 간격의 국지적열극대, 중규모단층대, 특성에 있어서 폭, 열극빈도 및 점토함유 등에서 비록 낮은 수치를 보일지라도 F1의 경우와 유사함. 지하공동에 위험을 초래하는 요소를 가질 수 있다.

③ F3 : 수십 m 내지 수백 m 규모의 간격과 수십 cm 내지 수 m의 폭을 갖는 국지적인 열극대. 단면상에서는 점토가 없으나 간혹 나타남. 소규모 단층 및 파쇄대. 지하공동의 방향설정시 고려대상(가능한 낮은 열극대빈도)이다.

④ F4 : 저등급열극대 사이에 위치한 소규모 단위 암반의 주된 수리적 작용을 하는 구조이다. 수십 cm 규모 이하의 열극대가 포함되며, 간격은 2~10m를 갖는 분리열극면으로 나타날 수 있으며, 자체면의 범위에서 연장이 제한되지만, 간혹 더 연장되기도 한다. 일반적으로 평균 간격은 5m이며, 열극면의 전체를 점하는 유동로이지만 열극면 간의 교차지점에서 더욱 일반적이다.

⑤ F5 : 저등급불연속구조 사이의 암반(괴)에서 관찰되는 분리열극은 90%에 달하는 열극이 이 등급에 속한다. 이 등급에 속하는 열극들은 상호작용하지도 않고 압력수나 강수에 의해 충전되어지기 때문에 bulk 수리전도도에는 심각한 영향을 미치지 않는다. 이 등급에 속하는 열극의 평균 간격은 등급 D에 속하는 열극 간격의 약 1/10에 달하며, 열극들 간의 상호작용은 불량하다. 그러나 이 열극들은 잠재적인 취약점으로 작용하기 때문에 역학적 및 열역학적 변형이 발생할 수 있으며, 전단 혹은 인장현상에 의해 반응할 수 있다.

⑥ F6 : 이 등급의 열극은 육안으로 관찰 가능하지만, 현미경하에서 그 특징을 잘 관찰할 수 있다. 또한 어떤 광물이나 혹은 미세단열의 농축대나 혹은 방향성을 갖는 구조로 취약성을 나타낸다. 흔히 F5 등급보다 다소 낮은 방향성을 보이는 하부시스템을 형성한다. 결정내 혹은 결정간간극과 불안정한 결정접촉부 및 초기균열 즉, "Griffith 균열"이라고 명명하는 열극들이 이에 속한다.

위와 같이 단층과 지하수 및 지구화학적 특성에 대한 고려는 토목공학적 입장에서는 너무 세분되거나 고려 대상에서 제외하여도 될 요소가 많아 다음 표 2.5에서는 단층의 폭 및 연장만을 고려하여 단층을 I에서 IV까지 4등급으로 분류하였다.

표 2.5 단층등급 분류 기준

등급	분류기준		
	파쇄대 폭	연장	특성
I	100m 이상	50km 이상	- 조구조 운동에 의해 형성된 수십 km 이상의 선구조선 발달 - 수조 이상의 중 내지 대 규모의 단층이 모여 단층대 형성 - 광역적 규모의 변위 관찰 가능 - 다중변형작용에 의한 파쇄대 확장 - 물리탐사에 의하여 수조 이상의 중 내지 대규모의 이상대 형성
II	10m ~ 100m	10km ~ 50km	- 조구조 운동시 형성된 수십 km의 2차 선구조선 발달 - 수조 이상의 소 내지 중 규모의 단층이 모여 단층대 형성 - 광역적 규모의 변위 관찰 가능 - 다중변형작용에 의한 파쇄대 확장 - 물리탐사에 의하여 넓고 뚜렷한 이상대 형성
III	1m ~ 10m	1km ~ 10km	- 계곡을 따라 발달하는 뚜렷한 선구조선 발달 - 대단층에 수반되어 형성된 이차적 단층 - 중 또는 소규모 단층에 의한 다중변형 작용 존재 가능 - 노두 규모의 변위 관찰 가능 - 물리탐사에 의해 이상대 형성
IV	1m 미만	1km 미만	- 뚜렷한 선구조선 발달 미약 - 다른 구조(예, 습곡)에 수반되어 형성된 소규모 파쇄대 - 대부분 일회의 변형작용이 관찰되나, 소규모 단층에 의한 다중변형작용 존재 가능 - 노두 규모 혹은 현미경 하에서의 변위 관찰 가능 - 물리탐사에 의하여 쉽게 확인되지 않을 수 있음

2.5 부정합

많은 지층이 침식이나 지각운동 등에 의한 퇴적작용의 끊어짐이 없이 계속적으로 퇴적하고 있을 때를 정합이라고 하고 반대로 각 층간에 침식이나 지각운동 등에 의한 단정이 있을 때에는 그것을 부정합이라고 한다. 습곡과 단층은 지각 중에 지각변동의 대소를 양적으로 기록해 준다. 그런데 지각 중에 두께를 가지지 않은 면으로 존재하면서 장기간에 걸친 큰 지각 변동을 일으켜 주는 부정합면이 있다. 부정합면은 어떤 지역이 침식을 당한 후에 해침을 받아 새로운 지층으로 덮일 때에 생겨난 것이다. 이때에 밑에 있는 오랜 지층과 위에 쌓인 새로운 지층과의 관계를 부정합(unconformity)이라고 한다. 부정합에는 다음과 같이 크게 세 가지 종류가 있다.

2.5.1 부정합의 종류

부정합은 평행부정합, 난정합, 경사부정합으로 크게 분류되며(그림 2.32) 각각의 특징은 다음과 같다.

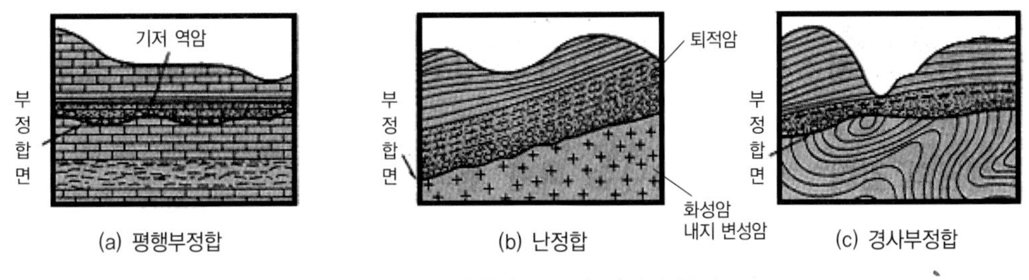

그림 2.32 부정합의 종류와 각각의 특징

(1) 평행부정합(parallel unconformity)과 비정합(disconformity)

먼저 쌓인 지층과 뒤에 쌓인 지층이 평행인 부정합을 평행부정합이라 한다. 이것은 대개 조륙 운동을 받은 지층에서 생긴다. 상하층이 평행하나 정합상태가 아닌 경우에 다음 두 가지 경우를 생각할 수 있다. 즉 상하 양 지층군이 평행하나 조륙운동으로 침식작용이 있는 것과 일견 상하층의 주향 경사가 같아 정합과 똑같이 보이나 실은 중간의 몇 층이 침식작용으로 완전히 없어진 것이다. 부정합면 아래의 지층의 성층면이 부정합면 위의 지층의 성층면과 평행하고 부정합면이 뚜렷하면 이는 평행부정합 또는 비정합(disconformity)이고, 부정합면이 발견되지 않고 성층면으로 대표되나 그 사이에 큰 결층이 있으면 준정합(paraconformity)이다.

(2) 난정합(nonconformity)

기존의 기저 지반을 이루는 암석의 광물의 입자가 등립질 결정을 가진 심성암이나 변성암이 침식되고 그 위에 새로운 퇴적층이 쌓이면 이를 난정합이라 한다. 난정합은 상-하층의 시간적인 격차가 매우 크다.

(3) 경사부정합(angular unconformity)과 사교부정합(clinounconformity)

먼저 쌓인 지층과 뒤에 쌓인 지층이 평행이 아닌 부정합을 경사부정합이라 한다. 이것은 대개 조산 운동을 받은 지층에서 상하층군의 지층의 경사가 다르거나 접면상태가 다르다 (그림 2.33). 먼저 조산운동이나 변형작용을 받은 후 침식을 받았을 경우와 상층이 퇴적되기 전에 지층의 교란이 있고 그 후 다시 상하층군이 육화된 경우 습곡산맥으로 변하였다가 점차 낮아져 해침이나 호수 등의 수면 아래로 내려가 그 위에 새로운 퇴적물이 쌓이면 사교부정합이 된다.

그림 2.33 사교부정합(영국 스코코틀랜드, 흰선 아래·위의 경사방향이 다름)

2.5.2 부정합의 인지

부정합을 인지하려면 다음과 같은 점에 유의하면 된다.

① 노두 관찰

채석장이나 절벽 같은 데에는 지층이 노출되어 있음으로 그 상태를 보고 부정합, 정합을 판단할 수 있다. 즉 상하층이 평행하게 되어 있지 않고 경사하고 있다거나 암석의 색에 현저한 차이가 있다거나 또는 하부지층의 자갈이 상부 지층에 들어 있으면 그 경계면이 부정합면인 것이다.

지층이 오랫동안 침식 작용을 받아 자갈이 된 후 그 위에 퇴적이 계속되면 그 자갈은 역암으로 되며 부정합면 바로 위에 있게 된다. 이것을 기저역암이라고 하는데 이 기저역암은 부정합면에 항상 존재하지는 않는다. 부정합면 상의 풍화된 토사가 위 지층과 상호작용하여 현저한 접촉 경계를 하고 있지 않을 때에는 그것을 혼합부정합이라고 한다.

② 지질도 작성

지질도를 잘 조사하거나 지질단면도를 작성하여 보면 쉽게 부정합을 발견할 수 있다.

③ 변성정도와 습곡 정도의 차이

지층의 변성도와 습곡도에 급격한 차이가 있으면 부정합면이 존재할 가능성이 많다. 변성정도는 재결정작용과 스카른 광물의 존재 등으로 알 수 있으며 퇴적암에 화성암이 관입하면 열변성을 받아 관입암을 중심으로 대상의 변성정도를 나타낸다. 만일 편암과 인접해서 점판암이 존재한다면 변성상에 단절이 있으므로 거기에는 부정합이 있지 않을까 상상할 수 있는 것이다.

④ 고생물학적 조사

화석연구로 부정합을 알 수도 있다. 예를 들면 데본기 위에 석탄기 그 위에 페름기의 순서로 되어 있어야 할 것인데 화석을 조사해 본 결과 데본기 위에 바로 페름기 지층이 있다면 석탄기 지층이 침식 소실되었다는 것을 알 수 있다.

2.6 불연속면

불연속면의 정의는 암반에서 나타나는 모든 연약면을 총괄적으로 나타내며, 불연속면은 그 크기면에서 작은 단열에서 큰 단층까지 다양하며, 이 면을 경계로 암석은 구조적으로 불연속적이다. 불연속면이 반드시 분리면은 아니지만, 실제로 대부분의 불연속면은 분리면이고 매우 작은 인장강도를 갖거나 인장강도가 없다. 가장 흔한 불연속면은 절리나 층리면, 단층 및 파쇄대 등이며, 이 밖에 중요한 불연속면으로는 벽개, 편리, 단열 등이다.

암반의 구조나 불연속면의 성질에 대한 서술은 암반의 기능적인 분류를 위한 기초가 될 수 있도록 충분히 상세하게 이루어져야 한다. 암반과 불연속면에 대한 서술이 완전하고 통일이 이루어진다면 값비싼 현지시험을 대체할 수 있을 것이다. 어떠한 경우에도 조심스런 현장서술은 수행될 현지시험 결과값의 정도를 향상시킬 수 있을 것이다. 암반의 공학적 거동에 영향을 주는 불연속면의 성질 중요한 요소들은, 불연속면의 방향성, 간격, 연속성, 거칠기, 벽면강도, 간극, 충전물, 누수, 불연속면의 수, 암괴의 크기 등이 있다. 각 요소에 대한 자세한 설명은 다음의 절들에서 언급된다. ISRM은 1978년 이러한 불연속면의 요소 항목들의 기재사항을 제안하였다.(ISRM의 'Suggested methods for the quantitative description of discontinuities in rock masses' 참조)

2.6.1 방향성

수평으로 퇴적된 지층이 지각의 변동으로 층이 경사지게 되었을 때, 그 면구조의 기울어진 형태를 나타내기 위해서 주향과 경사로 표시되며, 주향은 면구조과 수평면의 교선의 방향을 말하고 북을 기준으로 하여 나타낸다. 경사는 면구조가 주향선과 직각을 이루며, 수평면과 이루는 각이 최대인 각을 나타내며, 이 경사가 가리키는 방향을 경사방향이라 한다(그림 2.34). 주향에 직각이 아닌 선과 수평면 사이에 사이의 각은 경사보다도 작은 각을 가지게 되며, 이러한 경사를 위경사라고 한다. 주향은 주향선이 북으로부터 55°동쪽으로 기울어져 있고 경사가 남으로 65° 경사져 있다면 주향은 N55E로, 경사는 65SE와 같이 각도를 기재한다.

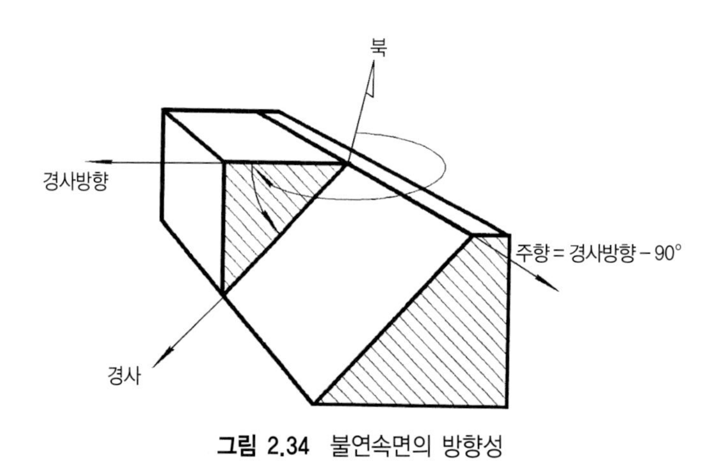

그림 2.34 불연속면의 방향성

공학적인 표시방법으로는 경사방향과 경사로 표시하며, 이 표시방법이 전산처리에 편리하다. 따라서 이 표시방법은 경사방향(3자리)/경사(2자리) 형태로 표시하며 앞의 경우는 145/65로 표시한다. 주향을 지도상에 표시할 때는 자침이 가리키는 북쪽방향 자북과 자오선이 가르치는 북쪽방향 진북에 주의를 해야 한다. 지도가 자북을 기준으로 한 경우에는 측정자료를 그대로 작성하지만, 지도가 진북으로 작성된 것이면 측정치를 수정해야 한다.

주향과 경사를 측정하기 위해 컴퍼스나 클리노미터를 사용하며, 주향과 경사의 측정방법은 그림 2.35와 같다. 자성이 강한 암반이나 철관이나 레일 등에 의해 영향을 받을 수 있는 곳에서는 자 또는 방위각을 읽을 수 있는 분도기를 사용한다. 컴퍼스나 클리노미터에 의한 방향측정의 정확도는 관찰하고자 하는 표면에 도달할 수 있는 접근성의 난이 정도, 노출면의 범위, 편평도, 자성의 이상대 그리고 사람의 측정오차 등에 따라 변할 수 있다. 암반공학적인 목적으로서의 경사방향의 오차는 5°정도면 충분하다. 측정결과의 표시방법은 주향과 경사 심볼, 블록도(block diagram)의 작도, 로제트(rosette)의 작도 그리고 평사투영을 이용하는 방법이 있다.

주향과 경사의 심볼을 이용하는 표시방법은 해당지역의 지질도 위의 정확한 지점에 약정된 심볼을 이용하여 주향과 경사를 표시하는 가장 간단한 방법이다(예를 들면 45°, 선의 방향으로 표시되는 주향과 45°의 경사를 갖는 불연속면을 나타낸다) 지질도상의 공간적인 제약으로 표시할 수 있는 수에 있어서 제약을 받지만, 주요 불연속면들의 방향에 대해 개괄적으로 표시할 수 있어 유용하다.

블록도의 작도는 공학적 구조물과 암반의 구조물 사이의 관계에 대한 대략적인 윤곽을 나타낼 수 있어 북쪽에 대한 상대적인 방향을 알 수 있다(그림 2.36). 터널입구, 터널이나 공동의 교차부분, 암반사면, 댐 등과 같은 여러 형태의 구조물에 대해 불연속면들을 이와

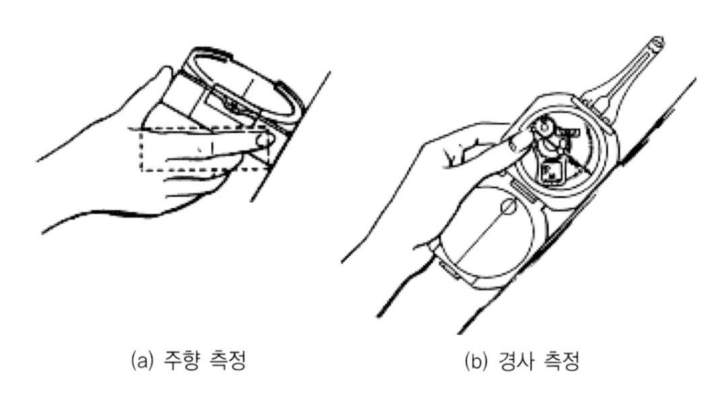

(a) 주향 측정　　(b) 경사 측정

그림 2.35 주향과 경사의 측정

같은 방법으로 도식할 수 있다.

현장에서 측정한 많은 자료를 로제트를 이용하여(그림 2.37) 자료들을 정량적으로 표시하는 방법으로 일반적으로 10° 간격으로 0~30° 방향에 대해 측정량을 원주상으로 표시하여 쉽게 우세한 불연속면군을 식별할 수 있다. 일반적으로 빈도가 높은 그룹은 과장되게 표시되고, 낮은 빈도의 그룹은 축소되어 표시된다. 측정의 수는 방사상의 축을 따라 표시되며 측정된 불연속면의 경사에 대한 범위가 로제트 내에서는 표시되지 않기 때문에 원주 바깥쪽에 따로 표시해야 하는 단점도 있다.

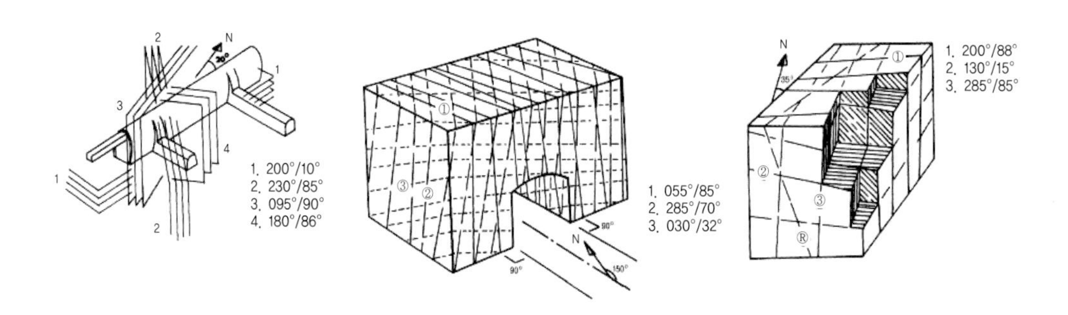

그림 2.36 블록도(block diagram)에 의한 불연속면의 방향성 표시방법

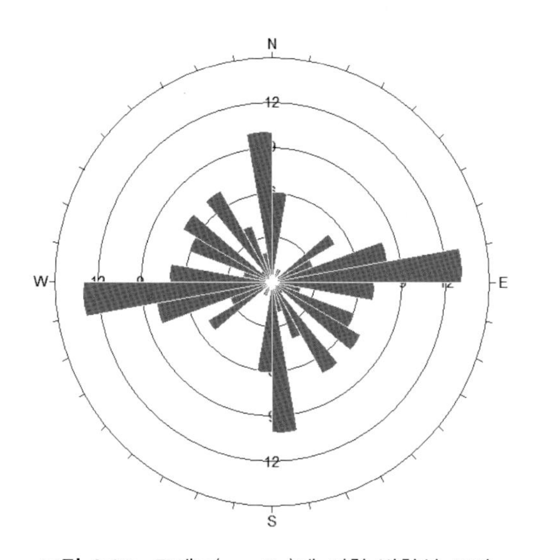

그림 2.37 로제트(rosette)에 의한 방향성 표시

지질구조면을 기준구를 이용하여 평면상에 투영하여 대원이나 극점으로 표시한다(그림 2.38). 평사투영방법에는 등면적 투영(equal area projection, 슈미트 혹은 Lambert net)과 등각 투영(equal angle projection, Wulff net)방법이 있다. 공학적인 면에서는 공간적인 분포가 정확하게 나타나는 등면적 투영방법과 하반구(lower reference hemisphere)투영을 사용하고, 반면에 등각투영방법은 구조들 간의 상대적인 각이 정확하게 표시되므로 기하학적인 작도에 특별한 장점이 있다. 그림 2.38처럼 구의 표면과 평면이 교차하는 선이 대원이고, 이 평면에 수직이고 구의 중심을 지나 구와 교차하여 서로 대칭하는 두 점을 극점이라고 부른다. 평면이나 극점의 도식은 입체투영망을 이용하여 작성하며, 평사투영의 기본적인 사용은 현장에서 획득한 불연속면들을 해석하고 작도하는 것이다. 그림 2.39가 현장에서 측정한 자료를 나타내는 하나의 예이다. 대원보다 평면의 극점을 도시한다면 많은 수의 불연속면 자료를 한 도표상에 빨리 작도할 수 있고, 또한 이 극점들의 분포에 대한 등밀도선을 작도함으로써 불연속면들의 평균방향과 분산정도 그리고 측정지역에서 우세한 방향의 불연속면의 군들을 구할 수 있다.

이와 같이 자료의 처리에 있어서 복잡한 작업에 많은 시간이 필요하지만, 요즈음은 컴퓨터의 발달로 컴퓨터의 소프트웨어를 이용하여 자료를 입력함으로써 도표를 쉽게 작도할 수 있다. 그림 2.40은 사면안정성과 같은 전형적인 암반역학적인 문제를 나타내는 대원들과 극점들을 등면적망을 사용하여 도시한 것이다. 이와 같이 안정성이 자유면과 불연속면들의 상대적인 3차원 방향성에 좌우될 때 평사투영방법이 매우 유용하게 사용될 수 있다.

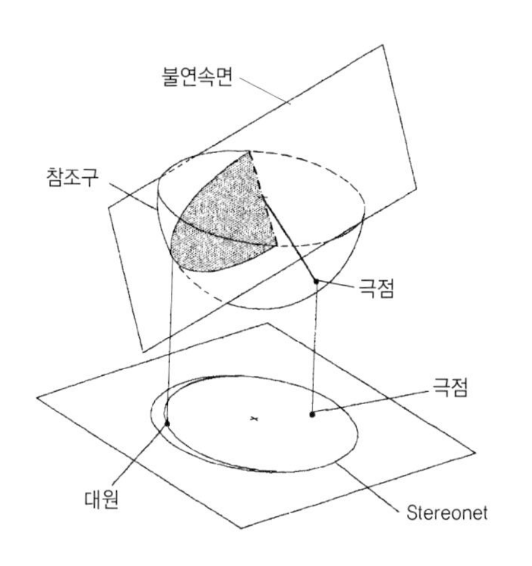

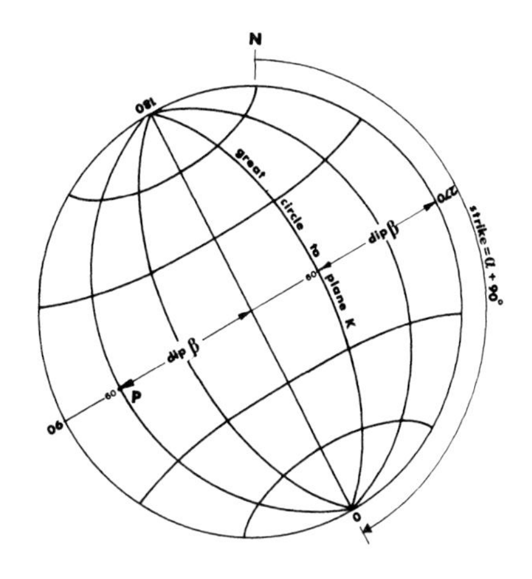

그림 2.38 평사투영에 의한 방향성 표시

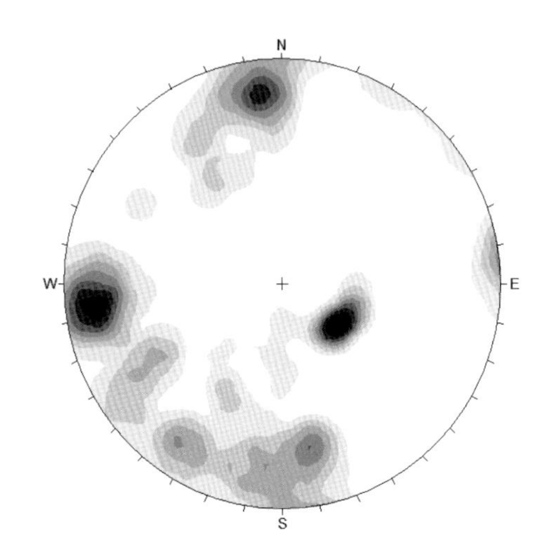

그림 2.39 절리의 방향성 표시를 위한 극점의 등밀도선

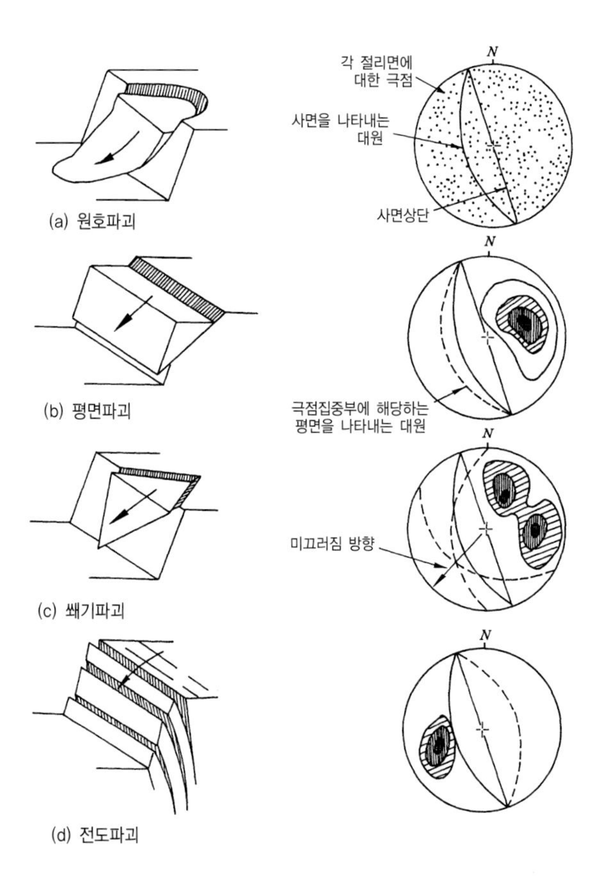

그림 2.40 사면의 주요 파괴형태와 관련된 지질구조 자료(등면적망)

2.6.2 간격

간격은 인접한 불연속면들 간의 직선거리로 표시한다. 일반적으로 같은 군에 속하는 불연속면의 평균거리로 표시한다. 불연속면의 간격은 암반을 구성하고 있는 암괴의 크기를 결정할 수 있다. 지하공동 굴착시 변형이나 파괴기구는 굴착의 크기와 불연속면의 간격과의 비에 의해 많은 영향을 받는다. 또한 간격은 암반의 투수율이나 용출특성에 상당한 영향을 미치며, 암괴의 크기분포는 특성, 굴착성과 같은 공학적인 성질에도 영향을 준다. 일반적으로 어떤 불연속면군의 투수도는 간격에 반비례하게 된다.

측정은 가능하다면 기준자는 측정할 불연속면군이 자에 대해 거의 수직이 되도록 노출면에 위에 놓는다. 조사길이가 3m 이상 되도록 인접한 불연속면 사이의 모든 거리(d)를 측정하고 기록한다. 조사길이는 예상 간격의 10배 이상이 되도록 하는 것이 좋다. 기준자와 측정할 절리군 사이의 최소각도(α)를 컴퍼스로 5° 범위 내에서 측정한다. 평균간격(S)은 다음의 식에 의해 계산된다.

$$S = d_m \sin\alpha \qquad ; \qquad d_m \text{ : 측정한 평균거리}$$

일반적으로 발파에 의해 발생된 불연속면은 간격 측정의 고려대상에서 제외한다. 노출

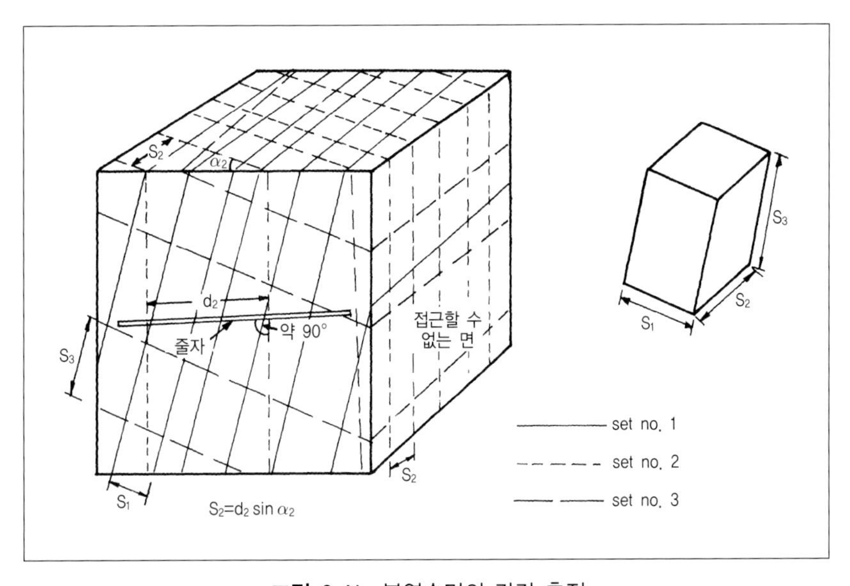

그림 2.41 불연속면의 간격 측정

된 암반이 제한적이거나 측정이 불가능한 경우에는 상부 20~30m 내의 암반에서 불연속면의 간격을 추정하기 위해 탄성파 탐사기술이 사용될 수도 있다. 불연속면의 간격이나 빈도(단위 길이당 불연속면의 수)는 시추코아의 분석이나 시추공 TV 카메라나 BIPS와 텔레뷰어와 같은 시추공 관찰장비를 통해서도 결정될 수 있다.

측정된 간격의 표시는 최소, 평균 및 최대 간격(S_{min}, S, S_{max})이 각 불연속면군에 대해 기록되어야 한다. 간격은 암반의 등급평가에 사용되는 중요한 요소이며, ISRM에 의해 정의된 등급은 표 2.6과 같다. 통계적인 처리가 필요한 많은 양의 간격측정 자료를 표현하는 손쉬운 방법은 각 그룹에 대해 막대그래프를 이용하는 것이다. 빈도분포곡선도 각 그룹에 대한 평균값이나 분산에 대한 개념을 알 수 있도록 같은 그래프상에 표시할 수 있다. 간격은 역수로 표시되는 즉 단위 길이당 불연속면의 수인 빈도로 표시될 수 있다.

표 2.6 불연속면 간격의 등급

표시방법	간격
극히 조밀	〈 20mm
매우 조밀	20~60mm
조밀	6~20cm
보통	20~60cm
넓음	0.6~2mm
매우 넓음	2~6m
극히 넓음	〉 6m

2.6.3 연속성

연속성은 노두에서 나타나는 불연속면의 길이로 표시된다. 이 요소는 일반적으로 노출된 표면에서의 불연속면의 길이를 관찰함으로써 정량화될 수 있다. 이 요소는 암반의 공학적인 성질을 결정하는 가장 중요한 요소 중의 하나이지만, 현장에서 노두의 크기에 제한을 받기 때문에 가장 측정하기 힘든 요소 중의 하나이다. 이것은 암반의 투수율, 암괴의 크기 분포 특성, 굴착성 그리고 불연속면에서의 전단응력의 발달에 영향을 주어 안전성 문제를 일으킬 수 있다. 특별한 하나의 불연속면군이 다른 군들의 불연속면들보다 더 연속성을 갖는 경우가 많다. 이것은 소수의 군들이 가장 우세한 군들에 의해 끊기는 경향이 있기 때문이다. 암반사면이나 댐의 기초의 경우에는 안전성에 불리하게 작용하는 불연속면의

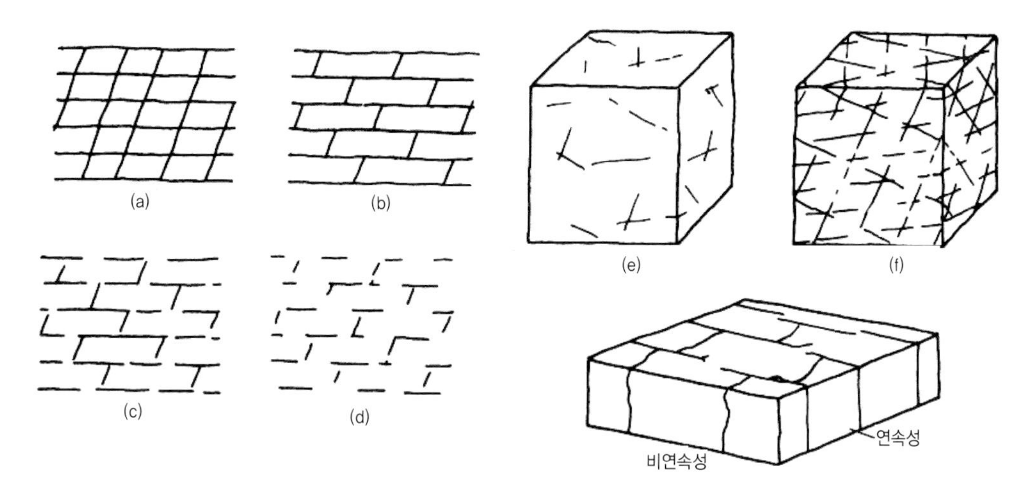

그림 2.42 절리군의 연속성

연속성의 정도를 평가하는 것이 매우 중요하다. 또한 연속성은 사면 상부에서의 인장균열의 발생에도 매우 중요하다. 불연속면의 연속성이나 면적에 비해 노출암반이 적은 경우 실제의 연속성은 추정될 수 있을 것이다. 노출된 불연속면의 주향길이와 경사길이를 기록하는 것이 가능하다. 이것을 이용확률이론을 이용하여 암반에 나타나는 평면을 따라 불연속면의 연속성을 추정할 수 있다. 현장측정에서 생길 수 있는 어려움과 불확실성은 대부분의 노출된 암반에서 고려되어야 할 것이다.

측정은 최소한 10m 이상 길이의 자를 사용한다. 먼저 각각의 노출 암반은 서로 다른 불연속면군들의 상대적인 연속성에 따라 묘사되어야 한다. 불연속면들의 군들은 각각 연속적인, 준연속적인, 불연속적인 등의 용어로 구분될 수 있다. 그림 2.42와 같은 간단한 분류된 현장 스케치는 차후의 해석에 있어 도움이 될 수 있다. 경사방향의 길이와 주향방향의 길이가 측정되도록 노력을 기울여야 한다. 제한된 평면적인 노출에서는 이러한 측정은 불가능하다. 관찰된 각 불연속면군들의 길이의 크기 분포에 대한 히스토그램이 수반되어야 하고 평균길이(경사방향 및 주향방향)가 언급되어야 한다.

ISRM에 의해 제안되는 연속성은 노두에서 측정된 가장 대표적인 길이를 사용하며, 그 등급의 표시는 표 2.7과 같다.

표 2.7 불연속면 연속성의 등급

표시방법	평균길이(m)
매우 낮은 연속성	〈 1
낮은 연속성	1~3
보통 연속성	3~10
높은 연속성	10~20
매우 높은 연속성	〉 20

불연속면의 길이에 대한 매핑에서 다음과 같이 불연속면 말단의 상태를 기록한다. 노출면 밖으로 연장되는 불연속면의 경우인 x는 노출암반 내에서 사라지는 불연속면의 경우인 r 그리고 노출암반 내에서 다른 불연속면에 의해 절단되는 불연속면 d는 서로 구별되어야 한다. x의 점수가 높은 불연속면들의 규칙적인 군은 d가 우세한 준규칙적인 군보다는 분명히 더 연속적이다. 비규칙적인인 불연속면들은 r이 아주 우세하게 나타나는 경향이 있다. 이와 같은 말단부의 자료(x, d, r)는 관련되는 불연속면의 길이와 함께 기록되어야 한다(예; $5dx=$ 불연속면의 길이는 5m이고 불연속면의 한쪽 끝은 다른 불연속면에 의해 절단되었고, 다른 한 끝은 노출 암반의 범위를 벗어남). 이와 같은 말단 상태의 자료는 전체 암반이나 혹은 선택된 지역에 대해 말단지수(termination index, T_r)로 표시된다. 이 값은 전체 말단의 수($\Sigma r+\Sigma d+\Sigma x$)에 대한 암반에서 나타나는 관련 말단의 수의 백분율로 표시하며 아래 식과 같다.

$$T_r=\frac{\Sigma r\times 100}{2\cdot \text{관찰된 불연속면의 수}}\%$$

상대적인 길이와 x 관찰의 수 모두에게 영향을 주기 때문에 측정된 노출암반의 면적을 표시하는 것도 중요하다.

2.6.4 거칠기

불연속면의 거칠기는 평균 평면에 대한 불연속면에 나타나는 작은 규모의 요철이나 큰 규모의 만곡으로 정의된다. 실제에 있어서 만곡은 전단변위의 초기방향에 영향을 주는 반면에 요철은 일반적으로 중간 규모의 현지 직접전단 강도 시험이나 실험실 시험에서 구해질 전단강도에 영향을 준다(그림 2.43). 노두나 시추코아에서 이루어진 측정으로부터 불연속면에 대해 서술할 때는 일반적으로 소규모의 요철과 더 큰 규모의 만곡을 구분하여야 한다. 대규모의 굴곡은 소규모 또는 중간규모의 굴곡 위에 중첩될 수 있기 때문이다. 이 불연속면의 거칠기는 특히 변위가 없거나 충전이 되지 않은 불연속면에서의 전단응력에 상당한 영향을 주지만 틈새, 충전물 두께 혹은 이전의 전단변위가 증가되면 이 거칠기의 중요성은 감소된다.

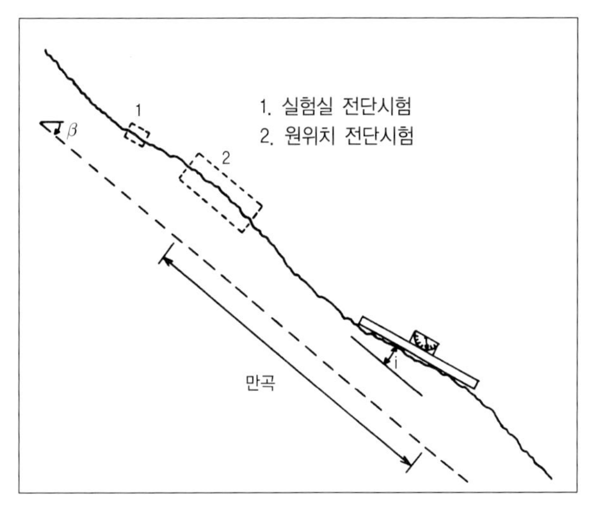

그림 2.43 불연속면의 거칠기와 크기

만약에 잠재력이 있는 미끄럼의 방향을 알 수 있다면 이 방향에 평행한 거칠기의 선형 수직단면에 대해 시료를 채취될 수 있으며, 많은 경우에 적절한 시료채취 방향은 경사방향이다. 만약에 두 개의 교차되는 불연속면들에 의해 미끄럼이 이루어진다면 잠재력이 있는 미끄럼의 방향은 두 평면의 교차선에 평행하다. 중요성에도 불구하고 잠재가능성이 있는 미끄럼의 방향을 모른다면 거칠기는 2차원 대신에 3차원적으로 조사가 이루어져야 한다. 모든 거칠기 조사방법의 목적은 전단강도와 팽창의 실제적인 예상이나 계산을 위한 것이다.

거칠기 조사에서 선형종단면 방법, 컴퍼스-디스크 클리노미터 방법 그리고 사진측량 방법이 있다.

(1) 선형종단면 방법

선형종단면 측정에는 mm눈금 단위의 2m 이상의 접는 자, 컴퍼스와 클리노미터, 1m

간격과 10cm 간격이 표시된 줄이 필요하다.

접근할 수 있고 전단파괴가 일어날 수 있는 전형적인 표면을 가지는 불연속면을 선택한다. 각 평면의 크기에 따라 2m 직선자나 10m 줄을 미끄럼 가능성이 있는 면의 평균방향에 평행하게 불연속면 위에 놓는다. 편의상 불연속면의 가장 높은 점과 점들에 접촉되어야 하고 가능한 한 직선이 되도록 한다(점토 덩어리를 사용하면 급경사의 불연속면에서 자가 미끄러지는 것을 방지해 줄 수 있다). 주어진 접선 방향의 거리(x)에 대해 직선자 또는 줄로부터 불연속면까지의 직선거리(y)를 단위로 표시한다(그림 2.43). 거리(x)의 선택은 유연성이 있는 것이 바람직하다. 만약에 일정한 간격(예를 들어 5cm)으로 측정하면 작은 단계나 전단강도에 영향을 미치는 중요한 특성을 생략하는 결과를 초래할 수 있다. 평균적으로 거리(x)의 간격은 전체측정 길이의 약 2% 정도면 전체 거칠기를 나타내는 데 충분하다. 불연속면의 방향성 a/β와 다를 수 있기 때문에 x와 y의 측정은 측정방향의 경사와 방위와 함께 나란하게 기록한다. 이와 같은 과정을 거쳐 전형적인 종단면의 최소, 최대 그리고 평균적인 거칠기를 기록한다. 이러한 종단면은 요구되는 정밀성의 정도에 따라 전체의 불연속면 그룹이나 가장 영향을 미칠 수 있는 하나의 불연속면 그룹이나 또는 각 측정된 불연속면 각각에 대해 적용될 수 있다. 그림 2.44에 표시된 만곡각도(i)는 직선자와 클리노미터를 이용하여 기록하여야 하고 만약에 종단면이 너무 짧다면 자동적으로 측

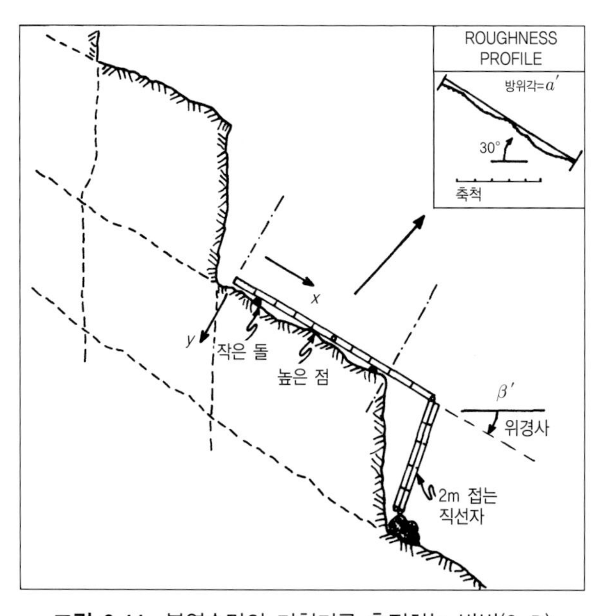

그림 2.44 불연속면의 거칠기를 측정하는 방법(2-D)

정하지 않는다. 대략적인 만곡의 길이나 진폭 종단면으로 샘플링하기에 너무 크면 추정하거나 접근하는 데 문제가 없다면 측정하여야 한다. 최소, 최대 그리고 평균적인 거칠기의 표면을 상대적인 거리를 알 수 있게 참고할 수 있는 자와 함께 사진을 촬영한다.

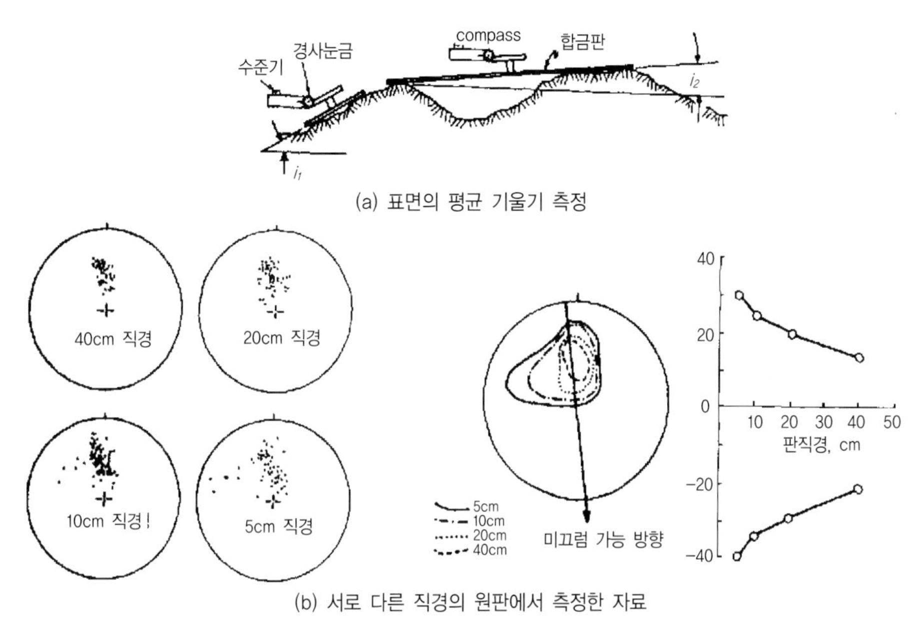

그림 2.45 불연속면의 거칠기를 측정하는 방법(3-D)

(2) 컴퍼스-디스크 클리노미터를 이용하는 방법

컴퍼스-디스크 클리노미터를 이용하는 측정방법은 컴퍼스와 컴퍼스의 바닥에 놓을 수 있는 여러 가지의 직경(5, 10, 20, 40cm)을 갖는 경합금으로 된 4개의 박판의 원판과 1m 간격과 10cm 간격으로 표시된 줄을 이용한다. 현장에서 접근할 수 있고 전단파괴가 일어날 수 있는 전형적인 표면을 가지는 불연속면을 선택한다. 그림 2.45에 작은 규모의 거칠기 각도(i)를 가장 큰 원판(예를 들어 직경 40cm)을 불연속면의 표면에 놓고 적어도 25개의 다른 위치에서 각 측점의 경사방향과 경사를 측정한다. 이런 작업을 다른 크기의 원판 위에서 차례로 반복하여 측정한다. 만약에 더 작은 직경의 원판을 사용하여 수많은 지점에서 측정된다면, 전체적인 측정의 정도는 향상될 수 있다. 크기가 다른 각 원판의 따라 측정된 경사방향과 경사자료를 서로 다른 입체투영망상에 극점형태로 작도한다(그림 2.45(b)). 각 원판의 크기에 따른 극점의 등고선을 그린다. 가장 작은 원판에 의해 얻어진 자료들의 분산이 가장 크고 또한 거칠기각이 가장 크다. 반면에 가장 큰 원판에 의해 얻어진 자료들의 분산이 가장 작고 또한 거칠기각도 가장 작다.

표 2.8은 ISRM에 의해 제안된 등급과 거칠기의 정도를 도시한 것이다. 거칠기에 대한 표시방법은 두 단계 즉 소척도(수 cm)와 중간척도(수 m)의 측정으로 표시된다. 거칠기의 중간척도는 계단형, 파동형 그리고 평면형으로 나누어지고, 소척도는 다시 거침, 완만, 그리고 매끄러움의 3단계로 구분된다. 여기서 매끄러움이란 불연속면을 따라 이전의 전단 변위에 대한 분명한 흔적이 있을 경우에만 사용한다. 측정된 거칠기 단면의 JRC 값을 추정하기 위한 상기의 방법은 분명히 주관적이다.

표 2.8 불연속면의 거칠기 등급

등급	표시방법		거칠기 종단면
I	계단형	거침	I 거침
II		완만	II 완만함
III		매끄러움	III 매끄러움 (계단형)
IV	파동형	거침 혹은 불규칙	IV 거침
V		완만	V 완만함
VI		매끄러움	VI 매끄러움 (파동형)
VII	평면형	거침 혹은 불규칙	VII 거침
VIII		완만	VIII 완만함
IX		매끄러움	IX 매끄러움 (평면형)

불연속면의 거칠기를 서술하는 주요 목적은 특히 정확한 추정이 가능한 충전되지 않은 불연속면의 경우 전단강도의 추정을 용이하게 하기 위해서다. 개략적인 표현으로 전단강도는 최대나 최소(잔류) 마찰각 혹은 어떤 중간각(이전의 전단 변위 정도에 의존)에 대규모 만곡에 의한 각(i)의 합으로 다음과 같이 구성된다.

$$\tau = \sigma_n' \tan(\phi + i)$$

여기서 τ : 전단강도 (최대 혹은 잔류)

ϕ : 마찰각 (최대 혹은 잔류)
σ_n' : 유효 법선응력
i : 만곡 (있다면)

$\tau_{(peak)}$의 값이 σ_n'의 값과 거칠기에 비례할 것이다. 충전되지 않은 불연속면의 경우 $\phi_{(peak)}$ 값은 일반적으로 30~70°의 범위를 가지며 공통적으로는 평균 약 45°의 값을 갖는다. $\phi_{(residual)}$ 값은 절리 벽면의 풍화정도와 암종에 따라 좌우된다. 풍화가 일어나지 않은 경우 $\phi_{(residual)}$는 일반적으로 25~35° 범위의 값을 가지며 대부분 공통적으로는 약 30°의 값을 갖는다. 심하게 풍화된 벽면의 경우 실제 점토의 충전이 없는 경우에도 그 값은 약 15°로 떨어진다. $\phi_{(residual)}$ 값을 추정하는 방법은 Barton N.과 Choubey(1977)에 의해 주어졌으며, 그 추정은 풍화된 절리벽면의 슈미트 햄머의 반발치(r)와 풍화되지 않은 절리벽면의 슈미트 햄머의 반발치(R)의 비에 기초하고 있다.

ϕ_{peak} 값은 다음의 식을 이용하여 구할 수 있다(그림 2.46 참조).

$$\phi_{peak} = \mathrm{JRC}\ \log_{10}\left(\frac{\mathrm{JCS}}{\sigma_n'}\right) + \phi_r$$

여기서 JRC = 절리 거칠기 상수
JCS = 절리 벽면의 압축강도
$\phi_r = \phi_{(residual)}$

적용방법이 그림 2.46에 도시되어 있다. 첫째, 측정한 거칠기 단면을 표 2.8에 표시되어 있는 3개의 set와 비교하여 대략적인 JRC의 값을 얻는다(더 정확한 값은 그림 2.47을 이용한다). 둘째, 불연속면에 슈미트 햄머를 이용해 JCS와 ϕ_r 값을 구한다. 그림 2.47에서는 모든 경우에 ϕ_r은 30°로 가정하고 있다. 이 방법은 $\phi_{(peak)}$를 계산하는 값싸고 상당히 정확한 방법이다(Barton N.과 Choubey(1977)).

최대 전단강도는 상대적으로 적은 변위 후에도 움직일 수 있기 때문에 $\phi_{(peak)}$의 추정값에 대규모의 만곡각(i)을 더하는 것은 현실적이지 못하다. 대부분의 실제적인 목적을 위해서는 $\phi_{(peak)}$는 100%의 연속성을 갖는 하나의 절리에 대한 최대값으로 간주될 수 있다. 어떻든 $\phi_{(residual)}$은 상대적으로 큰 변위가 일어날 때까지는 값의 변동이 없다. 따라서 일반적으로 대규모의 만곡각(i)을 더해주는 것이 사실적이다. 완전한 평면인 불연속면이나

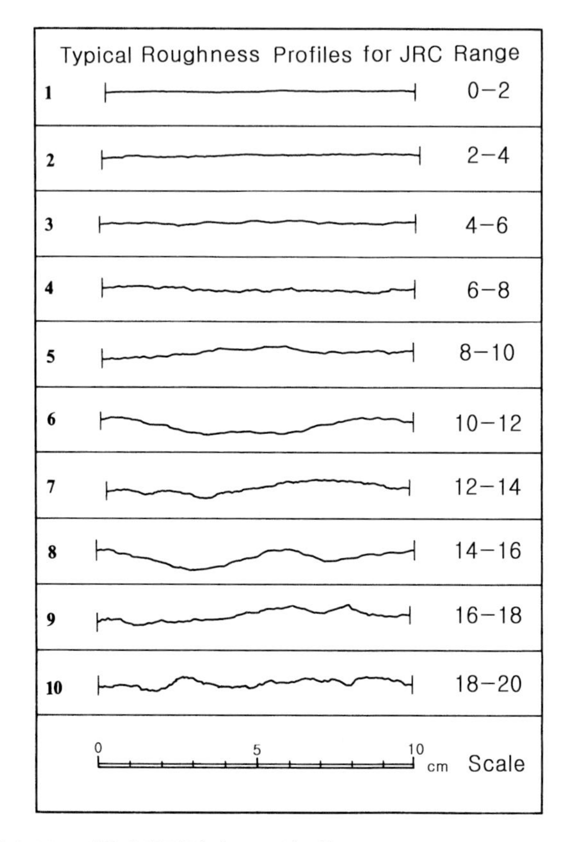

그림 2.46 거칠기 종단면과 JRC의 값(Barton N. & Choubey, 1977)

더 이상의 팽창이 일어날 가능성이 없을 정도로 전단이 일어났던 불연속면들인 경우에는 $\phi(_{residual})$이 남아 있는 유일한 전단강도의 요소가 될 것이며 또한 그 불연속면에 대한 절대적인 최소 전단강도를 나타낼 것이다.

2.6.5 벽면강도

불연속면의 벽면을 구성하는 암석의 압축강도는 특히 벽면이 충전되지 않은 절리의 경우 직접 암석끼리 접촉해 있는 경우에는 전단강도와 변형도의 매우 중요한 요소가 된다. 표면 가까이에서 암반은 풍화되고 또는 열수과정에서 변형되기도 한다. 풍화(또는 변형)가 일반적으로 암반의 내부보다는 불연속면의 벽면에 영향을 주기 때문에 벽면의 강도가 암체의 내부에서 얻어진(예를 들면 시추에 의한 시료) 신선한 암석에서 측정된 강도에 비해 적은 값을 갖는다. 그러므로 암석이나 암반에 대한 풍화나 변형의 상태에 대한 서술은 벽면강도에 대한 서술의 필수적인 한 부분이 된다.

전단강도와 변형도에 영향을 주는 상대적으로 얇은 암석벽면은 간단한 지수시험을 통해서 시험이 이루어진다. 대략적인 단축 압축강도는 슈미트 햄머 시험이나 긁기 그리고 지질햄머시험 등으로 추정될 수 있다. 피복된 광물도 만약에 불연속면이 평면이거나 매끈한 경우에는 피복된 정도에 따라서 불연속면의 전단강도에 영향을 줄 수 있다. 가능하다면 피복한 광물의 종류를 기록하는 것이 좋으며, 의심스러울 경우에는 시료를 채집한다. 암석이나 암반이나 암석구성물질의 풍화정도는 불연속면의 벽면강도를 서술적으로 표시할 뿐이고, MIT(Manual Index Test)나 슈미트 햄머로써 정량적으로 구할 수 있다. 일반적인 측정 장비는 지질 햄머 강한 칼, 슈미트 햄머와 환산표 그리고 작은 암석의 밀도를 측정할 수 있는 장치들이 있다.

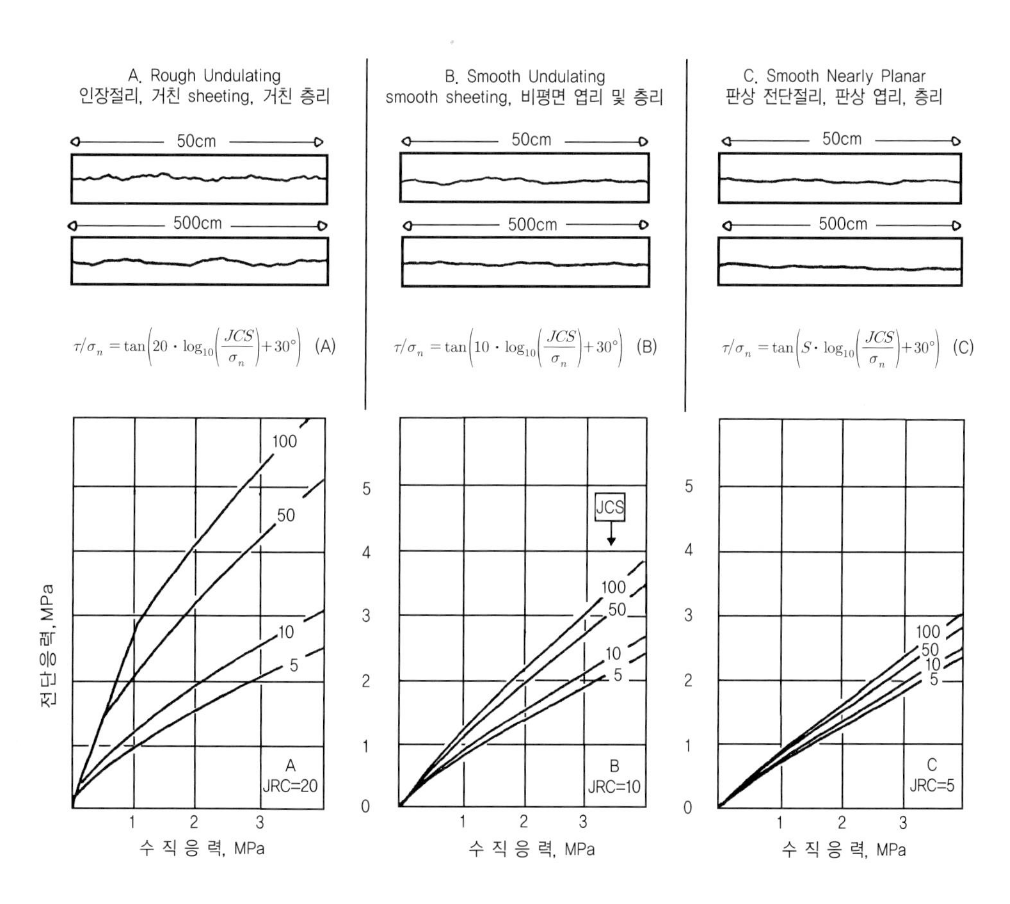

그림 2.47 거칠기 단면으로부터 최대전단강도를 구하는 방법

(1) 암반의 풍화정도

대체적으로 암반의 풍화 또는 변형 정도가 서술되어야 한다. 이 풍화정도는 1.4장에서 언급하였다(표 1.5 참조). 결과 표시는 암반 내의 인식할 수 있는 풍화지역의 풍화등급이 간단한 스케치나 수직단면 위에 기록한다. 또한 각각의 불연속면들이나 특정한 불연속면 군들에 대한 암석재질의 풍화등급을 기록한다(예를 들면 절리군 No.1 : 벽면 대부분이 약간 변색, 약 20% 정도가 신선).

표 2.9 MIT(Manual Index Test)

등급		정의	야외 조사 현상	단축압축강도 대략적인 범위 (MPa)
점토	S1	Very soft clay	쉽게 주먹으로 수 인치가 침투된다.	〈 0.025
	S2	soft clay	쉽게 엄지로 수 인치가 침투된다.	0.0025 ~ 0.05
	S3	Firm clay	약간의 노력과 함께 엄지손가락으로 수 인치가 침투될 수 있다.	0.05 ~ 0.10
	S4	Stiff clay	엄지손가락으로 쉽게 자국이 나지만 많은 노력이 있어야 침투될 수 있다.	0.10 ~ 0.25
	S5	Very stiff clay	쉽게 손톱으로 자국이 난다.	0.25 ~ 0.50
	S6	Hard clay	손톱으로 자국을 내기 어렵다.	〉 0.50
암석	R0	Extremely weak rock (극연암)	손톱으로 자국이 난다.	0.25 ~ 1.0
	R1	Very weak rock (매우 약한 암석)	지질햄머의 뾰족한 부분으로 강타했을 때 부스러진다. 주머니칼로 벗겨진다.	1.0 ~ 5.0
	R2	Weak rock (연암)	어렵게 주머니칼로 벗길 수 있다. 지질햄머의 뾰족한 부분으로 강타했을 때 얕은 자국이 남는다.	5.0 ~ 25
	R3	Medium strong rock (보통암)	주머니칼로 긁거나 벗길 수가 없다. 시료가 한번의 지질햄머 강타로 부서진다.	25 ~ 50
	R4	Strong rock (경암)	지질햄머로 시료를 부수기 위해 한번 이상의 타격이 요구된다.	50 ~ 100
	R5	Very strong rock (매우 강한 암석)	지질햄머로 시료을 부수기 위해 많은 타격이 요구된다.	100 ~ 250
	R6	Extremely strong rock (극경암)	지질햄머로는 시료에 자국만 남는다.	〉 250

주) 등급 S1에서 S6까지는 점착력이 있는 흙, 즉 점토, 실트질 점토, 실트와 모래가 섞인 점토의 복합체 등에 적용된다. 불연속면의 벽면강도는 일반적으로 등급 R0~R6(암석)로 구분 지어지며, 등급 S1~S6(점토)는 충전된 불연속면에 적용된다.

(2) MIT(Manual Index Test)

표 2.9에 표시된 MIT 시험방법은 불연속면의 벽면이나 벽면을 대표하는 광물에서 반드시 수행되어야 한다. 가장 영향을 미치는 절리군의 벽면에 대한 강도의 대략적인 범위면 충분할 것이다. 등급 S1-S6의 결정을 위한 MIT 시험은 보다 정확한 측정을 위해 표준 토질역학시험기인 포켓용 penetrometer를 사용할 수 있다.

(3) 슈미트 햄머 시험

슈미트 햄머는 햄머를 미리 압축된 스프링에 축적된 힘을 해방함으로써 햄머가 암반의 표면에 부딪힐 때 그 반발력을 측정함으로써 암석의 강도를 추정하고자 하는 장비이다(그림 2.48 참조). 슈미트 햄머의 반발치(r)는 타격 후 햄머의 튀어 오른 거리를 타격 전에 햄머가 스프링에 의해 움직인 거리의 백분율로 나타낸 것이다. 슈미트 햄머 시험은 측정대상 불연속면에 수직된 방향으로 수행한다. 슈미트 햄머 시험은 가장 보수적인 결과를 내기 위해서는 암석표면이 물에 포화된 상태에서 이루어져야 할 것이다. 만약에 표면이 건조 상태를 피할 수 없다면 결과에 이 사실을 기록해야만 한다. 표면은 적어도 타격지점에는 암석 부스러기가 있어서는 안 된다. 암반 일부분이 부석 상태로 있는 경우 타격 시 탁한 소리가 나며 이 결과는 무시한다. 이와 같은 이유로 이런 지수시험은 매우 근접한 불연속면들을 갖는 이완된 암반에 적용하는 것은 부적당하다. 이러한 경우에는 조그만 크기의 시료를 따서 단단한 기초 위에 놓고 단단히 잡은 다음에 시험한다.

측정은 결과의 대표치를 나타낼 수 있도록 여러 번 시험이 이루어져야 하며, 일반적으로 10회의 그룹으로 시험이 제안되고 있다. 각 그룹의 10개 중 가장 낮은 5개의 값은 버리고 높은 5개의 값으로 평균값(r)을 산출한다. 주어진 불연속면에 대한 암석밀도와 슈미트 햄머의 평균 반발치 r은 그림 2.49와 표 2.10을 이용해 절리벽면의 압축강도 JCS(Joint wall

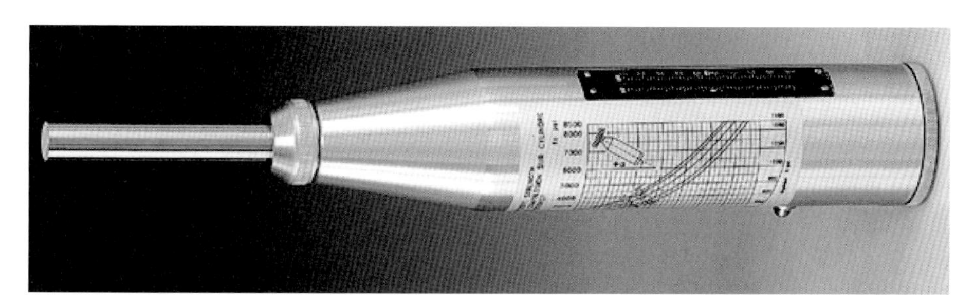

그림 2.48 슈미트 햄머

Compressive Strength)를 추정하는데 사용될 수 있다.

주어진 표면 위에 아주 일정하게 나타나는 얇게 광물로 피복되어 있고 이것이 암석과 암석의 접촉을 방해하는 경우의 불연속면은 피복된 광물 위에서 슈미트 햄머의 시험이 이루어져야 한다. 피복된 광물의 두께와 경도에 따라서 전단강도를 추정하기 위한 JCS의 추정치를 관련지을 수도 또는 관련짓지 못할 수도 있다. 광물이 피복된 모든 경우에 광물의 종류가 언급되어야 한다. 의심스러운 경우는 시료를 채취한다. 또한 피복된 면적 정도의 추정치(±10%)와 피복된 두께(mm)의 범위도 포함되어야 한다.

슈미트 햄머의 반발치 r의 값은 실제에 있어서 10에서 60 정도의 범위의 값을 나타내며 가장 낮은 값은 "연암(일축압축강도 σ_c < 20MPa)"에서 적용되며, 최대값은 "매우 강한 암석이나 극경암(σ_c > 150MPa)"에 적용된다. 매우 약한 암석이나 극연암에서는 적용될 수

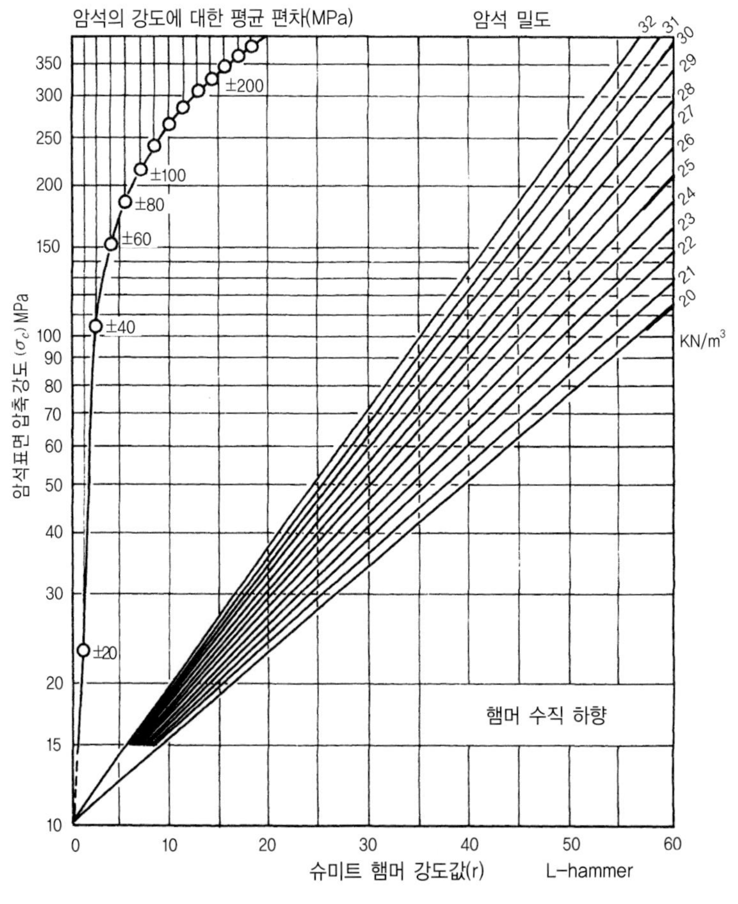

그림 2.49 슈미트 햄머에 대한 보정 차트

없다. 그러므로 15~20MPa보다 더 연약한 암석은 MIT 시험을 적용한다.

주어진 표면의 강도는 햄머를 하향수직(반발이 중력에 반대)으로 타격했을 때 반발치는 최소의 값을 나타내며, 상향수직으로 타격했을 때 반발치는 최대의 값을 나타낸다. 그림 2.49에 나타난 상관관계는 수직하향 타격 시에만 적용될 수 있고 다른 방향으로 타격 했을 때는 표 2.10과 같이 보정해야 한다. 전단강도에 영향을 주는 것이 벽면의 물질이기 때문에 거칠기와 함께 벽면강도는 암석의 성질을 나타내는 지표로써 상당히 중요하다.

표 2.10 슈미트 햄머의 타격방향이 수직하향이 아닌 경우 보정

반발치	하향		상향		수평
r	α = −90°	α = −45°	α = +90°	α = +45°	α = 0°
10	0	− 0.8	−	−	− 3.2
20	0	− 0.9	− 8.8	− 6.9	− 3.4
30	0	− 0.8	− 7.8	− 6.2	− 3.1
40	0	− 0.7	− 6.6	− 5.3	− 2.7
50	0	− 0.6	− 5.3	− 4.3	− 2.2
60	0	− 0.4	− 4.0	− 3.3	− 1.7

2.6.6 간극

하나의 불연속면에 대해 서로 인접하고 있는 암석 간에 분리되어 있는 수직거리를 나타내며, 그 간극의 공간은 일반적으로 물이나 공기와 같은 것으로 채워져 있다. 따라서 간극은 충전된 불연속면의 폭과는 구분된다(그림 2.50). 큰 간극은 인지할 수 있는 만곡이나 거칠기를 갖는 불연속면의 전단변형, 충전물의 쏟아짐, 용해 그리고 인장열극 등에 의해 생긴 것이다. 계곡의 침식이나 빙하의 후퇴 등의 결과로 인장에 의해 개방된 수직이나 급경사의 불연속면들은 매우 큰 간극을 가질 수 있다.

천공된 공이나 시추코어를 제외하고 굴착된 터널에서 볼 수 있는 간극이라는 것은 발파에 의한 교란이나 표면이 풍화의 영향에 의해 교란되어 있는 간극들이기 쉽기 때문에 불행히도 작은 간극의 육안관찰은 본래부터 신뢰할 수 없다. 기계로 굴착된 터널이나 시추공벽면은 교란되지 않은 간극에 대해 보다 신뢰성을 나타낼 수 있다. 이러한 시추공벽은 시추공 카메라와 TV 장치를 통해 관찰할 수 있다.

간극의 영향은 물의 투수율 시험에 의해 가장 잘 평가될 수 있기 때문에 간극은 그것의

이완 정도나 전도성의 관점에서 기록되어야 한다. 절리수압, 물의 침투 그리고 저장된 액체나 가스의 유출량은 간극에 의해 영향을 받을 수 있다. 간극의 변화는 불연속면의 전단응력에 영향을 주며, 더 중요한 것은 암반과 불연속면의 투수성과 물의 전도율에 영향을 주는 것이다.

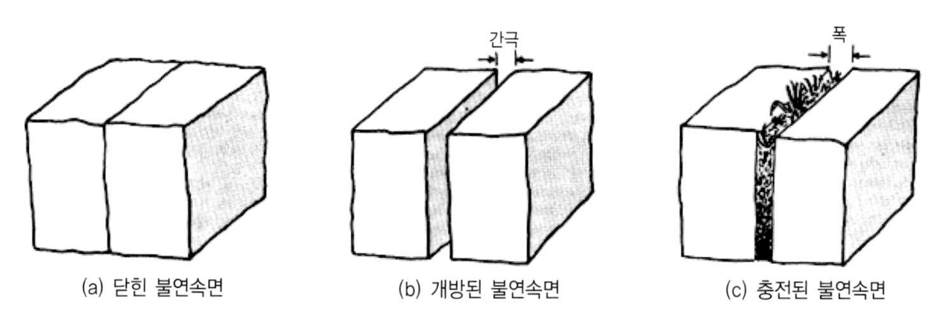

그림 2.50 충전된 불연속면의 폭과 열린 불연속면의 간극의 정의

간극의 측정을 위해서는 mm눈금의 단위를 갖는 3m 이상의 자, 간극 게이지, 흰 스프레이 페인트, 암석표면을 세척할 장비가 필요하다. 간극의 측정은 더러운 노출면을 청소하고, 미세한 간극들이 쉽게 보일 수 있도록 조사참조선을 따라 흰 페인트를 뿌리는 것이 바람직하다. 미세한 간극은 간극 게이지로 대략적으로 측정하고, 더 넓은 간극은 mm눈금의 단위를 갖는 자로써 측정한다. 조사참조선과 교차하는 모든 불연속면의 간극을 기록한다. 대안으로 주요한 불연속면의 간극의 변화를 불연속면을 따라 측정할 수도 있다.

간극측정의 결과표시는 표 2.11과 같이 표시될 수 있으며, 각 불연속군에 대한 평균(가장 공통적인) 간극을 반드시 기록하도록 한다. 또한 평균 간극보다 상당히 더 넓거나 큰 간극을 갖는 불연속면에 대해서는 위치와 방향 데이터와 함께 조심스럽게 서술하며, 극히 넓은 간극(10~100cm 이상)은 사진을 첨부해 놓는다.

2.6.7 충전물

한 불연속면에 대해 서로 인접하고 있는 암석 벽면 사이를 충전하고 있는 물질을 충전물이라고 말하며, 모암보다는 일반적으로 강도가 약한 경우가 많다. 일반적으로 충전물질은 모래, 점토, 녹니석, 실트, 단층점토, 압쇄암, 단층각력암 등이나 벽면을 얇게 피복하는

표 2.11 간극의 표시방법

간극	표시방법	
〈 0.1mm	매우 촘촘함(very tight)	폐쇄형 (closed features)
0.1~0.25mm	촘촘함(tight)	
0.25~0.5mm	부분적 벌어짐(partly open)	
0.5~2.5mm	벌어짐(open)	틈새형 (gapped features)
2.5~10mm	약간 넓음(moderately wide)	
〉 10mm	넓음(wide)	
1~10cm	매우 넓음(very wide)	개방형 (open features)
10~100cm	극히 넓음(extremely wide)	
〉 1m	동굴 같음(carvernous)	

광물의 경우도 있다. 단단한 광맥(방해석, 석영, 황철광 등)으로 충전된 경우를 제외하고는 일반적으로 깨끗한 면의 불연속면보다는 전단강도가 낮다. 충전된 불연속면의 거동은 보통 충전물질의 광범위한 성질에 의해 좌우된다. 인접한 암석벽면 사이의 수직거리를 간극에 대립하여 충전된 불연속면의 폭으로 표시한다. 충전된 불연속면은 다양한 형태로 출현하기 때문에 물리적 성질에 있어서 특히 전단변형과 투수율에 관련하여 넓은 범위를 나타낸다. 넓은 범위의 물리적 거동은 충전광물의 종류, 입자크기, 과압밀비, 함수량과 투수율, 이전의 전단변위, 거칠기, 충전물의 폭, 암석벽면의 균열 및 파쇄 등의 요소들에 의해 좌우된다.

측정장치는 mm눈금의 단위를 갖는 3m 이상의 자, 2m 이상의 접는 직선자, 충전물을 채취하여 담을 플라스틱 백, 지질망치 그리고 강한 포켓용 칼이 필요하다. 경우에 따라서는 전단강도 시험을 위해 교란되지 않은 시료가 필요할 때도 있다.

측정요소들과 측정방법은 다음과 같다.

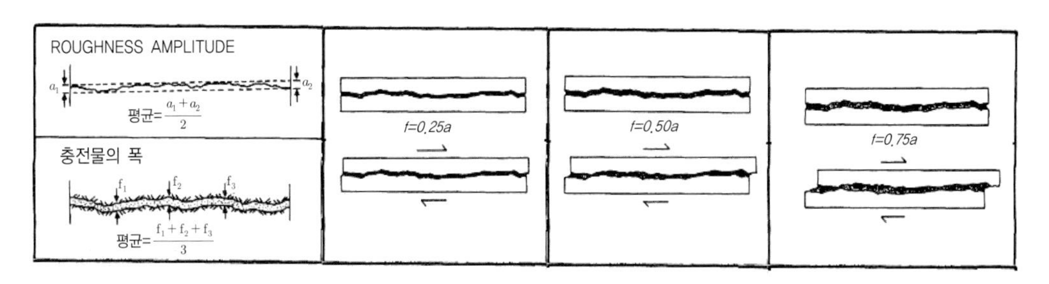

그림 2.51 충전된 불연속면의 예

- 폭 : 간단한 충전 불연속면들의 가장 공통된(평균)폭의 추정치과 최대와 최소 폭은 10% 오차 범위에서 측정되어야 한다. 최대와 최소 폭에서의 큰 차이는 암석 벽이 본래 변형이나 풍화가 없었다면 전단변위가 일어났던 것임을 나타낼 수 있다. 충전물이 얇은 경우 직선자를 이용하여 벽면 거칠기의 평균진폭을 측정하는 것이 바람직하고 이것을 그림 2.50과 같이 충전물의 평균 폭과 비교한다.
- 풍화 정도 : 불연속면을 따라 차별적인 풍화의 결과로써 일어난 충전된 불연속면이 분해된 암석이나 파쇄된 암석으로 구성될 수 있다.
- 광물 : 불연속면에 있어 가장 미세한 충전물이 일반적으로 장기간의 전단변형에 영향을 주기 때문에 특히 활동성의 점토나 팽창성의 점토가 의심스러운 곳에서는 미세한 충전물질을 구성하는 광물의 구성성분이 결정되어야 한다. 광물이 의심스러운 곳에서 시료를 채취해야 한다.
- 입자크기 : 충전물의 등급에 대한 개략적인 정량적 표시방법은 점토, 실트 모래 그리고 암석입자의 백분율의 추정치에 의해 표시될 수 있다. 입자크기는 다음 표 2.12와 같이 분류할 수 있다.
- 충전물 강도 : 충전물의 강도는 벽면 강도에서 언급된 것과 같이 MIT로 평가될 수 있다(표 2.9 참조). 등급결정을 위한 MIT 시험은 표준 토질역학 penetrometer를 사용하여 보다 정밀한 평가로 대치할 수 있다.
- 이전의 전단 변위 : 이전에 전단 변위가 발생했는지의 여부에 대해 세심하게 조사한다. 이것은 어떤 점토충전의 과압밀비(over-condsolidation ratio, OCR)의 추정치와 함께 기록한다.

표 2.12 입자크기별 분류

정의	크기
호박돌(boulder)	200~600mm
왕자갈(cobble)	60~200mm
큰 자갈(coarse gravel)	20~60mm
중간 자갈(medium gravel)	6~20mm
작은 자갈(fine gravel)	2~6mm
굵은 모래(coarse sand)	0.6~2mm
중간 모래(medium sand)	0.2~0.6mm
가는 모래(fine sand)	0.06~0.2mm
실트, 점토(silt, clay)	〈 0.06mm

• 함수량은 표 2.13과 같이 기록된다.

단층의 경우 매우 투수성이 좋은 단층각력에서부터 근방에 거의 투수성이 없는 점토까지 다양하기 때문에 투수성에 있어서 심한 이방성을 보이며 그리고 제한적으로 단층면을 따라 평행하게 물이 흐를 수도 있다.

표 2.13 함수량에 의한 분류

등급	정의
W1	충전물이 심하게 압밀되어 있고, 건조하며, 매우 낮은 투수율 때문에 심각한 물의 흐름은 가능하지 않음
W2	충전물이 축축하지만 물의 흐름은 없음
W3	충전물이 젖어 있으며 때때로 물이 떨어짐
W4	충전물이 흘러내릴 징조가 있고, 계속해서 물의 흐름이 있음
W5	충전물이 부분적으로 흘러내리고, 흘러내린 흔적을 따라 상당한 물이 유출됨
W6	특히 첫 노출에서 충전물이 완전히 쏟아져 나가고, 매우 수압이 높음

충전물 측정결과의 상세한 표현은 각각의 충전된 불연속면(혹은 그룹)이 사업에 미치는 중요성에 따라 좌우된다. 일반적으로 다음과 같이 표시한다.

• 기하학적 형태 : 폭, 벽면의 거칠기, 야외 스케치
• 충전물의 형태 : 광물종류, 입자크기, 풍화 정도, 팽창가능성
• 충전물의 강도 : Manual Index(S1-S6), 전단강도, 과압밀비, 변위유무
• 물 관련 : 함수량(W1~W6), 투수율, 정량적인 자료

2.6.8 누수

대체적으로 누수는 암반이나 불연속면에서의 물의 흐름이나 가시적인 습기를 말한다. 암반을 통한 물의 흐름은 불연속면을 통하여 이루어지지만(2차 투수율), 어떤 퇴적암의 경우에는 암석 구성물질의 1차 투수율이 공극을 통해 일어나는 전체 투수율에 대해 상당히 중요한 역할을 한다. 투수율은 그 지역의 지하수위 그리고 관련된 방향성의 투수율에 대략 비례한다. 지하수위, 수로, 수압 등은 암반의 유효응력을 감소시킴으로써 암반의 안정성을 감소시킬 수 있다. 누수등급은 불연속면의 충전상태나 암반에 따라 표 2.14~2.16과 같이 표시한다.

표 2.14 충전되지 않은 불연속면의 누수등급

등급	정의
I	불연속면이 빈틈이 없고 건조하며, 불연속면을 따라서 누수의 가능성이 없음
II	불연속면이 건조하고 누수의 흔적이 없음
III	불연속면이 건조하나 누수의 흔적이 있음(녹)
IV	불연속면이 젖어 있으나 현재 물의 흐름은 없음
V	불연속면의 누수가 있고 부분적으로 물이 떨어지고 있으나 계속적인 흐름은 없음
VI	불연속면에서 연속적인 물의 흐름이 있음

표 2.15 충전된 불연속면의 누수등급

등급	정의
I	충전물이 과압밀 되어 있고 건조, 낮은 투수성 때문에 물의 흐름이 불가능해 보임
II	충전물이 젖어 있으나 현재 물의 흐름은 없음
III	충전물이 젖어 있고 부분적으로 물이 떨어짐
IV	충전물이 씻겨 나간 흔적이 있고 계속적으로 물이 떨어짐 (수 ℓ/min)
V	충전물이 부분적으로 씻겨 나갔고 상당한 양의 누수 (수 ℓ/min)
VI	충전물이 완전히 씻겨 나갔고 특히 초기 상당히 높은 수압 (수 ℓ/min, 수압)

표 2.16 암반(예 터널)의 누수등급

등급	정의
I	건조한 벽면과 천반, 누수현상을 볼 수 없음
II	약간의 누수, 불연속적으로 물방울이 떨어짐
III	물의 유입이 있고, 계속적인 물의 흐름이 있는 불연속면이 있음 (채굴길이 10m 그리고 분당 ℓ로 표시)
IV	많은 물의 유입, 강한 물의 흐름이 있는 불연속면이 있음
V	극히 많은 물의 유입, 예외적인 유수의 근원이 있음

2.6.9 불연속면군의 수

암반에 분포하는 불연속면군의 수는 암반의 형태나 역학적인 거동에 상당한 영향을 준다(그림 2.52). 일반적으로 불연속면의 방향이 사면에 있어서 가장 중요하다고 생각될지라도, 불연속면군의 수도 사면의 안정성을 지배하는 중요한 요소가 될 수 있다. 한편 매우 조밀한 간격을 갖는 많은 수의 불연속면군이 분포하는 사면의 파괴형태는 평면형이나 전도형 파괴에서 회전형이나 원형파괴로 변화될 수 있다. 터널의 안정성

문제에 있어서도 3개 이상의 불연속면군은 3개 이하의 불연속면군을 갖는 암반보다 변형을 일으킬 수 있는 상당히 많은 자유도를 가지는 3차원적 블록구조를 구성할 것이다.

불연속면군의 수의 측정방법은 조사할 면적의 크기에 대한 함수일 수 있기 때문에 초기 조사에서 나타나는 모든 불연속면군을 기록하는 것이 매우 중요하다. 각 불연속면군의 인식은 일반적으로 불연속면에 대한 방향측정과 동시에 이루어진다. 불연속면군의 수는 일반적으로 불연속면에 대한 평사투영을 이용하여 극점을 도시함으로써 구할 수 있다. 만약에 방향이 일정하다면 불연속면군의 수를 결정하기 위해 측정할 절리의 수를 줄일 수 있을 것이다. 관심의 대상이 되는 터널이나 사면의 단면 또는 기초의 변형 등에서의 안정성은 지역적으로 나타나는 불연속면군의 수에 의해 좌우될 수 있다.

따라서 상세조사에서는 지역적으로 나타나는 불연속면군의 수를 앞의 조사에 대한 보충자료로서 기록해야 한다. 조사 분석된 불연속면군의 수에 대한 번호 매김은 목적에 따라 이루어진다. 예를 들어 가장 체계적으로 나타나거나 우세한 불연속면군을 No.1으로 할 수 있고 또한 안정성에 미치는 중요도에 따라 번호 매김을 할 수 있다. 불연속면군의 수에 대한 분석의 결과표시는 방향을 표시하는 자료(3차원 블럭도, 절리 로제트 등)와 함께 도식적으로 표현될 수 있다.

지역적으로 나타나는 불연속면의 수는 표 2.17과 같다.

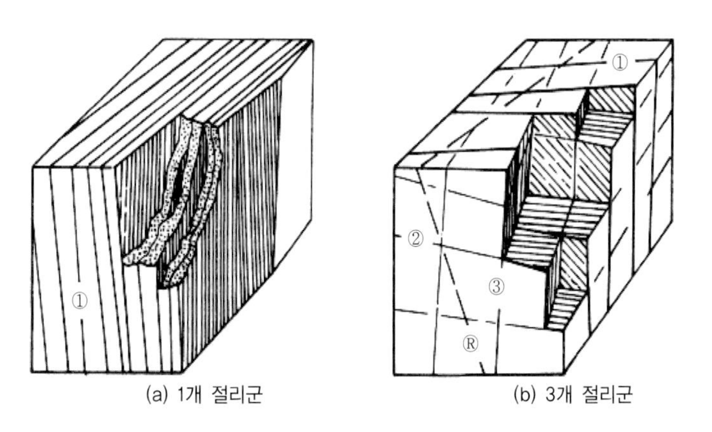

(a) 1개 절리군 (b) 3개 절리군

그림 2.52 암반의 역학적 거동에 대한 절리군의 수의 영향을 나타내는 예

표 2.17 불연속면군의 수를 나타내는 등급표시

등급	정의
I	괴상, 가끔 불규칙한 절리들
II	한 개군의 절리
III	한 개군의 절리 + 불규칙한 절리
IV	두 개군의 절리
V	두 개군의 절리 + 불규칙한 절리
VI	세 개군의 절리
VII	세 개군의 절리 + 불규칙한 절리
VIII	셋 이상의 절리군
IX	파쇄된 암석, 토사 같은 암석

2.6.10 암괴의 크기 및 모양

암괴의 크기는 암반거동의 매우 중요한 척도이며, 암괴의 크기와 모양은 서로 교차되는 불연속면의 상호방향과 각 불연속면군간의 간격, 불연속면군의 수, 불연속면의 연속성에 의해 복합적으로 결정된다. 불연속면군의 수와 방향이 암괴의 모양을 결정하게 된다. 한 그룹에 속하는 불연속면들이 일관되게 평행하는 경우가 드물기 때문에 기하학적으로 규칙적인 형상은 일반적인 경우보다는 예외적인 경우다.

일반적으로 퇴적암에 있는 불연속면이 가장 불규칙한 형태의 암괴를 만드는 경우가 많다. 암괴의 크기와 암괴 간의 전단응력에 의해 조합된 성질들이 어떤 주어진 응력하에서의 암반의 역학적 거동을 결정하게 된다. 대규모의 암괴로 구성된 암반은 변형이 적게 일어나는 경향이 있으며 지하공동이나 터널의 건설에 있어서는 양호한 아치효과나 서로 맞물림(interlocking) 효과를 나타낸다.

사면에 있어서 작은 크기의 암괴는 불연속면이 존재하는 암반과 관련된 평면 및 전도파괴 대신에 토사와 비슷한 파괴형태를 일으킬 가능성이 있다. 채석에서의 발파효과는 자연적으로 분포하는 현지 암괴의 크기에 매우 많은 영향을 받을 수 있다.

암반은 표 2.18과 같이 암괴의 크기나 모양을 나타나는 서술어를 사용하여 표시할 수 있다. 암괴의 크기는 전형적인 암괴의 평균크기(암괴크기지수, I_b)로 표시하거나 암반의 단위 체적당 내에 교차하는 총 불연속면들의 수(체적절리계수, J_v)로 표시할 수 있다.

(1) 암괴크기지수(block size index, I_b)

이 지수의 목적은 전형적인 암괴의 평균크기를 나타내는 것으로서, 육안으로 여러 개의 전형적인 크기의 암괴를 선택하여 평균크기를 측정하여 그 지수를 추정할 수 있다. 이 지수의 범위는 수 mm에서 수 m의 범위를 가질 수 있기 때문에 10% 정도의 측정 오차면 충분하다. 각 측정구역은 평균지수 I_b와 최대 및 최소 범위도 함께 표시해야 하고, 불연속면군의 수도 병행하여 기록해야 한다. 절리군이 3개 이상이면 각 절리군의 평균간격들(S_1, S_2, S_3…)의 평균치는 I_b의 이상치를 제공하지 못한다. 이것은 네 번째 절리군이 만약에 넓은 간격을 가지다면 I_b의 값을 인위적으로 증가시키기 때문이지만 실제 야외에서 조사된 암괴의 크기에 별 영향을 미치지 못한다.

퇴적암에서 층리에 수직이며 서로 직교하는 2개의 절리군이 있는 경우는 정방형이나 프리즘형태의 암괴를 형성하게 된다.

이 경우 $I_b = \dfrac{S_1 + S_2 + S_3}{3}$ 가 된다.

표 2.18 암반의 표시방법

등급	정의
괴상형(massive)	몇 개의 절리가 있거나 간격이 넓은 형태
암괴형(blocky)	거의 같은 크기를 갖는 형태
판형(tabular)	한 면의 크기가 다른 두 면보다 훨씬 적은 형태
주상형(columnar)	한 면의 크기가 다른 두 면보다 훨씬 큰 형태
불규칙형(irregular)	암괴의 크기와 모양이 다양한 형태
파쇄형(crushed)	심하게 절리가 존재하여 각설탕 형태

(2) 체적절리계수(volumetric joint count, J_v)

체적절리계수는 각 절리군에 대해 단위 길이 m당 나타나는 절리수의 총합으로 정의된다. 그러나 가끔 나타나는 불규칙한 불연속면들도 포함되지만, 체계적인 절리의 간격이 넓거나 매우 넓지(1~10m) 않다면 일반적으로 J_v의 값에 큰 영향을 미치지 못한다. 이러한 경우는 대략적으로 넓은 간격에 포함시킨다. 관련된 절리군에 수직으로 만나는 기준선을 설정하여 각 절리군에 대한 절리의 수를 센다. 기준선의 길이는 5m나 10m가 적당하며 결과는 m^3당 절리의 수로 표시한다.

체적절리계수 J_v는 평균 간격에 기초를 두지만 최빈값 간격은 아니다. 일반적으로 결과는 비슷하다.

$$J_v \neq \frac{1}{S_1} + \frac{1}{S_2} + \cdot \cdot \cdot + \frac{1}{S_n} \qquad (S_n\text{은 각 절리군의 평균 간격})$$

표 2.19 암괴의 크기의 표현방법

정의	J_v (절리수/m^3)
매우 큰 암괴(very large blocks)	〈 1.0
큰 암괴(large blocks)	1 - 3
중간 크기 암괴(medium-sized blocks)	3 - 10
작은 암괴(small blocks)	10 - 30
매우 작은 암괴(very small blocks)	〉 30

* J_v가 60 이상이면 파쇄된 암석을 나타낸다.

여러 암반분류법에서 널리 사용되는 RQD을 고려하여 RQD와 체적절리계수 J_v 사이는 다음과 같은 대략적인 관계식으로 표시될 수 있다.

$$RQD = 115 - 3.3 J_v \quad (\text{대략적인 값})$$

$$(J_v < 4.5\text{이면 } RQD = 100)$$

이 관계식은 시추가 불가능할 때 RQD의 크기를 추정하기 위해 사용할 수 있다.

2.7 취성파괴이론

단층이나 절리의 경우는 취성파괴와 관련되기 때문에 취성파괴의 의론에 대해 간단하게 살펴보고자 한다. 취성파괴는 감지할 수 있는 영구변형이 진행되지 않은 면을 따라서 일어나는 갑작스런 점착력의 손실을 의미하며, 이것은 암석에서 미시적이거나 거시적인 규모로 일어나며 이것이 지질구조의 단층 또는 대규모의 단층대 또는 전단대와 관련된다.

Coulomb의 파괴조건은 파괴면에 작용하는 전단응력이 물체의 점착력과 저항력을 극복할 만큼 충분하면 전단파괴가 일어난다는 생각에 기초를 두고 있다. 저항력은 전단면에 수직인 응력에 물체의 내부마찰계수를 곱한 것과 같으며, 반면에 점착강도는 전단면에 수직인 응력이 0일 때 그 물체의 고유한 전단강도가 된다. Coulomb의 법칙에서 파괴조건의 관계는 다음과 같은 식으로 표현된다.

$$\tau = c + \sigma_n \tan\phi \tag{2.1}$$

여기서, τ는 전단응력, c는 점착력, σ_n은 수직응력이며, ϕ는 내부마찰각이다.

삼축조건하에서는 위 식은 다음과 같이 쓸 수 있다(그림 2.53).

$$\sigma_n = \frac{(\sigma_1 + \sigma_3)}{2} + \frac{(\sigma_1 - \sigma_3)}{2}\cos 2\theta \tag{2.2}$$

그리고

$$\tau = \frac{(\sigma_1 - \sigma_3)}{2}\sin 2\theta \tag{2.3}$$

여기서 σ_1과 σ_3은 파괴시 압축응력과 봉압을 나타낸다.

또한 Coulomb의 방정식은 θ에 의해 정의되는 임의 평면에서 σ_1의 응력한계조건은 다음 식과 같다.

$$\sigma_1 = \frac{2c + \sigma_3[\sin 2\theta + \tan\phi(1 - \cos 2\theta)]}{\sin 2\theta - \tan\phi(1 + \cos 2\theta)} \tag{2.4}$$

σ_1이 증가함에 따라서 전단응력에 먼저 도달하는 한계평면이 있게 된다. 이 한계평면은 $\sin 2\theta = \cos 2\phi$이고 $\cos 2\theta = -\sin\phi$이다. 따라서 식 (2.4)는 식 (2.5)와 같이 된다.

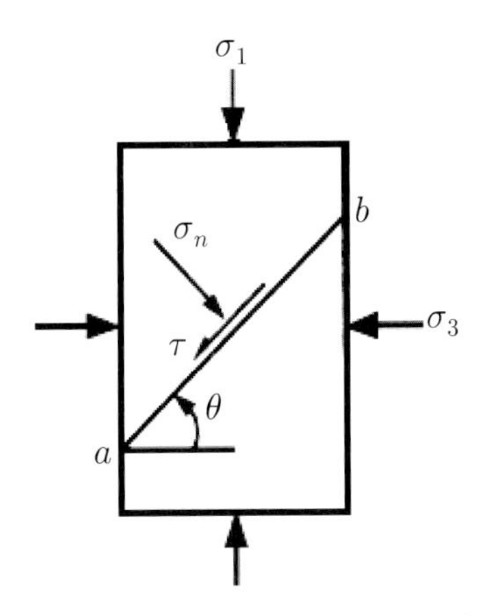

그림 2.53 ab평면에서 일어나는 전단파괴

$$\sigma_1 = \frac{2c\ \cos\phi + \sigma_3(1+\sin\phi)}{1-\sin\phi} \tag{2.5}$$

Coulomb의 가설에서, 인장응력의 값 σ_t는 다음 식 (2.6)으로부터 얻을 수 있다.

$$\sigma_t = \frac{2c\ \cos\phi}{1+\sin\phi} \tag{2.6}$$

일반적으로 인장강도의 측정값은 식 (2.6)에 의해 추정되는 값보다는 작다.

Coulomb의 개념은 Mohr(1882)에 의해 수정되었다. Mohr의 가설은 암석이 압축응력을 받을 때 전단응력이 가능한 한 크고, 반면에 수직응력이 최대한 작은 두 개의 등가면에 평행하게 전단파괴가 일어난다고 가정하였다. 전단응력 τ가 수직응력 σ에 의하여 결정되는 어느 일정한 값에 도달할 때나 또는 최대 인장응력이 물체의 인장강도에 도달했을 때 파괴가 일어난다고 했다. 파괴가 일어날 때의 전단응력과 수직응력의 관계를 $\pm\tau = f(\sigma)$로 표시하면, 이것은 파괴가 일어날 때의 Mohr 응력원의 파괴포락선이 된다.

Griffith(1920)는 대부분의 취성재료에서 미세한 균열이나 결함 때문에 측정된 인장강도는 분자들의 점착력으로부터 추정되는 값보다 훨씬 작다고 주장하였다. 비록 물체 전체에서 일어나는 평균응력이 상대적으로 낮음에도 불구하고, 결함 부근에서 전개되는 국부적인 응력은 이론강도와 비슷한 값을 갖는다고 가정되었다. 인장응력하에서 결함 주위의 응력확대는 곡률반경이 가장 작은 곳 즉 끝 첨단부에 집중된다고 하였다(그림 2.54). 결함의 끝 부분에서의 응력집중은 균열의 확대를 발생시키며, 시간 경과에 따라서 더 큰 균열로 발전하게 되어 궁극적으로는 거시적인 파괴에 이르게 된다.

타원형의 균열을 포함하는 얇은 판에 축방향으로 인장응력이 작용할 때, 타원형의 균열 정점부에서 최대응력 $\sigma_{\max}$는 정점부의 곡률반경 ρ와 균열의 길이 2σ에 좌우된다.

이 최대응력은 다음 식 (2.7)에 의해 결정된다.

$$\sigma_{\max} = 2\sigma_o\sqrt{\frac{c}{\rho}} \tag{2.7}$$

여기서, σ_o는 판에 작용하는 평균응력을 나타내며, 타원형 정점부의 곡률반경은 분자 사이의 간격 정도가 된다.

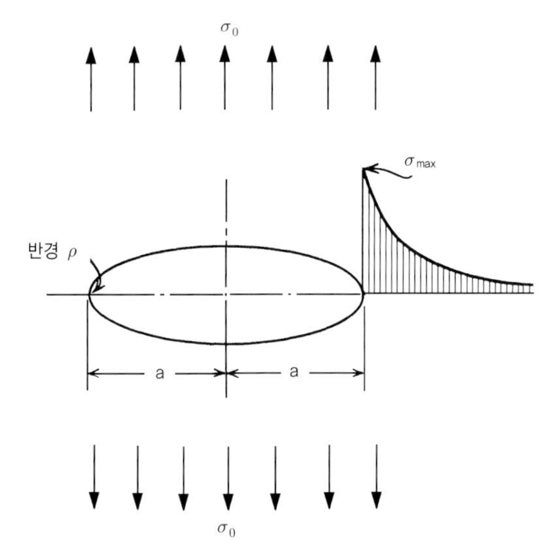

그림 2.54 타원형 형태의 균열 끝 부분에서의 응력분포

Griffith는 구멍이 있을 때와 없을 때의 에너지 차이를 계산한 결과는 다음과 같다. 균열의 형성에 의한 에너지 총감소량을 W, 변형에너지의 개방분을 W_e, 표면에너지의 증가분을 W_s라 하면 식 (2.8)과 같이 표시할 수 있다.

$$W = W_e - W_s \tag{2.8}$$

그림 2.54와 같이 Griffith의 균열길이를 2σ라고 하면, 판의 두께당 변형 에너지 W_e는

$$W_e = \frac{\pi c^2 {\sigma_o}^2}{E} \tag{2.9}$$

여기서, E는 영률이다.

단위 면적당 표면력을 T라고 하면, 균열의 형성으로 생긴 판의 단위 두께당 표면에너지 W_s와 총에너지는 식 (2.10)과 같다.

$$W_s = 4cT \tag{2.10}$$

$$W = W_e - W_s = \frac{\pi c^2 {\sigma_o}^2}{E} - 4cT \tag{2.11}$$

$\partial W/\partial c < 0$ 일 때 균열이 생기고, $\partial W/\partial c = 0$ 일 때 한계평형점이 된다. 이로부터 인장강도 σ_t는 다음 식(2.12)와 같다.

$$\sigma_0 = \sqrt{\frac{2ET}{\pi a}} = \sigma_t \tag{2.12}$$

이 개념에서는 강도는 균열길이의 제곱근에 반비례하며, 물체에서 가장 긴 균열이 그 강도를 결정하게 된다.

Griffith(1924)는 그의 이론을 압축응력이 작용하는 경우로 확장시켰고, 압축 하에서 균열이 닫히게 되므로 균열에서 마찰의 영향을 무시하고, 최대응력의 전파점으로부터 타원형의 균열이 전파된다고 가정하여, Griffith는 평면압축에서 균열확장에 대한 다음의 조건들을 유도했다(그림 2.55).

(1) $\sigma_1 > \sigma_3$ 과 $3\sigma_1 + \sigma_3 < 0$ 일 때

$$-8\sigma_t(\sigma_1 + \sigma_3) = (\sigma_1 - \sigma_3)^2 \tag{2.13}$$

$$\cos 2\theta = -\frac{1}{2}\frac{\sigma_1 - \sigma_3}{\sigma_1 + \sigma_3}$$

(2) $\sigma_1 > \sigma_3$ 과 $3\sigma_1 + \sigma_3 > 0$ 일 때

$$\sigma_t = \sigma_1 \tag{2.14}$$

$$\theta = 0$$

상기 (1)의 조건은 그림 2.55와 같이 균열의 방향이 주응력에 대해 θ만큼 경사져 있을 때 균열의 첨단부에서 최대 압축응력이 발생하는 경우를 나타낸다. 일축압축의 경우를 고려하면 $\sigma_1 = \sigma_c$, $\sigma_3 = 0$ 이므로 식(2.13)에서

$$\sigma_c = 8\sigma_t \tag{2.15}$$

가 된다.

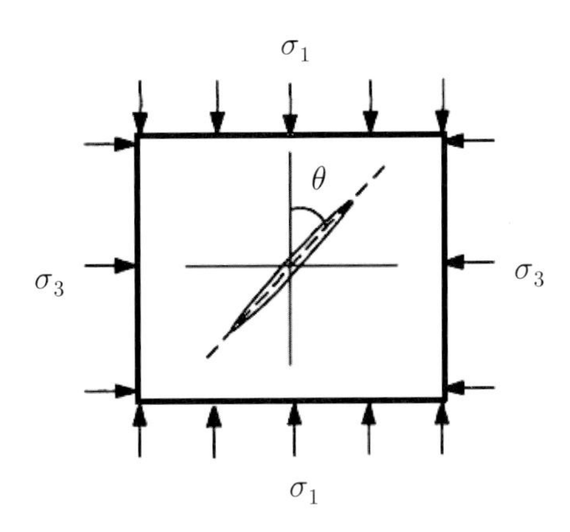

그림 2.55 주응력 방향에 대해 경사지고 있는 균열

이 이론은 균열확장에서 일축 압축강도가 일축 인장강도의 8배임을 나타내고 있으나 실제의 경우 암석의 압축강도는 인장강도의 10~20배 정도로 잘 맞지 않는 부분이다.

Murrell(1963)은 원래의 Griffith이론을 확장시켜서 Griffith 파괴조건이 Mohr의 포락선설과 일치한다는 것을 보였다.

$$\tau_\theta{}^2 + 4\sigma_t\sigma_n = 4\sigma_t{}^2 \tag{2.16}$$

여기서, τ_θ는 재료의 전단응력이고, σ_n은 수직응력이다.

이는 Griffith 균열이 파괴 시까지 타원형으로 유지된다고 가정하고 있는데, 암석재료에서는 이런 경우가 적용될 수 없다. 또한 Murrell은 삼축조건 하에서 3차원 균열개시 표면을 제시하였다.

$$\sigma_t = \frac{1}{12}\frac{(\sigma_1 - \sigma_3)^2}{(\sigma_1 + 2\sigma_3)} \tag{2.17}$$

이 경우에 일축압축강도는 일축 인장강도의 12배로, 실험과 이론적 결과 사이에 일치를 보이는 측면도 있지만, Griffith 이론은 암석파괴기구를 완전하게 설명하지는 못한다.

Hoek(1968)는 Griffith 이론과 관련된 이론들은 암석에서 균열개시의 예측에는 적당할지라도, 암석에서의 균열의 전파와 연속적인 파괴에 대해 설명할 수 없다는 것을 증명하였다. Hoek와 Brown(1980)은 경암에서의 지하굴착을 위한 설계에 필요한 해석을 위한 입력자료를 제공하기 위한 시도로 파괴기준을 도입하였다. 파괴기준은 무결암의 성질에서부터 시작되었고 그리고 암반에서 절리의 특성들에 기초하는 물성들을 줄일 수 있는 요소들을 도입하였다. 가용한 암반분류법 중의 하나에 의한 지질적 관찰과 경험적 파괴기준을 연결하기 위해 찾은 것이 Bieniawski에 의해 제안된 RMR이다. 적절한 대체수단의 결핍으로 이 파괴기준은 암석역학 분야에서 곧 수용되었고 강도감쇠관계식을 유도하기 위해 널리 사용되었다. 초기의 어려움 중의 하나가 일어난다. 많은 지반공학적 문제가 식 (2.18)과 같은 본래의 Hoek-Brown 파괴기준의 주응력관계식보다는 전단과 수직응력에 의해 더 쉽게 취급되기 때문에

$$\sigma_1' = \sigma_3' + \sigma_{ci}\left(m\frac{\sigma_3'}{\sigma_{ci}} + s\right)^{0.5} \tag{2.18}$$

여기서

σ_1'과 σ_3' : 파괴 시 최대 및 최소 주응력

σ_{ci} : 무결암의 일축압축강도

m과 s : 암반의 특성에 따른 상수, 여기서 무결암의 경우 $s=1$이다. 여러 실제 상황에서 전통적인 Mohr-Coulomb 파괴조건의 마찰각, 점착력과 근사하다.

m은 암석의 성질과 응력을 가하기 전의 시험편의 파손상태에 좌우되는 상수로, 심하게 교란된 암반의 경우 0.001로부터 신선한 경암의 경우 25까지 변화한다. s도 마찬가지로 암석의 성질과 시험편의 파손상태에 좌우되는 상수로, 절리암반의 경우 0에서 무결암의 경우 1까지의 범위를 갖는다. 큰 m의 값(즉, 15 또는 25)은 Mohr 포락선을 매우 크게 경사지게 만들며, 낮은 유효 수직응력 수준에서 동시에 큰 마찰각을 나타내며 취성의 화강암과 변성암과 관련이 있다. 7보다 작은 값은 낮은 마찰각과 관련이 있으며, 탄산염 암석과 관련이 있는 경향이 있다.

시험 암석편의 일축압축강도는 식 (2.18)에서 $\sigma_3' = 0$을 대입하면 다음과 같이 얻어진다.

$$\sigma_{cs} = \sqrt{s}\,\sigma_{ci} \tag{2.19}$$

무결암의 경우에는 $\sigma_{cs} = \sigma_c$ 그리고 $s=1$이다. 무결암이 아닌 경우는 응력이 가해지기 전에 이미 시험편에 결함이 있거나 부분적으로 파손되었을 경우로 $s<1$이 된다.

표 2.20 풍화상태에 따른 Hoek와 Brown(1983)의 파괴조건

경험적 파괴기준식 $\frac{\sigma_1}{\sigma_c}=\frac{\sigma_3}{\sigma_c}+\sqrt{m\frac{\sigma_3}{\sigma_c}+s}$ σ_1 : 최대 유효 주응력 σ_3 : 최소 유효 주응력 σ_c : 일축 압축강도 m, s : 경험적 상수		결정벽개가 잘 발달된 탄산염암 (돌로마이트 석회암, 대리암)	점토질 암석 (이암, 미사암, 셰일, 점판암)	결정성 벽개가 거의 없고 강한 결정의 사질 암석 (사암, 규암)	세립의 결정질 화강암 (안산암, 현무암, 휘록암, 유문암)	조립의 결정질 화강암 및 변성암 (각섬석, 반려암, 화강암, 놀라이트, 석영섬록암)
신선암 시료 불연속면이 없는 실내시험용 시편 RMR = 100, Q = 500	m s	7 1	10 1	15 1	17 1	25 1
매우 양호한 암반 1~3m 간격의 풍화되지 않은 절리를 가진 교란되지 않은 암반 RMR = 85, Q = 100	m s	3.5 0.1	5 0.1	7.5 0.1	8.5 0.1	12.5 0.1
양호한 암반 1~3m 간격의 약간 교란된 절리를 가진 신선 또는 약간 풍화된 암반 RMR = 65, Q = 10	m s	0.7 0.004	1 0.004	1.5 0.004	1.7 0.004	2.5 0.004
보통 암반 0.3~1m 간격의 다소 풍화된 절리가 여러 군이 존재하는 암반 RMR = 44, Q = 1	m s	0.14 0.0001	0.20 0.0001	0.30 0.0001	0.34 0.0001	0.50 0.0001
불량한 암반 약간의 충전물, 30~500mm 간격을 갖는 다수의 풍화된 절리를 가지는 암반 RMR = 23, Q = 0.1	m s	0.04 0.00001	0.05 0.00001	0.08 0.00001	0.09 0.00001	0.13 0.00001
매우 불량한 암반 충전물, 50mm 이하의 간격으로 심하게 풍화된 다수의 절리를 갖는 암반 RMR = 3, Q = 0.01	m s	0.007 0	0.001 0	0.015 0	0.017 0	0.025 0

인장강도의 경우는 식 (2.18)에 $\sigma_1 = 0$을 대입하고, $\sigma_3 = (\sigma_t)$에 대해 정리하면 다음과 같다.

$$\sigma_t = \frac{1}{2}\sigma_{ci}(m - \sqrt{m^2 + 4s}) \tag{2.20}$$

Hoek(1983)는 삼축조건하에서 일반적으로 주응력비(σ_1 / σ_3)가 3과 5 사이에서 취성에서 연성 거동으로 전이가 일어나며, 대충 봉압은 취성으로 간주할 수 있는 암석의 일축압축강도를 초과하지 않는다고 제안하였다. 하지만 매우 낮은 m의 값을 갖는 암석에 대한

주응력비는 취성-연성의 전이점을 넘어설 수 있다.

또한 Hoek는 1992년 식(2.18)의 제곱근 대신에 변수 a를 적용함으로써 주응력의 도표나 Mohr 응력원이 결정될 수 있는 일반화된 Hoek와 Brown의 파괴기준의 개념을 도입하였다.

$$\sigma_1{}' = \sigma_3{}' + \sigma_c\left(m_b\frac{\sigma_3{}'}{\sigma_c} + s\right)^a \tag{2.21}$$

여기서

$\sigma_1{}'$과 $\sigma_3{}'$: 파괴시 최대 및 최소 주응력

σ_{ci} : 무결암의 일축압축강도

a와 s : 암반의 특성에 따른 상수

m_b : 암반에 대한 상수 m값

전단이나 풍화에 의해서 견고한 맞물림들이 부분적으로 파괴된 불량한 암질의 암반은 인장강도나 점착강도가 없고, 시험편은 구속을 해야만 형태가 유지된다. 그러한 암반의 경우에는 수정된 파괴기준을 사용하는 것이 보다 적절하며, 이는 식 (2.21)에서 $s=0$으로 하여 다음과 같은 식을 얻을 수 있다.

$$\sigma_1{}' = \sigma_3{}' + \sigma_c\left(m_b\frac{\sigma_3{}'}{\sigma_c}\right)^a \tag{2.22}$$

토목공사나 광산에서 작업이 이루어지는 지표나 지하에서의 굴착규모에 상응하는 체적의 암반에 대해 삼축시험이나 전단시험을 수행하는 것은 실질적으로 불가능하다. 따라서 축소모델시험을 통하여 이러한 문제점을 극복하려는 수많은 시도가 있었고, 축소모델은 암석 혹은 조심스럽게 선택된 모델재료를 사용한 블록이나 조각들을 이용하여 제작된다. 이러한 모델시험으로부터 수많은 정보를 얻을 수 있었지만, 일반적으로는 모델을 제작하는 과정에 수반되는 가정과 단순화에 따른 한계성이 따른다. 결과적으로 직접시험이나 모델 연구에 근거하는 절리암반의 강도를 예측할 수 있는 능력은 매우 제한적이다.

재료상수 m_b, s, a 값을 추정할 수 있는 방법이 없다면 식 (2.21)과 (2.22)는 무용지물이 된다. 완전건조 상태이고 매우 유리한 절리방향을 나타내는 암반에 대해 Hoek와 Brown

(1988)은 Bieniawski(1976)의 RMR 지수를 이용하여 이러한 상수들을 추정하는 방법을 제안하였는데 이 방법은 RMR 값이 25 이상인 암반에는 사용할 수 있고, RMR 값 18이 적용할 수 있는 최소의 값으로 매우 불량한 암반에 대해서는 사용할 수 없다. 이러한 한계성을 극복하기 위해 *GSI*(Geological Strength Index)라는 새로운 지수를 도입하였다. *GSI* 값은 지극히 불량한 암반의 경우에는 대략 10의 값을 가지며, 무결암의 경우에 해당하는 대략 100까지 범위의 값를 가진다. $\frac{m_b}{m_i}, s, a$와 *GSI* 값 사이의 관계는 다음과 같다.

(1) *GSI* > 25

$$\frac{m_b}{m_i} = \exp\left(\frac{GSI - 100}{28}\right) \tag{2.23}$$

$$s = \exp\left(\frac{GSI - 100}{9}\right) \tag{2.24}$$

$$a = 0.5 \tag{2.25}$$

(2) *GSI* < 25

$$s = 0 \tag{2.26}$$

$$a = 0.65 - \frac{GSI}{200} \tag{2.27}$$

Hoek 외(2002)는 사면의 안정과 기초문제에서의 응력이완과 발파에 기인하는 강도감소를 고려하기 위해 암반의 손상기준을 도입하였다. 식 (2.21)에서 m_b는 재료상수 m_i의 축소된 값으로 다음 식 (2.28)과 같이 표시된다.

$$m_b = m_i \exp\left(\frac{GSI - 100}{28 - 14D}\right) \tag{2.28}$$

s와 a는 암반의 상수로 다음 식들과 같이 표시된다.

$$s = \exp\left(\frac{GSI-100}{9-3D}\right) \tag{2.29}$$

$$a = \frac{1}{2} + \frac{1}{6}\left(e^{-GIS/15} - e^{-20/3}\right) \tag{2.30}$$

여기서 D는 암반이 발파나 응력이완에 의해 야기되는 교란의 정도를 나타내는 요소이다. 이 값은 현지암반에서 교란되지 않은 암반이 0의 값에서부터 매우 교란된 암반인 1의 값까지의 범위를 갖는다. D 값의 선택을 위한 지침은 표 2.21과 같다.

일축압축강도는 식 (2.21)에서 $\sigma_3{}' = 0$를 대입하면 다음과 같이 얻어진다.

$$\sigma_c = \sigma_{ci}\, s^a \tag{2.31}$$

그리고 인장강도의 경우는 식 (2.21)에서 $\sigma_1{}' = \sigma_3{}' = \sigma_t$ 를 대입하여 구할 수 있다.

$$\sigma_t = -\frac{s\,\sigma_{ci}}{m_b} \tag{2.32}$$

s와 a를 구하기 위해 기존에 GSI=25의 값을 기준으로 구하던 것을 식 (2.29)와 (2.30)과 같이 이러한 기준을 없애고, 전 범위의 GSI 값에 대해 적용할 수 있게 하였다. 이 식에 의해 의한 구한 s와 a의 값은 이전의 식에서 구한 값과 거의 비슷하기 때문에 이전의 식에 의한 수정작업은 필요 없다.

기존의 식에서 계산되었던 암반의 변형계수는 발파와 암반의 이완의 영향을 고려한 요소 D를 도입하여 다음과 같이 수정하였다.

(1) $\sigma_{ci} \leq 100MPa$ 인 경우

$$E_m(GPa) = \left(1-\frac{D}{2}\right)\sqrt{\frac{\sigma_{ci}}{100}}\;10^{((GSI-10)/40)} \tag{2.33 a}$$

(2) $\sigma_{ci} > 100MPa$ 인 경우

$$E_m(GPa) = \left(1-\frac{D}{2}\right)10^{((GSI-10)/40)} \tag{2.33 b}$$

표 2.21 교란요소 D를 추정하기 위한 지침(Hoek 외, 2002)

암반의 상태	암반의 형태	D값
	양호한 조절발파나 TBM에 의한 터널굴착은 터널주변을 둘러싸고 있는 암반의 교란을 최소화 한다.	D=0
	불량한 암반에서의 기계나 수작업에 의한 굴착(발파 사용하지 않음)은 터널주변을 둘러싸고 있는 암반의 교란을 최소화 한다. 압착성문제로 심각한 바닥융기가 있는 곳은 그림과 같은 임시적인 인버터가 설치되지 않는다면 교란이 심각할 수 있다.	D=0 D=0.5 : 인버터 없음
	경암의 터널에서 매우 불량한 발파는 주변암반의 2에서 3m 범위까지 심각한 국부적인 손상을 야기시킨다.	D=0.8
	토목공사의 사면에서 특히 사진의 왼쪽부분과 같이 조절발파가 사용된다면 작은 소규모의 발파는 암반 손상을 적게 일으킨다. 그러나 응력의 이완은 약간의 교란을 일으킨다.	D=0.7 : 양호한 발파 D=1.0 : 불량한 발파
	대규모의 노천광산의 사면은 대량생산을 위한 발파와 또한 상부피복층의 제거로 응력이완에 의한 교란을 심하게 받고 있다. 리핑이나 도저에 의한 수행될 수 있는 연약암반의 굴착에 있어서 사면에서의 손상의 정도는 적게 된다.	D=1.0 : 생산발파 D=0.7 : 기계굴착

Petrology and Geological Structure in Korea

Part. 03

한반도의 지질구조

3.1 옥천습곡대

3.2 추가령단층대

3.3 호남전단대

3.4 양산단층대

3.5 지질연대 및 층서

Part. 03 한반도의 지질구조

한반도는 지구상의 지체구조구에서 유라시아판의 동측연변부에 위치하며(그림 3.1 및 그림 3.2) 오랜 지질시대를 거치면서 수차례의 조산운동과 그와 연관된 화성활동 및 변성활동에 등이 작용하여 현재의 지질구조를 형성하였다. 이에 따라 한반도 내에서는 그림 3.3과 같이 특성을 달리하는 광역지질구조구를 형성하는데 본 장에서는 이들 지질구조구에서 중요한 부분에 대해 기술하였다.

3.1 옥천습곡대

한반도의 중부지역에는 지질시대가 오래된 선캠브리아기의 편마암류 및 편암류와 고생

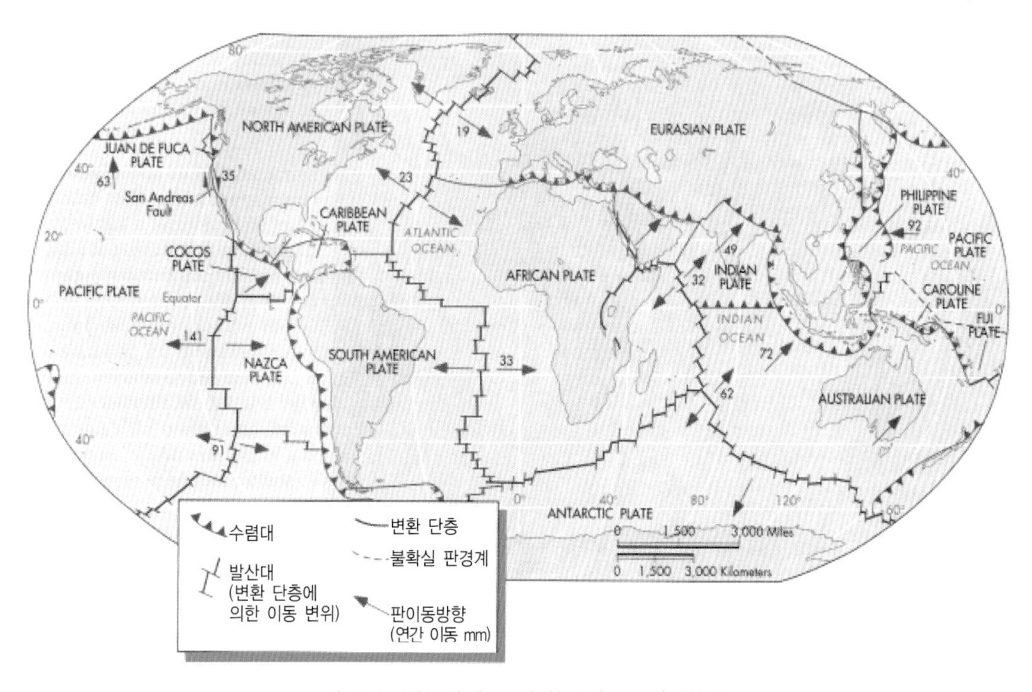

그림 3.1 지구상에 존재하는 판구조의 분포도

대 지층들은 3~4차례의 습곡작용 및 스러스트 작용과 같은 연성변형작용과 그 후 단층 및 절리를 발달시킨 취성변형작용을 받아 매우 복잡한 지질구조를 가지는 것이 특징이다. 따라서 이들 지역에는 다양한 형태의 습곡 및 스러스트들이 발달하고 있다. 그림 3.4는 충청북도 충주에서 경상북도 점촌(문경)을 잇는 옥천계 분포지역의 지질단면도이며, 옥천계는 습곡과 스러스트가 반복하며 지층이 매우 변형되어 있음을 보여주고 있다. 옥천계 역시 3회 이상의 습곡작용을 받았음이 알려져 있다(이병주와 박봉순,1983, Cluzel, D. etc.,1990).

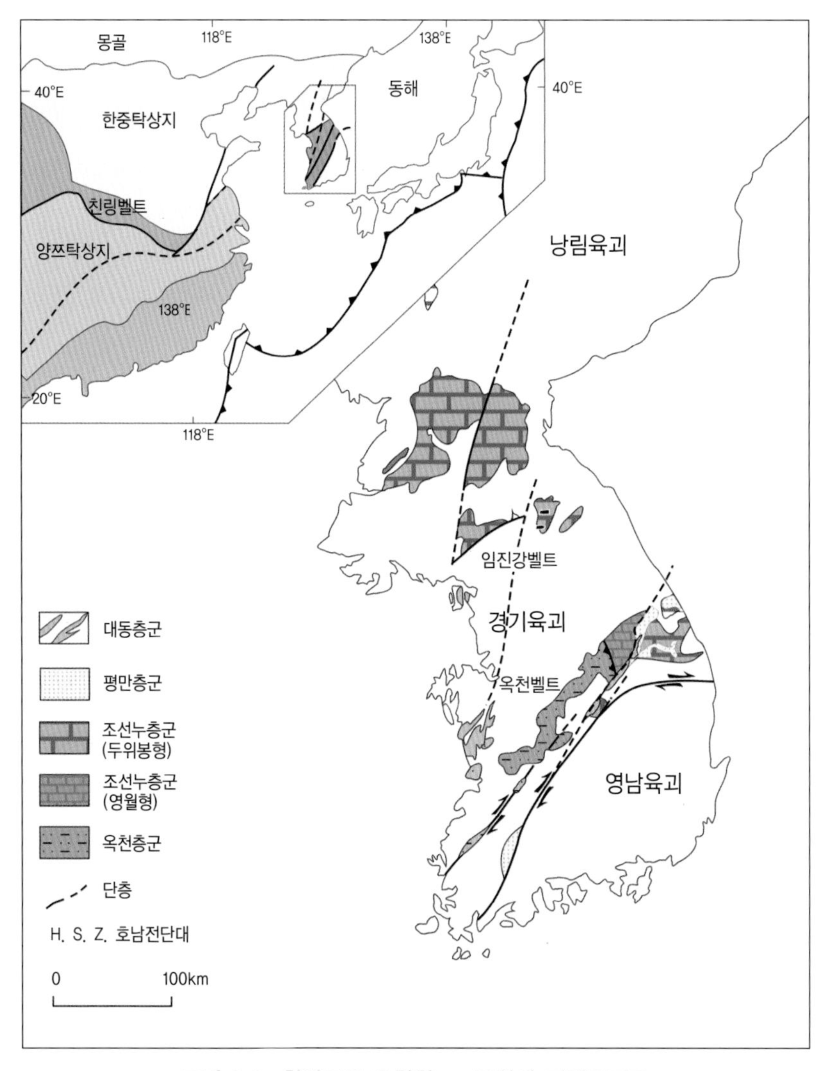

그림 3.2 한반도를 포함한 그 주위의 지체구조도

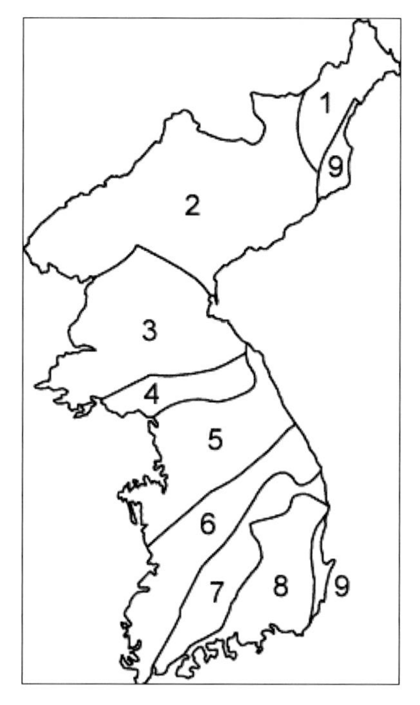

그림 3.3 한반도를 구성하는 광역지질구조구
(1. 함북습곡대, 2. 낭림육괴, 3. 평남분지, 4. 임진강습곡대, 5. 경기육괴, 6. 옥천습곡대,
7. 영남육괴, 8. 경상분지, 9. 제3기 길주-명천, 포항-울산 분지)

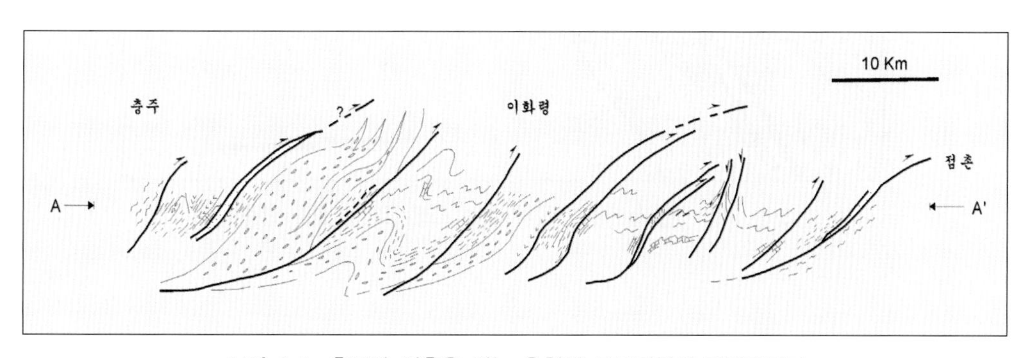

그림 3.4 충주와 점촌을 잇는 옥천계 분포지역의 지질단면도

한반도의 소위 옥천대 남동부 경계를 따라 큰 구조선이 발달하는데 이 구조선의 북동쪽은 강원도 평창-영월-단양을 거쳐 문경까지 이르며 이 방향을 따라 문경 남서쪽으로도 이어진다. 이 구조선 중에서 평창-영월-단양 쪽은 각동단층이라 명명되었으며 문경 부근에서는 문경대단층이라 명명되어 있다(그림 3.5). 이들 단층은 모두 서 내지 서북서에서

동쪽으로 작용한 횡압력에 의해 형성된 역단층들이다.

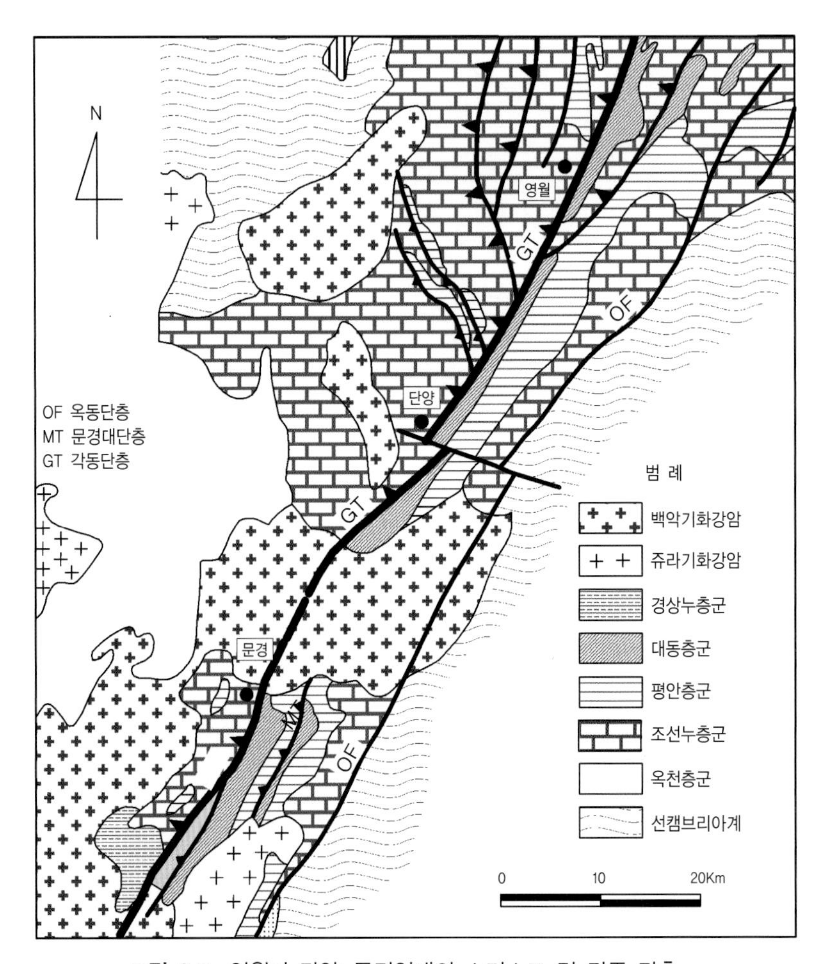

그림 3.5 영월과 단양-문경일대의 스러스트 및 각종 단층

3.2 추가령단층대

경기도 일원에는 북북동 방향의 소위 추가령단층대가 통과한다. 추가령 단층은 뚜렷하고 길게 연장된 선상구조로써, 적어도 삼첩기 이래 여러 번에 걸쳐서 활동하여 왔으며, 제4기에는 다량의 화산암 분출의 출구 역할을 하고 있다. 또한 충돌로 인해 발생한 남북응력으로 추가령 단층이 좌수향으로 재활성되면서 화산암류들이 분출된 것이며, 고기 현무

암류들이 역자극기에 분출한 것이 아니라 포획암으로 확인되었거나 지층의 경동으로 해석되어야 한다는 것이 지적되었다.

이로부터 추가령 구조선의 확장과 관련된 어떠한 증거도 찾을 수 없었다. 추가령 단층선을 따라 연천-철원일원에서 일부 함몰되면서 백악기 분지가 형성되었음은 분명 인지되지만, 그렇다고 이 단층대 전체를 지구대로 간주할 수는 없다. 한편, 추가령 단층선 등을 따라서 분포하는 백악기의 소분지의 퇴적물 내에 화산암편이 다량 발견되는데 비하여, 대동누층군이 퇴적된 분지들에는 그다지 나타나지 않는 것은 지질학계가 풀어야 할 앞으로의 숙제이다. 어쩌면, 전자의 분지는 천부에서 취성전단작용(brittle shearing)이 일어났던 것에 비하여 후자의 분지는 지각 깊숙이 일어난 연성전단작용(ductile shearing)에 기인하였기 때문일 수도 있지만, 이를 단정 지을 만한 근거 자료는 없다.

3.3 호남전단대

호남전단대는 그림 3.6에서와 같이 한반도 서남부에 위치하며, 이 전단대는 비교적 지각의 심처에서 높은 온도와 높은 정수압 그리고 느린 변형속도의 조건을 가진 지각에서 변형이 국지적으로 일어난 좁고 긴 지대를 말한다.

1970년대에 들어오면서 구조지질학 연구의 주류 혹은 유행이 연성전단대에 집중되던 시절 한반도 옥천구조대 내외에 연성전단대가 발달됨이 알려지기 시작된 것은 1982년 한국동력 자원연구소에서 1/5만 지질도 오수, 남원도폭의 지질조사가 실시되면서부터이다. 그러니까 제일 먼저 발견된 전단대가 오수, 남원도폭의 연성전단대이다.

이들 연성전단대들의 분포가 자세히 알려지지 않던 무렵 대부분의 변형되지 않은 암석들도 포함하여 광역적이고 막연한 의미의 즉 연장과 폭이 명확하지 않은 다수의 전단대를 묶어 호남전단대라 정의하였다(Yanai, et al., 1995). 그 후 호남전단대에서 각각의 전단대에 대해 전주전단대, 광주전단대, 순창전단대, 예천전단대 등에 대한 정의를 대한지질학회 구조지질학 분과위원회에서 정의한 바 있다.

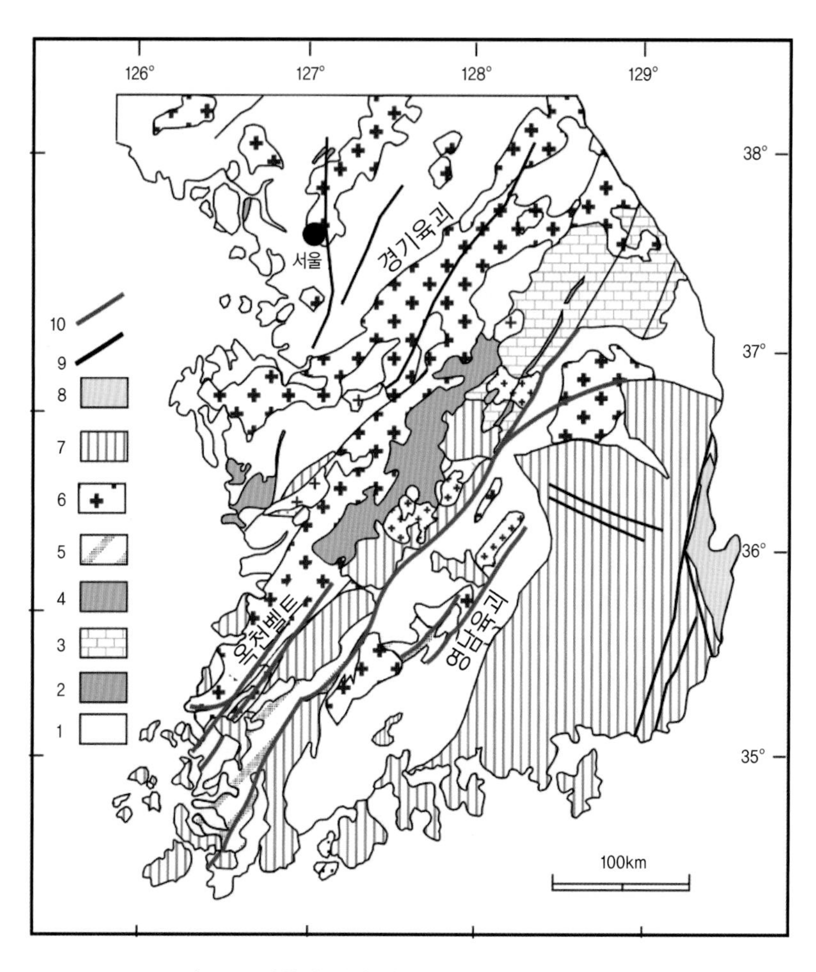

그림 3.6 남한의 개략 지질도 및 연성전단대 분포도

(1. 선캠브리아시대 변성암류, 2. 옥천층군, 3. 고생대 퇴적층(조선누층군 및 평안누층군), 4. 쥬라기 대동층군, 5. 중생대 엽리상화강암, 6. 쥬라기 화강암, 7. 백악 퇴적암 및 화산암(경상누층군), 8. 제3기 퇴적암 및 화산암, 9. 단층, 10. 연성전단대)

3.4 양산단층대

한반도 동남부에는 그림 3.7에서와 같이 북북동 방향의 평행한 몇 개의 단층과 북북서 방향의 울산단층이 발달하고 있다.

양산단층은 낙동강 하구에서 북북동 방향으로 진행하여 경북 울진군 기성면까지 단속적으로 연장되어 한반도 동남부에 발달하는 북북동 방향의 몇 조의 평행한 단층들 중에서 단층의 폭이나 연장성이 가장 좋은 것이 양산단층이다(그림 3.7). 이 단층의 연장길이가 크다는 견해와 부산에서 북으로 가면서 영덕 부근에서 폭의 감소와 함께 점차 소멸된다는 견해가 있다(채병곤과 장태우, 1994). 그러나 이 단층은 부산의 낙동강 하구언에서부터 북북동 방향으로 양산 언양, 경주, 영덕읍 부근을 지나 영해읍과 영덕군 병곡면 병곡리를 지나면서 바다로 연장되다가 다시 후포면 소재지에서 거의 북쪽방향으로 연장되어 울진군 기성면 사동리 하사동에서 바다로 연장되고 있다. 이 단층을 따라 지형적으로도 역시 뚜렷한 선상구조를 발달시키나 하나의 일직선이 아닌 약간씩 방향이 다른 선들이 이어지면서 부산에서 기성면까지 연장된다.

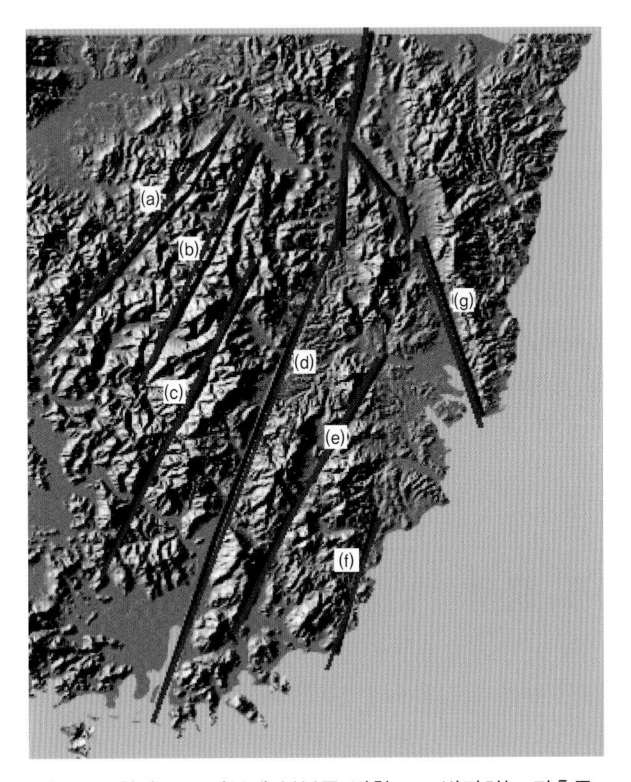

그림 3.7 한반도 동남부에 북북동 방향으로 발달하는 단층들
{(a) : 자인단층, (b) : 밀양단층, (c) : 모량단층, (d) : 양산단층, (e) : 동래단층, (f) : 일광단층, (g) : 울산단층}

양산단층은 하나의 단층선이 계속 연장 분포하는 것이 아니라 몇 개의 평행한 단층이 간격을 두며 발달하는 단층대이다. 이로 말미암아 양산단층의 폭은 전 구간에 걸쳐서 볼

때 매우 불규칙하다. 대체로 본 단층의 폭은 경주시에서 남쪽이 폭이 넓으며 그 이북은 폭이 좁아지는 현상이 있다. 장천중과 장태우(1997)는 경주 남쪽에서는 양산단층의 폭이 1km 미만에서 6~7km의 폭을 가지며 약 30km의 주기를 가지며 단층 폭이 증가하고 감소하는 규칙성을 제시하였다.

양산단층의 변위를 고찰하기에 앞서 이 단층의 운동사에 대한 여러 학자들의 발표 자료를 요약하면 다음과 같다. 지금까지 양산단층의 운동에 대해서는 주향이동과 경사이동 등 몇 가지 의견이 있어왔지만 우수향 주향이동이라는 견해가 주류를 이루고 있다. 그러나 대단층은 전체단층이 한 번의 운동으로 동시에 발달하는 것이 아니라 공간적 및 시기적으로 서로 달리하면서 점차 성장하게 된다. 즉, 양산단층도 한 번의 운동에 의해 일시적으로 단층이 형성되었다기보다는 적어도 6번 이상의 운동을 한 다중변형의 산물로 해석된다.

이와 같은 견해는 청하지역의 연구(채병곤과 장태우, 1994)에서도 잘 보여주고 있으며, 지금까지 양산단층의 우수향 주향이동이라는 의견에 반하여 절리연구에 의한 NNW-SSE 및 NE-SW 압축응력장, 자기비등방성구조에 의한 NW-SE 압축과 미세균열에 의한 NW/WNW, NNE/NS 및 NE/ENE 압축응력장 등 다양한 응력해석의 연구결과가 이를 뒷받침하고 있다. 이와 같이 양산단층은 몇 차례에 걸쳐 작용한 중복변형의 결과임이 여러 학자들에 의해 주장되고 있다. 이 단층의 이동거리에 대한 자료는 단층의 동측 지괴와 서측 지괴의 암상을 대비하여 복원한 결과 우수향의 운동감각을 가지며 약 35km의 변위가 있음이 알려진 바 있다.

3.5 지질연대 및 층서

지금까지 지구과학자들은 약 45억 년 전에 지구가 생성되었다고 말하고 있으며 실제로 지질시대에 해당하는 고생대는 이보다 훨씬 이후인 약 5억 5천만 년 전으로 45억 년에 비하면 아주 최근으로 간주된다. 역사학자들이 어느 나라의 역사를 다룰 때 역사시대와 선사시대를 역사의 기록이 있는지의 여부에 따라 나누듯이 지구의 역사를 논할 때도 역사학자들의 문헌에 해당하는 화석, 즉 생물의 출현과 밀접한 관계가 있다. 알려진 바로는 약 35억 년 전의 지층에서 화석을 발견한 보고 자료는 있으나, 고생대 하부 캠브리아기가 시작하는 약 5억 5천만 년 전 갑자기 지구상에 생물들이 급속하게 번성하기 시작하였다.

이때부터 시작한 지질시대는 중생대가 약 2억 5천만 년 전, 신생대가 약 6천5백만 년 전부터 시작하였다(표 3.1).

지층에 대한 분류를 층서분류라 하는데 현재의 지질학자들이 사용하는 분류 체계는 '국제 층서 지침'에 따른다. 이 지침에 의하면 층서의 분류로는 암석단위층서, 생물층서단위, 연대층서단위로 나눌 수 있다. 우리가 흔히 사용하는 층군(group), 층(formation) 등은 암석단위 층서명이며 통(series), 계(system) 등은 연대층서 단위이다.

이와 같이 지구가 생성되고 고대륙이 형성된 후 긴 지질시대를 거치는 동안 한반도에는 표 3.1에서와 같이 시생대에서부터 현생에 이르기까지 여러 지층이 바다나 강 호수 등에 쌓여 각각의 지층을 형성하였으며 화성활동을 거쳐 현재의 한반도의 지질이 완성되었다.

그림 3.8은 한국지질자원연구원에서 1982년도에 편집 발간한 1 : 100만 축척의 한반도 지질도로 각도별 경계선을 굵은 선으로 그 위에 표시하였다. 지질시대별 한반도의 지질의 특성을 다음 장에서 기술한다.

표 3.1 지질연대 및 한반도에 분포하는 층서

대	기	연대	층서			관입암
신생대	제4기	1.8Ma	충적층 신양리층(제주도)			
	신제3기	23Ma	서귀포층			
			연일층군			
			장기층군			
			양북층군			
	고제3기	65Ma	(빗금)			불국사화강암
중생대	백악기	146Ma	경상누층군	유천층군		
				하양층군		
				신동층군		
	주라기	200Ma	(빗금)			대보화강암
			대동층군 (남포층군, 반송층군)			
	트라이아스기	251Ma				송림화강암
			평안누층군	동고층		
고생대	페름기	299Ma		고한층		
				도사곡층		
				함백산층		
				장성층		
	석탄기	359Ma		금천층		
				만항층		
	데본기	416Ma	(빗금)			
	사일루리아기	444Ma	(빗금)			
	오도비스기	488Ma	조선누층군	두위봉층	영흥층	옥천층군?
				직운산층		
				막골층		
				두무골층	문곡층	
				동점층		
	캄브리아기	550Ma		화절층	와곡층	
				풍촌층	마차리층	
				묘봉층	삼방산층	
				장산층		
원생대	후기		(빗금)			
			상원계			화강암 관입
	중기		연천계			
	전기		서산층군			
시생대		4.5Ga	경기편마암 복합체 지리산편마암 복합체 소백산편마암 복합체 마천령편마암 복합체 낭림육괴 관모육괴			

※ 빗금 부분은 한반도에서 관찰되지 않는 결층임(Ma : 백만 년)

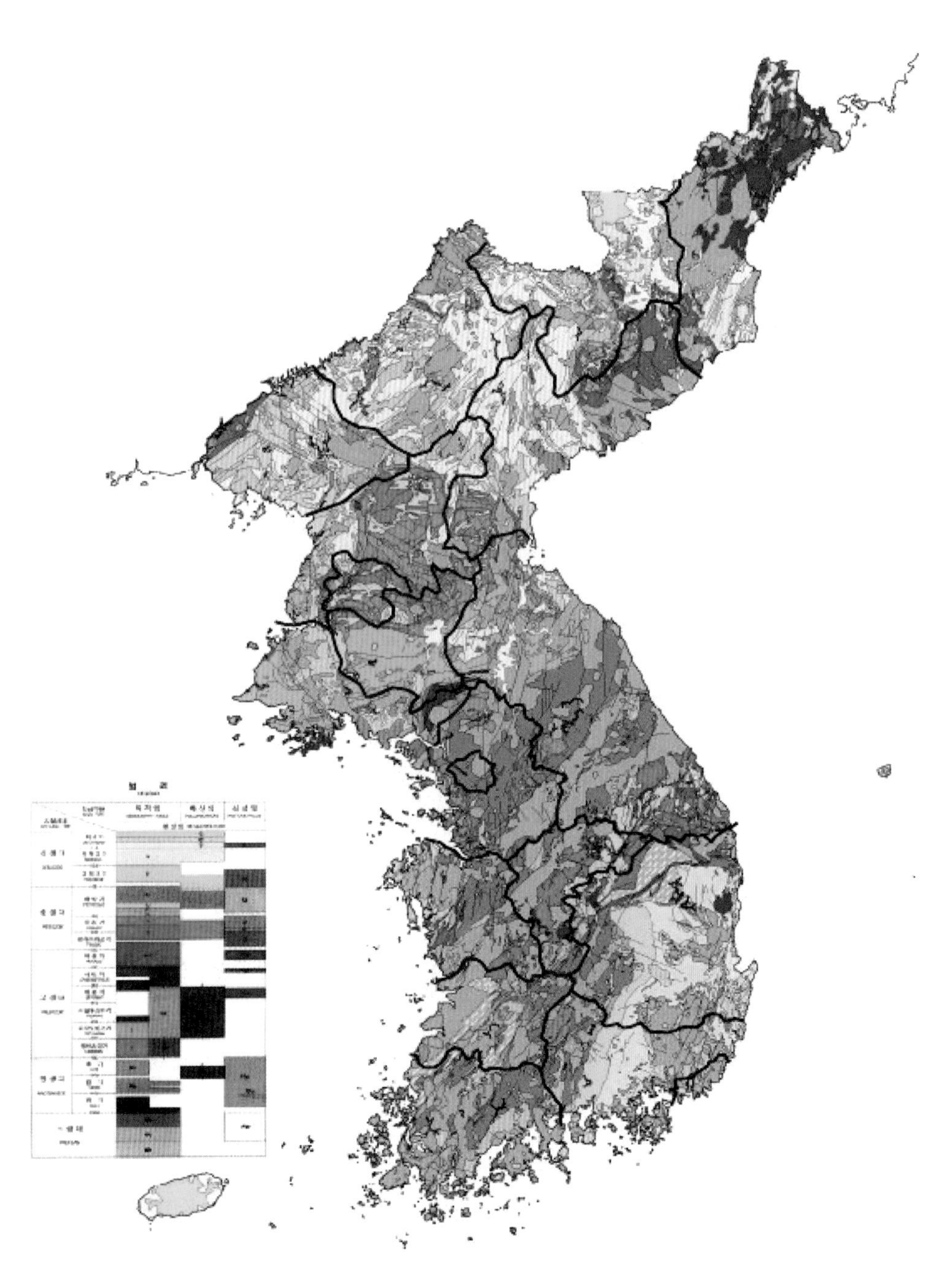

그림 3.8 한반도의 지질도

Part. 04
선캠브리아 시대의 암석

선캠브리아 시대의 암석

고생대 캠브리아기 이전 즉 선캠브리아기의 편마암류 및 편암류들은 표 3.1에서와 같이 북쪽에서부터 관모육괴, 낭림육괴, 마천령편마암복합체, 연천층군, 경기편마암복합체, 서산층군, 지리산편마암복합체, 소백산편마암복합체 등의 이름으로 분포하고 있다(그림 4.1). 본 장에서는 북쪽의 관모육괴, 낭림육괴, 마천령편마암복합체를 제외하고 남한에 분포하는 선캠브리아 변성암류를 중심으로 기술한다.

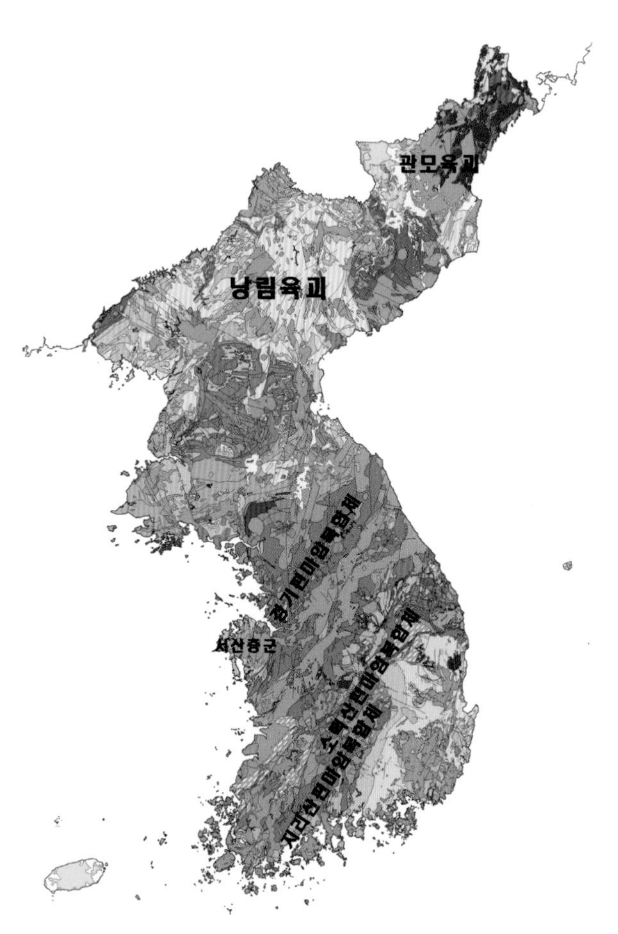

그림 4.1 한반도의 선캠브리아 암석의 분포지역

4.1 경기도 및 강원도 일대의 변성암류

강원도 동쪽 고성-간성지역에서 화천을 거쳐 가평-양평지역과 춘천을 지나 경기도 포천-고양과 충청남도 서산을 잇는 이 지역의 선캠브리아기인 시생대 및 원생대의 변성암들은 한반도의 지체구조구상으로는 경기육괴에 해당한다. 암상에 의하면 소위 경기편마암복합체를 비롯하여 서산층군, 춘성층군 및 연천계라 불리는 변성퇴적암류로 구성되어 있다.

4.1.1 경기편마암복합체

경기편마암복합체는 경기육괴를 구성하는 최하부 기반암으로 고도의 다변성작용과 고기 화성활동 및 구조운동을 받은 변성암으로 구성되어 있다. 이 변성암복합체를 구성하는 주요 암상은 미그마타이트질(migmatitic) 편마암, 흑운모 호상편마암, 운모편암, 함석류석 화강편마암, 안구상 편마암, 우백질 편마암 등으로 이루어져 있다.

(1) 미그마타이트질 편마암

이 편마암은 화악산-응봉 일대에 주로 분포하며 양평 동부에 일부 분포한다. 미그마타이트질 편마암은 호상편마암과 더불어 경기변성암복합체의 기저를 이루며 이질 내지 이질사암 기원의 원암이 부분용융을 받아 형성된 암석으로 대부분이 우백대(leucosome)로 구성된 성분대가 미약한 호상구조를 보이는 것이 특징이다. 일부 부분용융이 심한 부분에서는 이러한 호상구조가 화강암질부의 증가로 인하여 심하게 교란되기도 한다. 우백대는 대부분이 정장석, 사장석 및 석영으로 구성된 전형적인 화강암질 성분을 가진다.

(2) 흑운모 호상편마암

경기편마암복합체 내에서 가장 넓게 분포하고 있으며 주로 석영-장석으로 구성된 우백질대와 흑운모로 구성된 우흑질대가 상호 교호하며 나타나는 호상구조가 특징적이다. 그러나 상대적으로 성분대의 분화가 불량한 화강암질 편마암도 함께 산출하며, 다수의 규암 및 대리암을 협재한다. 또한 우백질 편마암과 반상변정질 편마암과 같은 고기 화성암체의 주변부에서는 이들 관입암체로부터 유입된 것으로 생각되는 화강암질 성분의 우백질대가 우세하게 나타나기도 한다. 부분적으로는 흑운모 외에 각섬석을 함유하는 보다 고철질의 우흑질대가 관찰되기도 한다. 우백질대는 전형적인 석영과 장석 등으로 구성된 화강암질 성분이다. 우흑질대는 주로 흑운모로 구성되나 석류석, 근청석 및 규선석이 부 구성 광물로 흔히 산출하며, 후퇴변성작용을 받은 일부 암석에서는 녹니석, 백운모 등의 2차 광물들도 관찰된다.

(3) 운모편암

춘천-양평-용인지역과 평택-김포-강화지역에 대상으로 분포하며, 주로 운모편암, 석영-운모편암 및 석영-장석편암으로 구성된다. 또한 편암류 내에는 규암과 석회암이 흔히 협재되며, 주변의 호상편마암과 일부 점이적인 접촉관계를 가진다. 편암류의 엽리는 몇 차례의 중복변형작용에 의해 매우 교란되어 있으며, 습곡 및 스러스트의 발달이 관찰된다. 대부분의 편암류는 퇴적기원의 암석으로 미약한 변성분화작용을 받았지만 일부 편암류는 화강암질 물질의 유입에 의한 부분적인 호상구조가 나타나기도 한다.

(4) 함석류석 화강편마암

주로 화천-춘천지역에 분포하며 일부 광주군 및 과천시 일원에 작은 암주상으로 분포하기도 한다. 함석류석 화강편마암은 주로 석영-장석으로 구성된 기질에 거정의 석류석 반정을 함유하는 것이 특징적이며, 대부분의 석류석은 흑운모로 치환되어 있다. 이 암석은 미그마타이트질 편마암보다 진행된 부분용융에 의해 형성되었으며, 일반적으로 주변의 호상편마암이나 편암류들을 관입하는 저반 내지 암주의 형태로 산출한다. 일부 함석류석 화강편마암의 경우 압쇄암화 작용에 의해 호상편마암으로 변한 경우도 있다.

(5) 우백질 편마암

우백질 편마암은 대부분 양평-평택을 잇는 선을 따라 분포하며, 부분적으로 변형작용을 강하게 받은 우백질 화강암체의 변성 산물이다. 대부분은 안구상의 관입체로 산출하나 일부는 편암 및 편마암류 내에 소규모 맥상 혹은 실(sill)상으로 나타나기도 한다. 이 암석은 주로 석영과 장석으로 구성되어 있으나, 소량의 흑운모 및 석류석이 나타나기도 한다.

4.1.2 서산층군

경기육괴의 서부에 분포하는 서산층군의 층명은 손치무(1971)에 의해 "연천계 분포지역에 발달된 철광상을 포함하는 규암층을 편의상 서산층군이라 한다"라고 최초로 정의되었다. 그러나 그 후 많은 지질학자들에 의해 우리나라 중부 서해안 일대에 분포하는 규암 및 편암류가 통칭 서산층군이라 불리고 있으며, 서산-모항, 대산도폭 등에서도 태안반도 및 안면도 일대에 분포하는 규암과 석회암을 포함하는 편암류 및 이들을 관입한 화강편마암과 이 두 암체를 부정합으로 덮고 있는 태안층을 서산층군으로 하였다.

(1) 호상편마암

당진읍을 포함하여 그 동측에 분포하는 이 편마암은 1 : 5만 당진지질도에서는 '당진편마암'으로 명명되어 있다. 당진도폭에서 이 편마암은 서산층군의 편암류 하부에 위치하여 기저를 이룬다. 이 암층 내에는 석회암이 간혹 협재하고, 각섬석편마암도 협재된다. 당진 남측에서는 주라기에 관입한 화강암과 접촉하며 해미읍 부근에서는 화강암 내에 큰 포획체로서 산출되며, 석영 및 장석으로 구성된 우백질대와 흑운모로 구성된 우흑질대가 교호하면서 호상구조를 이루고 있음이 특징이다.

(2) 편암류

서산층군 중에서 가장 넓은 범위에 걸쳐 분포하여 서산층군을 대표한다고 할 수 있는 이 편암류는 대개 견운모편암, 흑운모-견운모편암, 석영-견운모편암, 석영편암 등으로 구성되며, 규암 및 석회암이 다수 협재한다. 뿐만 아니라 이 편암류는 곳에 따라 석영이나 장석 입자들이 커지면서 편마암상을 보이기도 한다. 이 편암류에 협재되는 규암은 비교적 순수하게 석영으로 구성되어 있으나, 곳에 따라 함철규암이 배태된다. 석회암은 규암과 같이 다수 협재되며 결정질 석회암, 석회규산염암 및 각섬암의 복합체로, 그 폭이 5m 이상이나 지역에 따라 격심한 층후변화를 보인다.

(3) 화강편마암

서산층군 내에서 편암류를 관입하고 있는 화강편마암은 전반적으로 야외에서 홍색장석을 함유하며 엽리조직을 잘 보이고 있음이 특징이다. 이 암석 중에는 편암과 규암들의 포획암이 자주 관찰된다. 특히 태안군 이원면 관리 아랫지매 해안에서는 엽리구조가 압쇄영을 가지는 압쇄엽리들이 발달한다. 그러나 이들 엽리면은 거의 대부분 재결정되어 있어 압쇄화작용은 최소한 중생대 이전에 있었을 것이다.

(4) 태안층

상기 편암류 및 편마암류 위에 부정합으로 덮고 있는 이 층은 나기창 외(1982)에 의해 명명된 것으로, 저변성 퇴적암류인 녹니석슬레이트 및 천매암, 흑운모 천매암, 견운모-석영천매암 및 변질사암 등으로 구성되어 크게는 이질기원 변성암과 사질기원 변성암으로 나눌 수 있다. 외견상으로는 주위의 대동층군 지층의 변질물과 유사하나 엽리나 습곡양식, 분포방향 등에서 구별되며, 광역적으로 균질한 변성상을 보여준다는 점에서 야외에서 구별이 가능하다. 변성상에 있어서는 2~3회 중복변성작용을 보여주는 다른 서산층군과는 단일의 녹색 편암상을 보여주는 점이 현저히 다르며, 그 밖의 호상편마암이나 흑운모편암을 주로 하는 부천층군이나 장락층군과도 대비가 되지 않아 선캠브리아 지층 중 최상부층으로 분류하지만 화석이나 연대측정 자료가 전혀 없어 옥천층군이나 그 외 다른 고생대 이후의 지층에 대비될 가능성도 배제할 수 없다.

4.1.3 춘천누층군

춘천누층군은 김옥준(1973)에 의해 경기변성암복합체를 부정합으로 피복하는 장락층군 및 의암층군과 대비되는 암층군으로 정의되었다. 춘천누층군은 대부분이 규암에 의해 그 분포가 잘 규제되는 것으로 생각되나, 편마암류의 경우 하부의 경기변성암복합체와 유사한 경우가 많아서 보다 자세한 연구가 필요하다.

(1) 편마암류

춘천누층군 내의 편마암류는 주로 춘천 및 양평지역에 분포하며, 여러 매의 규암 및 석회암을 협재하고 있다. 이들 편마암류는 대부분이 반상변정질 편마암 혹은 화강편마암에서 유래한 화강암질 물질의 유입을 받아 불규칙적인 호상구조를 보이는 것이 특징이다. 이러한 현상이 편암류에서는 잘 관찰이 되지 않는다는 점으로 보아 편마암류가 편암보다 상대적으로 하위에 놓이는 것으로 생각된다.

(2) 편암류

이 암석은 주로 청평-가평지역과 남양-안양지역에 대상으로 분포하며, 수매의 규암 및 석회암을 협재한다. 청평-가평지역에 분포하는 편암류의 경우 대부분이 석영이 우세한 운모편암인데 비하여 남양-안양지역에 분포하는 편암류의 경우 석회질이 우세한 석회규산염질 편암인 것이 특징이다. 편암류 내에 규암 및 석회암이 우세한 점으로 보아 이들 암석의 원암은 천해에서 퇴적된 퇴적암일 것이다.

(3) 반상변정질 편마암(안구상 편마암)

이 암석은 주로 춘천, 양평 및 평택 지역에 큰 규모로 분포하나, 일반적으로 대부분의 편마암 내에 소규모로 산출된다. 큰 규모로 분포하는 반상변정질 편마암은 안구상 편마암에 해당하며, 대체로 장축이 2~3cm의 안구상의 정장석 및 미사장석 변정을 가지는 것이 특징이다. 반상변정질 편마암은 주변의 편암류 및 편마암류들을 광범위하게 관입하여 이들 암석들을 흔히 우백질대가 우세한 호상편마암으로 변화시킨다.

(4) 화강편마암

주로 남양만 및 충주 일대에 큰 규모로 분포하나, 그 외 지역에서는 소규모의 암주상으로 산출된다. 이 암석은 편암 및 편마암류의 포획체를 포함하며 변성 및 변형작용의 영향으로 대부분이 화강암화되어 있다.

4.1.4 연천층군

연천-전곡지역에 분포하는 변성퇴적암류를 연천층군이라 하며, 이 층군의 하부는 주로 석회규산염암, 변성사질암, 각섬암 및 각섬석편마암으로 구성되며, 상부는 주로 변성이질암으로 구성된다. 연천층군의 시대는 본래 중기 고생대로 간주되었으나 최근의 연구에 의하면 중기 내지 후기 원생대에 해당하는 것으로 생각되고 있다. 연천층군은 전형적인 중압형의 변성작용을 받았으며, 변성시기는 페름기-삼첩기로 생각된다.

4.1.5 태백산편마암복합체

태백산편마암복합체는 1/5만 지질도의 춘양, 평해, 옥동, 삼근리도폭에 분포하며 평해통, 기성통, 원남통 및 율리통으로 나누어진다. 평해통은 이질기원 변성암으로서 주로 안구상 편마암, 호상편마암 및 운모편암과 사지기원 변성암으로 세립질 석영-장석 흑운모 편마암, 규암 및 석영-견운모 편암으로 구성되며, 그 밖의 결정질 석회암, 각섬석질암이 협재된다. 기성통은 집괴암, 응회암과 같은 변성 화산암류를 주로 한 지층이며 원남통은 하부로부터 원남층, 동수곡층, 장군석회암층, 두음리층으로 세분되지만, 원남층은 주로 변성 이질암과 변성 사질암이 호층을 이루고 부분적으로 석회암 박층과 석회규산염암으로 이루어지며 곳에 따라 미그마타이트질 편마암으로 변한다.

변성 이질암은 호상편마암, 안구상 편마암, 운모편암, 운모-규선석 편암으로, 변성 사질암은 세립질 석영-장석-흑운모 편마암과 규암 및 견운모 편암으로, 변성 석회질암은 결정질 석회암, 각섬석질암 및 각섬석 편암으로 구성된다. 호상편마암 및 안구상 편마암은 양적으로 가장 많고 변성퇴적암의 층리와 엽리면을 따라 화강암질 물질이 주입되어 혼성암을 형성한 부분이 많다.

동수곡층은 주로 담갈색 천매암 및 견운모 편암으로 구성되는데 국부적으로 직경 1cm 내외의 근청석 반정들이 발달된다. 장군석회암층은 괴상의 석회암층으로 구성되며 소량의 충식 석회암, 석회질 점판암, 규암을 협재한다. 두음리층은 운모편암, 암회색 천매암, 근청석 편암, 담황색 사질 정판암 등으로 구성된다. 이들 중 장군석회암층과 두음리층은 고생대층으로 보는 견해가 많다. 이러한 지층분류와는 달리 1/5만의 옥동과 춘양도폭 지역에서 중복변성작용을 받은 태백산편마암복합체와 단일변성작용을 받은 태백산편암복합체로 나누기도 한다. 화강암질 편마암, 혼성암질 편마암, 반상변정질 편마암을 주로 한 태백산편마암복합체는 서남부의 편마암복합체들과 유사한 암상을 갖는다.

4.2 전라도 및 경상도 일대의 변성암류

한반도 남서부에 소위 옥천대의 동쪽에 분포하는 선캠브리아기의 변성암류를 지질구조구로 보면 영남육괴에 해당하며, 암상에 의한 명명에 의하면 소백산편마암복합체 및 지리산편마암복합체로 구성되어 있다.

소백산편마암복합체 및 지리산편마암복합체는 영남육괴를 구성하는 최하부 기반암으로 영남육괴를 구성하는 대부분의 암석이 고도의 다변성작용과 고기 화성활동 및 구조운동을 받은 변성암으로 구성되어 있다는 사실에 비추어, 이러한 층서적인 분류는 지질학적

의미가 없다고 생각된다. 따라서 영남육괴를 구성하는 최하부 기반암을 통칭하여 소백산편마암복합체 및 지리산편마암복합체로 정의하였으며, 이 변성암복합체를 구성하는 주요한 암상에 따라 이를 분류하였다. 소백산편마암복합체 및 지리산편마암복합체에는 미그마타이트질 편마암, 흑운모 호상편마암, 운모편암, 반상변정질 편마암(그림 4.2), 안구상 편마암, 우백질 편마암, 회장암 등으로 이루어져 있다.

그림 4.2 지리산일대 및 구례, 하동 지역에 넓게 분포하는 반상변정질 편마암

4.2.1 소백산편마암복합체

소백산편마암복합체는 소백산육괴 서남부인 1/5만 지질도인 화개, 운봉, 산청, 단성, 하동, 안의 도폭에 걸쳐 분포한다. 이는 소백산변성암복합체와 지리산 지역의 지리산변성암복합체를 합한 지질 단위 중에서 하동–산청지역의 변성염기성암을 제외한 것이다(이상만, 1980). 최하부의 진교 편암층을 제외하고는 층의 두께를 알 수 없을 정도로 화강암질 내지는 혼성암질로 편마암화되어 있다. 호상편마암, 반상변정 편마암, 혼성암질 및 화강암질 편마암이 주요 구성 암석이다.

(1) 진교 편암층

산청-단성도폭에서 S형을 이루며 노출되는 결정편암층으로 약 800m의 두께를 갖는다. 석영, 사장석, 흑운모, 석류석, 홍주석, 근청석, 백운모, 녹니석 등으로 구성되며 암피볼라이트(amphibolite phasis)상, 녹색편암(greenshist phasis)상으로의 중복 후퇴변성작용이 특징적이다.

(2) 호상 편마암층

화강암질 편마암, 혼성암질 편마암, 반상변정 편마암 내에 잔류형태로 산재된다. 석영, 미사장석, 사장석, 흑운모, 각섬석 등이 주성분이며, 석류석, 녹렴석, 규선석, 근청석 등이 곳에 따라 함유된다.

(3) 반상변정 편마암층

복내-보성-순청도폭 일대에 넓게 분포된다. 기질은 석영, 미사장석, 사장석, 흑운모와 소량의 백운모로 구성되며 반상변정들은 주로 미사장석으로 퍼싸이트(perthite)조직을 보여주는 것이 흔하다. 변정들은 장경 2~7m가 보통이고 최대 10cm에 이르며 곳에 따라 안구상으로 변하기도 한다.

(4) 혼성암질 편마암층

구례-화계-괴목도폭 일대에 주로 분포한다. 전형적인 티그마틱(ptygmatic)습곡을 수반하는 호상구조가 흔하며, 흑운모와 각섬석 등으로 이루어진 우흑질부와 미립의 흑운모-석영-장석으로 이루어진 중간층 및 조립질의 석영-장석으로 이루어진 우백질부가 2~3cm 폭을 교호한다. 중간층의 장석은 주로 올리고클레이스(oligoclace) 사장석이며 우백질부의 장석은 주로 K장석이다.

(5) 화강암질 편마암층

구례-순창-화개도폭 일대에 주로 분포한다. 혼성암질 편마암이나 반상변정 편마암과 점이적이며, 세립의 흑운모와 석영들이 집합된 괴상의 등변정질(granoblastic)조직이 특징적이고 곳에 따라 페그마타이트질의 우세해지기도 한다. 주성분은 석영, K장석, 사장석, 홍주석, 근청석 등이다. 이는 편마암류의 동화 구조적인 심용융 재생작용에 의하여 형성되었을 것으로 사료된다.

4.2.2 지리산편마암복합체

지리산편마암복합체는 『Geology of Korea』(1987)에서의 호남 편마암 및 편마암복합체 중에서 편암복합체인 용암산층, 설옥리층은 시대미상의 옥천층군에 대비되고 화순층, 천운산층은 고생대층이므로 이들은 제외한 편마암복합체만을 지칭하는 것이다. 1/5만 지질도 갈담, 오수, 송정, 창평, 동복, 능주, 복내, 보성도폭 지역의 편암 및 편마암복합체 중 편마암복합체는 주로 화순-순창-복내-보성 일대에 혼성암질 편마암과 화강암질 편마암 및 혼성 편마암 및 편암으로 구성된다. 암질과 변성상은 소백산편마암복합체와 유사하나 변성시기가 젊고 이들의 분포가 대체로 순창전단대 혹은 호남전단대와 일치한다. 이 전단대의 영향으로 곳에 따라 중생대 초의 연성전단작용을 수반한 후퇴변성작용이 중첩되는 것이 특징이다.

4.3 변성암의 풍화특성 및 불연속 암반의 이방성

변성암이 분포하는 지역 중 특히 천매암이나 편암지역의 암반에서는 변성암이 가지는 이방성의 특징인 엽리구조와 함께 이들 암반에 작용한 절리 및 단층 작용과 더불어 취약한 지반을 형성한다. 특히 이들 암석이 분포하는 곳에서 단층과 같은 취약대에서는 풍화대의 두께가 크고 다른 암종에 비해서 전체적으로 불규칙한 풍화양상이 관찰된다(그림 4.3). 편암에서는 절리가 불규칙적이고 연장성이 짧아서 암편이 서로 끼고 있는 형태이므로 절리는 큰 위험요소가 아니다. 그러나 변성암은 대체로 고기에 형성되어 후의 여러 조산운동 등에 의하여 단층파쇄대가 흔하게 나타난다.

사면설계에 있어서 위험한 단층이 없으면 기존 표준구배로 설계하여도 무방하나 편암내의 편리가 발달하는 평행하고 연장성이 긴 절리가 암사면에 미치는 안정성을 신중히 검토할 필요가 있다. 점토충진 단층에 의해서 대규모 붕괴가 자주 발생하므로 절취면 상에서의 단층의 위치 및 특성을 판단하여 사면 또는 터널과 같은 지반구조물의 안정성에 대한 위험가능성을 검토해야 한다. 따라서 이러한 지질특성을 보이는 지역은 물리탐사와 상세 지질조사가 필요하다.

규암과 같이 엽리구조를 보이지 않는 변성암의 경우에는 토층의 두께가 크지 않고 일반적으로 절리의 간격이 넓고 연장성이 매우 긴 편이다. 풍화를 잘 받지 않고 강한 암석이며,

시추 시 굴진속도가 매우 느리다. 특이하게도 규암에는 규칙적이고 연장성이 긴 판상형태의 절리가 뚜렷하게 발달하므로 사면안정성 분석 시에 고려해야 한다. 이 밖에 동력변성암에서는 암석이 재결정된 상태에 따라서 암석강도가 약한 것부터 강한 것까지 다양하며 불규칙한 절리가 불규칙적으로 극심하게 발달하고 대소규모의 단층이 많아 대규모의 붕괴가 우려된다.

변성암 지반에서 시추 조사 시 가장 주의해야 할 점은 불규칙한 풍화작용에 기인한 지반선의 변화와 대규모 단층의 발달이다. 변성암 지반 역시 기초 설계 시에는 기초의 응력 영향권까지, 사면에서는 계획고하 1~2m까지, 터널에서는 가능한 터널의 응력 영향권까지 또는 터널 하부까지 시추를 수행하여야 변성암 지반의 불규칙한 풍화작용에 기인한 지반선의 변화와 대규모 단층 발달에 의한 영향을 고려할 수 있다.

다음 절에서는 소위 옥천대의 천매암 지역의 지반특성 및 편암이 분포하는 지역에서의 지질공학적 특성을 알아본다.

그림 4.3 사면 형성 후 빠른 풍화양상을 보이는 천매암 및 편암

4.3.1 옥천대의 천매암

옥천대에는 황강리층인 함역천매암에서부터 점판암, 천매암, 편암과 석회암, 석회규산염암 들 다양한 암석으로 구성하고 있다. 이들 암석들 중 약 70%가 변성퇴적암인 점판암, 천매암 및 편암류들이 분포하며 이들 퇴적기원의 암석이 분포하는 지역에서의 절토사면은 안정성 면에서 항상 위험이 따르고 있다(그림 4.3).

이들 변성퇴적암들은 몇 차례의 변성작용 및 변형작용을 겪으면서 엽리면, 벽개면, 습곡축면, 절리면, 단층면 등의 면구조들과 광물신장선구조, 습곡축, 단층조선 등의 선구조들이 발달하여 이들 불연속면 및 선구조들이 사면의 안정성에 영향을 미친다. 또한 이들 내에 단층작용이나 파쇄대작용이 일어난 곳에서는 다른 암석에 비해 더 심한 파쇄양상을 보이고, 이들 암석이 갈리면서 점토광물들이 형성되는데 이곳에 지하수나 강우 시 빗물이 스며들어 팽창하면서 사면을 불안정하게 하는 요인이 된다.

변성암퇴적암인 이들은 점토를 함유하고 있어 사면이 형성된 후 지표에 노출되면서 풍화작용을 받을 경우 공학적 성질이 급격히 변하여 강도 저하, 내구성 저하 현상 및 토사와 유사한 거동을 보이는 등 토목공사에서 다른 암종에 비해 안정성에 있어서 나쁜 암반거동을 보일 수 있다.

그림 4.4 사면 형성 후 엽리를 따라 빠른 풍화가 진행되고 있는 천매암

셰일 및 편암의 일반적인 물리적 특성을 보면 셰일은 비중이 2.3 내지 2.7이며 공극률은 2.9에서 55까지 매우 그 폭이 넓으며 흡수율은 0.2에서 6.1%까지이다. 운모편암도 셰일과 유사하나 비중이 조금 높은 정도이다(표 4.1). 이들 두 암석의 압축강도는 표 4.1에서는 65MPa에서 185MPa로 표시되어 있으나 실제 사면에서 채취한 시료는 25MPa 이하로 매우 낮은 값을 갖는 경우가 많다.

표 4.1 셰일 및 운모편암의 물리적 특성

암종	비중	공극률(%)	흡수율(%)	압축강도(MPa)
천매암	2.3~2.7	2.9~55	0.2~6.1	65~110
운모편암	2.6~2.8	0.4~10	0.1~0.8	101~185

4.3.2 선캠브리아기의 운모편암

한반도에는 약 60%가 퇴적암 내지 변성퇴적암이 분포하며 이들 퇴적기원의 변성암석 내에는 운모편암들이 반드시 존재한다. 그러나 이들 운모편암이 분포하는 지역에서의 절취사면은 안정성 면에서 항상 위험이 따르고 있음은 이미 알려진 사실이다.

운모편암은 변성작용 및 변형작용 시 형성된 엽리, 습곡축면, 파랑벽계(crenulation cleavage) 등과 같은 면구조와 광물배열선구조, 습곡축 등의 선구조들이 불연속면을 만들어 공학적으로 불리한 현상을 만든다. 또한 이들 두 암석들은 풍화 시나 특히 단층작용에 의해 단층대 주변에서는 단층점토를 형성하며, 이들 암석들에서 사면을 시공하면 사면 형성 후 지표에 노출되어 풍화작용을 받을 경우 공학적 성질이 급격히 변한다(그림 4.5).

운모편암들의 공학적 특성이 급격히 변하는 또 다른 원인은 이들 암석 내에 점토광물을 포함하거나 풍화작용이나 단층작용 시 형성되는 현상이다. 점토입자로 주요 점토광물은 광물의 결정구조가 SiO_4 사면체와 Al^-팔면체가 규칙적으로 배열하는 층상규산염광물에 속하며, 사면체와 팔면체의 배열방식에 따라 1:1형 점토광물과 2:1형 점토광물로 크게 구분한다.

일반적으로 셰일이나 운모편암의 사면에서 관찰되는 점토광물 중 가장 흔한 것은 일라이트(illite), 카오리나이트(kaolinite)이나 이들은 팽창성이 없어 사면팽창에는 영향을 주지 않는다. 그러나 2:1형 팽창성 2:1형 점토광물인 스멕타이트(smectite), 버미큐라이트(vermiculite), 몬모릴로라이트(montmorillonite)들이 사면의 팽창에 영향을 주어 이들 점토광물의 함유를 잘 조사하여야 한다. 스멕타이트는 한반도에서는 제3기 분지가 분포하는 포항분지 울산분지 등의 이암의 분포지에서 흔히 함유되며, 버미큐라이트는 운모편암의 풍화 시나 단층점토에서 비교적 잘 함유되어 있다.

그림 4.5 운모편암의 노두(엽리를 따라 빠른 풍화작용과 파괴가 일어남)

4.4 불연속 암반의 이방성 및 역학적 거동

암반의 거동을 결정하는 중요한 요소들 중에 하나가 이방성이다. 이방성 물체는 물체의 성질이 그것을 측정하는 방향에 좌우되는 것이다. 자연에서는 실제적으로 이상적인 등방성의 특성을 가지는 물체는 드물다. 암석의 변형 특성과 파괴에 영향을 미치는 요소는 내성적 그리고 외성적 요소로 나누어질 수 있다. 내성적 요소는 암석 자체의 고유 특성이 포함되고, 외성적 요소는 시간적으로 특별한 한 점에 있어서의 환경의 요소가 된다. 암석의 역학적 성질(온도, 전류, 자력 등)의 방향성은 내성적이거나 외성적인 요소들의 결과로서 생긴 것이다.

내성적인 것은 암석형성의 과정과 관련된다. 예를 들면 퇴적암의 구조나 조직의 요소들의 형성은 퇴적물이 누적, 건조, 압밀 그리고 암석화되는 동안 일어난다. 외성적인 요소들은 압력, 응력, 온도, 물이나 화학용액 등과 같은 주위환경의 영향과 관련된다. 이러한 요소들은 다양한 암석들이 변환되는 원인(속성작용, 변성작용, 풍화 등)이 되고 이러한 과정과 관련되어 암석의 구조 및 조직에서의 변화의 원인이 된다. 따라서 현장이나 실험실 조건에서 결정된 암석의 변형 및 강도 성질의 이방성은 미세구조나 거대구조의 이방성의 파생물이다.

내성적 요소가 관계될수록 광물학적 구성과 조직이 매우 중요하게 되지만, 암석 내의 연약면과 광물의 변성도가 더 중요할 때도 자주 있다. 암석 생성환경의 온도·압력 조건이 역학적 거동에 중요한 영향을 주며, 공극수 또한 중요한 영향을 미친다. 이런 면에서 암석이 응력의 변화, 더 좁게는 온도의 변화를 받았던 시간의 길이와 속도도 변형특성에 영향을 준다.

암석의 구성과 조직은 그 기원에 의해 지배된다. 예를 들면, 감람석, 휘석, 각섬석, 운모, 장석 광물들은 마그마로부터 응고된 화성암의 주요한 성분들이다. 응고는 다양한 결정도를 만들고, 이 응고에 관계되는 시간의 길이가 더 길어질수록 결정의 발달도 커지게 된다. 이와 같이 유리질, 미정질, 세립질, 중립질, 조립질 형태의 화성암으로 구분될 수 있다. 변성암에서 부분적이거나 완전한 재결정은 온도·압력조건의 변화에 의해 생긴다. 고체상태에서 생성된 새로운 광물뿐만 아니라 암석은 선형구조로 발달하게 된다. 오직 하나의 광물로만 구성된 암석은 거의 없으며, 있다고 해도 그 암석의 특성은 광물에 따라 약간씩 다르다. 광물 내에서의 이러한 차이는 벽개, 포유물, 균열작용, 변질작용뿐만 아니라 조성의 차이에 기인하는 것이다.

이러한 것들이 물리적 거동에 반영이 되어, 결국에는 암석이 균질한 등방성 물질로 간주되는 경우는 거의 없다. 구성 광물의 크기와 모양의 관계가 이런 면에서 중요하다. 일반적으로 입자 크기가 작을수록 암석강도가 크다. Onodera와 Kurma(1980)는 화강암에서 입자 크기와 강도 사이에 선형관계가 있음을 발견했다. 즉 입자 크기가 감소할수록 강도는 증가한다는 것이다. 물리적 거동, 특히 강도가 관계될수록 조직의 가장 중요한 특성 중의 하나는 구성입자들 간의 결합도가 된다. 균열은 입자를 통과하는 것보다 입자들의 경계를 따라 발생되는 것이 더 쉬우므로, 불규칙한 경계는 균열의 생성을 더 어렵게 만든다. 또한 Onodera와 Kurma(1980)가 화강암에서 영률과 단위 체적당 입자 경계의 표면적 사이에는 선형관계가 존재한다는 것을 보이고 있다. 많은 퇴적암에서 입자들 간의 결합은 입자 간의 맞물림보다 교결물 및 또는 기질에 의해 이루어진다. 교결물 및 기질의 양 또는 작게는 형태가 강도와 탄성뿐만 아니라 밀도, 공극률, 투수율에 중요한 영향을 미친다.

암석은 균질하게 응집된 물질이 아니라 어떤 광물과 관계되는 가시적이거나 또는 미시적인 선형 또는 평면상의 불연속면을 따라 발생하는 결함을 포함한다. 이 결함은 암석의 최종 강도에 영향을 미치고, 파괴가 일어나는 방향을 결정하는 연약면으로도 작용하게 된다. 어떤 일정한 방향성을 가지는 입자의 방향은 그 방향을 따라 파괴가 쉽게 일어난다. 이러한 현상은 벽개, 편리, 엽리나 얇은 층 등의 박리성 암석에 적용된다.

이러한 이방성과 관련된 중요한 요소들이 있다. 첫째, 각각의 광물입자나 집합체의 성질의 방향성과 광물입자의 모양(신장)과 같은 광물학적(결정학적) 요소가 있다. 둘째, 광물입자들의 상호간의 방향과 배열, 구조적인 결점들의 방향과 배열을 포함하는 암석학적 요소 그리고 공극시스템의 존재와 특성이 고려될 수 있다. 마지막으로 층리, 편리, 엽리, 벽개, 층리, 선구조와 같은 육안적 구조가 있으며 이것들은 이방성 결정하는 중요한 요소들이다.

그림 4.6은 변성암과 퇴적암에 대한 가장 전형적인 이방성 물체들의 3가지의 구조적인 모델을 나타낸다. 즉, (a)는 축 대칭을 갖는 물체로서 대칭축의 각점에서는 등방성의 평면을 갖는다. (b)는 직교대칭축을 갖는 물체로서 2개 또는 3개의 우위적인(등방성의) 평면을 가지며 서로 직교한다. (c)는 단사의 대칭을 갖는 물체로 직교보다는 다른 각도를 가지고 서로에게 우세한 평면을 나타내는 2개 방향을 갖는다.

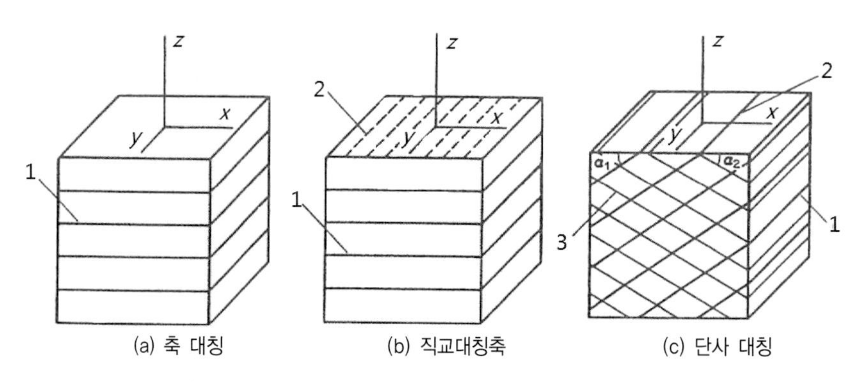

그림 4.6 암석의 구조적인 모델

처음으로 층상의 이방성 암석의 강도 및 변형률 성질에 대한 광범위한 연구가 Müller (1930)에 의한 것이었다. 여기에서 일축압축조건하에서 암석의 강도와 영구변형 그리고 탄성특성 그리고 삼축압축 상태에서의 소성에 대한 연구도 포함되었다. 이러한 시험은 층상의 사암, 사암질 셰일, 점토질 셰일과 유연탄의 정육면체, 직육면체, 그리고 원통형시료를 대상으로 이루어졌으며, 일축시험에서 시료들은 층리에 대해 수직과 평행으로 하중이 가해졌다. 그 결과 강도의 최대 이방성은 점토질 셰일에서 일어났다. 층리에 평행한 방향으로 하중이 가해진 암석의 평균강도가 층리에 수직인 방향의 하중이 가해진 시료의 강도의 68%이었다. 사암의 시료에 대한 시험에서 층리에 평행한 방향의 하중을 가한 암석이 축방향의 변형률은 더 낮았고, 탄성계수는 층리에 수직인 방향보다 더 컸다($E_{\parallel}=1.23\ E_{\perp}$).

이 연구 후에 분명한 연약면들을 갖는 퇴적암과 변성암을 대상으로 이루어진 많은 연구들의 시험결과에서 횡등방성 암석의 강도성질과 변형의 이방성에 대한 다음과 같은 일반적인 결과들이 유도되고 있다(Kwansniewski, 1993).

(1) 암석들에서 가장 높은 압축강도는 층리에 수직인 방향에서 더 빈번하게 나타났고 혹은 평행인 방향에서는 덜 빈번하게 나타났다. 압축상태의 암석에서 강도의 가장 낮은 값은 최대주응력(σ_1)방향과 연약면 사이의 각도가 $\beta=30°\sim40°$에서 가장 빈번하게 일어났다. 그림 4.7에 3개의 편암에 대한 시험의 결과를 나타내고 있다. 최대 강도와 편리의 각도에 대한 도식에서 $\beta=90°$와 $\beta=0°$에서 최대값을 그리고 $\beta=30°$

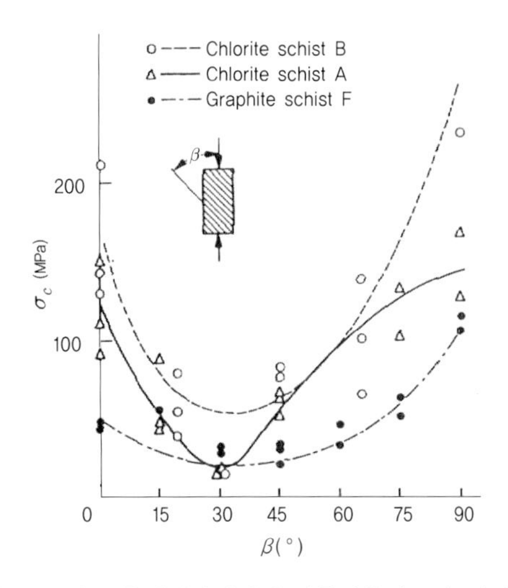

그림 4.7 2종류의 녹니석과 흑연편암에서의 일축압축강도의 이방성(Akai 외, 1970)

에서 최소값을 갖는 오목한 형태의 곡선를 이루고 있다. 압축강도의 이방성 계수 (K_c = $(\sigma_{dmax})_{\max}$ / $(\sigma_{dmax})_{\min}$)의 최대값은 Martinsburg 점판암에서 10까지의 값을 얻었지만 일반적으로는 4.5를 초과하지 않았다(Donath, 1961).

유사한 시험이 Brown 외(1977)에 의해 수행되었고, Delabole 점판암의 압축강도가 높은 방향성을 가진다는 것을 보였다. 실제로 압축강도는 벽개면과 하중의 방향에 의해 형성되는 각에 따라 연속적으로 변화되고 있음을 보이고 있다(그림 4.8). 또한 벽개가 주응력 방향과 이루는 각이 크거나 혹은 작을 때라도 파괴 양식은 주로 벽개에 의해 영향을 받는다는 것을 알았다.

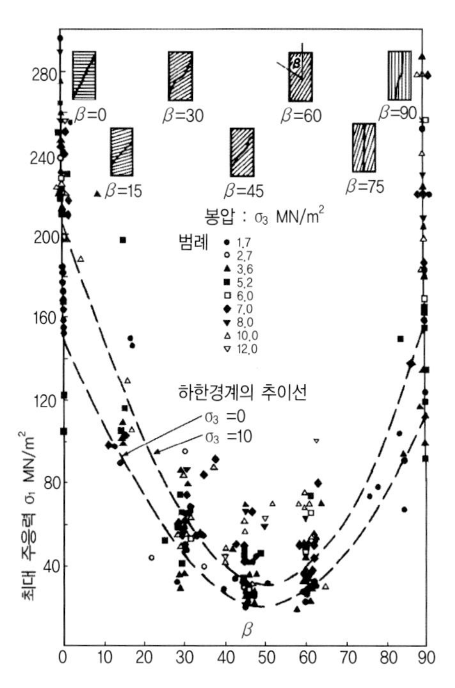

그림 4.8 암회색 점판암에서 압축강도의 이방성(Brown 외, 1977)

(2) 전통적인 삼축압축에서($\sigma_1 > \sigma_2 = \sigma_3$), 구속압 $p = \sigma_2 = \sigma_3$이 증가할 때, 강도의 이방성 효과는 일반적으로 감소한다(그림 4.9 참조). 결정질 암석의 정육면체 시료에 대한 전통적인 삼축압축 조건에서 이러한 암석들의 변형성과 강도의 이방성 효과는 압축의 증가와 함께 감소되지 않았지만 어떤 경우에는 매우 높은 압력에서는 증가하는 경향을 보였다.

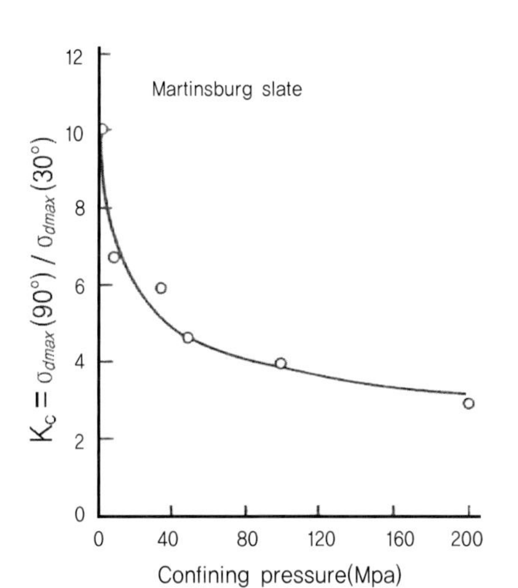

그림 4.9 Martinsburg 점판암에서 봉압의 증가에 대한 압축강도의 이방성 계수와의 관계(Donath(1961)의 시험결과를 근거로 함)

(3) 층상암석에서 봉압의 증가에 따른 강도의 증가속도는 일반적으로 β가 30°에서 45°의 사이의 방향에서 가장 낮았고 β가 0°에서 가장 높았다(그림 4.10). 즉, 강도의 증가에 있어서 봉압의 효과는 층리면에 평행할 때가 층리면에 수직이나 사교할 때보다 더 뚜렷했다.

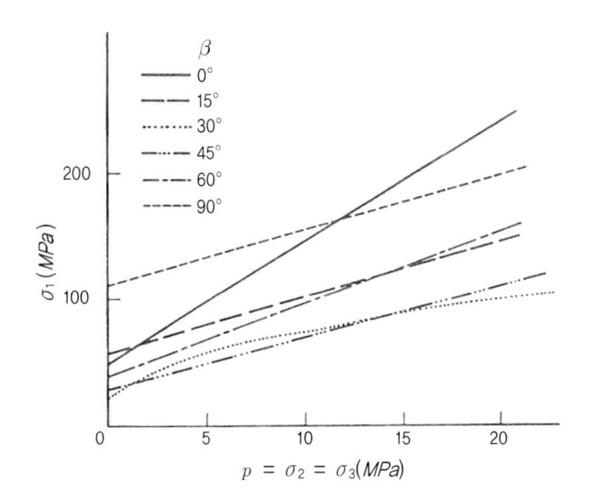

그림 4.10 흑연편암에서 봉압(p)의 증가와 편리에 대한 최대주응력(σ_1)의 방향(β)에 따른 압축강도의 변화 (Akai 외, 1970)

(4) 압축에서 층상암석의 파괴는 일반적으로 $\beta=0°\sim15°$의 연약면에서 인장균열을 통해서 일어나고, $\beta=15°\sim45°(60°)$의 연약면에서 미끄러지고 그리고 층을 가로질러 최대응력 방향으로 θ의 각도가 $20°\sim30°(\beta=60°\sim90°)$인 전단균열을 통해서 파괴가 발생되었다(그림 4.11 참조). 이방성 암석에서 특히 파괴가 연약면을 따라 일어난다면 일반적으로 Mohr의 관계식 $2\theta+\phi=\pi/2$를 따르지 않는다.

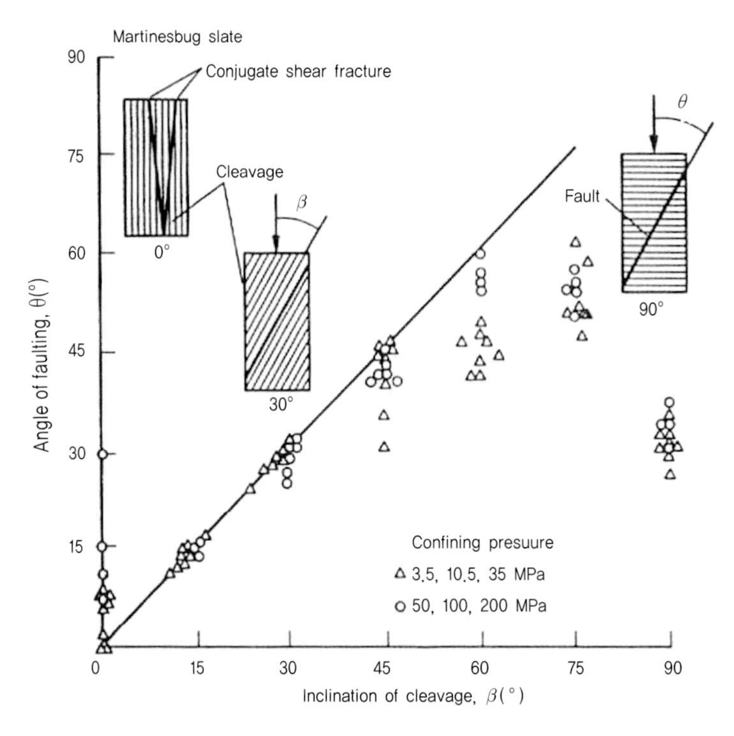

그림 4.11 전통적인 삼축압축 조건에서 Marinburg 점판암의 연약면에서 최대주응력(σ_1)의 방향에 대한 이방성 암석의 균열각도와 종류(Donath, 1963)

(5) 하중의 작용방향에 좌우되는 취성의 이방성 암석의 강도변화 또한 Griffith의 이론으로 잘 설명된다. 이 이론에 따르면 균열은 층의 우세한 평면(층리, 엽리, 편리 또는 벽개)에서 생기는 소위 1차 발생 균열인 미세균열에서 시작한다.

(6) 또한 층상암석의 파괴와 균열의 진행과정은 우세한 평면 시스템 외에서 발생되는 무작위 방향의 Griffith의 2차 발생 균열에 의해 시작될 수도 있다. 모든 것에 불구하고 전파균열의 인접부에서의 응력 재분배에 초점을 맞추면 이러한 평면들이 균열의 발전과

균열의 전파에 매우 중요한 역할을 한다.

(7) 암석들은 층에 수직인 방향에서의 최대의 종방향 및 횡방향 변형률과 층에 평행인 방향의 최소의 종방향 및 횡방향 변형률을 나타낸다. 이러한 방향은 일반적으로 영률의 최소와 최대값과 잘 일치한다(그림 4.12).

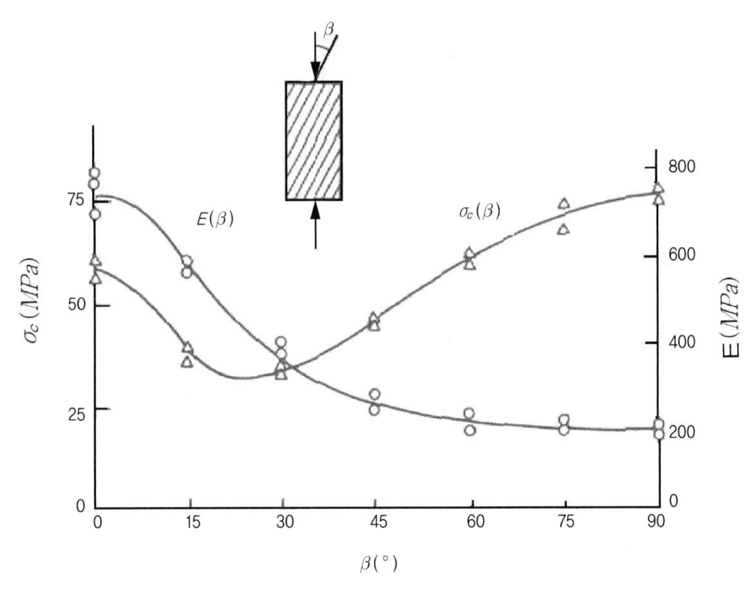

그림 4.12 Montagne d'Andance 규조토의 일축압축에서의 최대강도(σ_c)의 이방성과 탄성계수(E) (Allirot and Boehler, 1979)

(8) 전통적인 삼축압축 조건에서 구속압이 증가할 때 탄성계수의 이방성의 정도도 동반하여 감소가 일어난다. 그러나 때로는 앞에서 언급한 Montagne d'Andance 규조토에서 반대의 효과도 관찰된다(Allirot and Boehler, 1979).

(9) 압축에서 암석의 변형의 이방성 특성은 일반적으로 강도의 이방성보다 더 강하다.

(10) 암석의 공극내 유체의 존재는 암석의 탄성적인 이방성의 효과를 상당히 감소시키고 그리고 암석의 이질성도 감소시킨다.

(11) 정수압이 작용하는 이방성 암석은 전단 변형을 겪게 된다(그림 4.13).

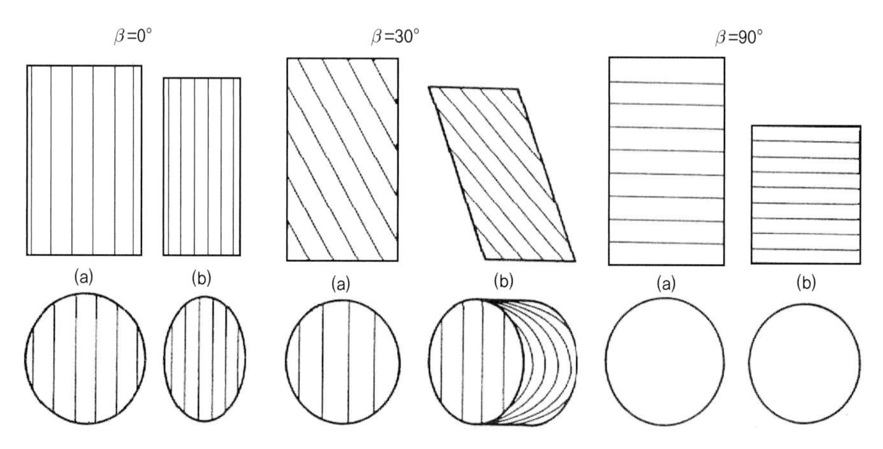

그림 4.13 정수압 결과로서(100MPa까지) 층상암석의 변형
(a) 하중작용 전, (b) 하중작용 후(Allirot 외, 1977)

4.5 불연속면의 전단강도

공학적인 구조물을 암반에서 구축할 때 설계와 안전성 해석에서 어려움을 겪는 것이 현지 암반 및 불연속면의 특성을 파악하는 것이다. 이러한 암반의 특성은 일반적으로 불균질하고 이방성이며 불연속적이다. 이것은 암반에 분포하는 절리, 층리, 편리, 단층, 풍화 또는 변질대와 같은 연약면들로 정의되는 불연속면들 때문이며, 따라서 암반의 특성은 암반에 부존하는 불연속면의 특성에 좌우된다. 불연속면은 인장강도가 제로이거나 낮은 값을 갖는 암반 역학적인 결함이다. 암반공학에서 가장 일반적으로 사용되는 불연속면 성질은 불연속면의 Mohr-Coulomb 전단강도 변수(마찰각 ϕ와 점착력 c)이다. 사면 및 지하 암반에서 이러한 전단강도 변수들이 어떻게 결정되고 어떻게 적용되는 지에 대한 포괄적인 논의들은 많은 저자들(Bandis, 1993; Barton, 1973; Barton and Bandis, 1980; Barton and Choubey, 1977; Goodman, 1976; Hoek, 2002; Priest, 1993; Wittke, 1990; Wyllie and Mah 2004 등)의 문헌에서 볼 수 있다.

전단강도는 실험실 및 현장시험에 의해 측정이 되고, 구조물에 의해 생긴 파괴들의 역해석에 의해서도 구해질 수 있다. 시험이 이루어진 표면적이 일반적으로 현장에서의 표면적

보다 훨씬 작기 때문에 실험실과 현장시험 둘 다 치수 효과의 문제를 갖게 된다. 또한 전단 강도는 불연속면의 변질정도, 거칠기, 불연속면을 충전하고 있는 충전물의 특성 및 두께, 함수율 그리고 불연속면에서 생긴 변위 등에 의해서도 많은 영향을 받는다. 기존의 논문들을 요약정리함으로써 불연속면과 관련된 강도요소, 영향요소, 파괴기준, 강성, 그리고 활용 등에 대한 정보들을 제공하고자 한다.

4.5.1 전단강도의 측정

매끄러운 불연속면의 전단강도는 Mohr-Coulomb 파괴기준을 이용하여 평가될 수 있으며 최대 전단강도($\tau_{\max}$)는 식 (4.1)과 같다(그림 4.14).

$$\tau_{\max} = c_j + \sigma_n \tan\phi_j \tag{4.1}$$

여기서, ϕ_j와 c_j는 최대강도조건에 대한 불연속면의 마찰각과 점착력이다(주어진 봉압에 대한 전단응력의 최대값을 나타낸다). 그리고 σ_n은 불연속면의 평면에 작용하는 수직응력의 평균값이다.

잔류조건에서 또는 최대 강도를 초과를 했을 때, 그리고 관련이 있는 변위가 불연속면에서 일어났을 때의 잔류 전단강도(τ_{res})는 식 (4.2)와 같다(그림 4.14).

$$\tau_{res} = c_{jres} + \sigma_n \tan\phi_{jres} \tag{4.2}$$

여기서, ϕ_{jres}와 c_{jres}는 잔류 조건에 대한 마찰각과 점착력이다. 대부분의 경우 c_{jres}는 작거나 제로이기 때문에 식 (4.3)과 같이 된다.

$$\tau_{res} = \sigma_n \tan\phi_{jres} \tag{4.3}$$

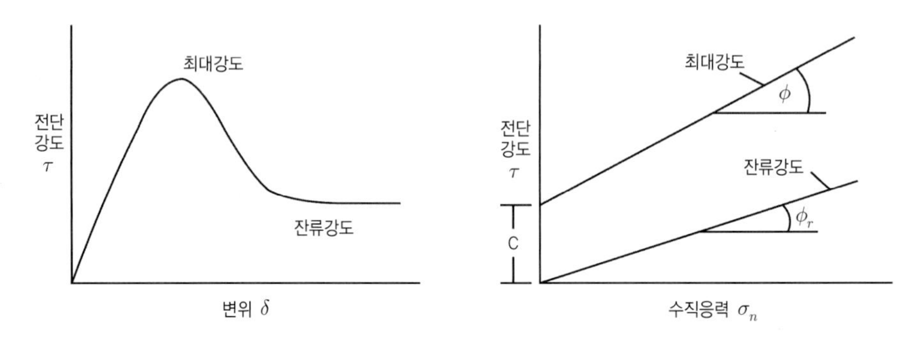

그림 4.14 직접전단시험으로부터의 불연속면에 대한 Mohr-Coulomb의 전단강도(Hoek, 2002)

암반 불연속면의 직접 전단강도에 대한 현장시험의 표준시험법으로는 ASTM의 D4554-90(1995 재승인)이 있고, ASTM의 D5607-95는 불연속면을 포함하는 암석 시료에 대한 실험실 직접 전단강도시험을 수행하기 위한 표준시험법을 나타낸다. ISRM(2007)은 실험실과 현장에서 직접 전단강도를 결정하는 방법을 제안하였다.

이상적인 전단강도시험은 독립된 하나의 불연속면에 대해서 대규모의 현장시험을 수행해야 하지만, 시험비가 많이 들기 때문에 일반적으로 실시되지 않는다. Simons et aI.(2001)은 비용뿐만 아니라 현장에서 직접 전단시험이 불가능한 이유들에 대해 다음과 같이 언급하고 있다.

- 시험할 불연속면을 노출시키는 문제
- 수직 및 전단하중의 작용에 대한 적절한 반력을 제공하는 문제
- 전단변위가 발생하는 동안 수직응력이 안정하게 유지되는 것을 보장하는 문제

현장시험의 대안으로 실험실에서의 직접 전단시험을 수행하는 것이지만, 불연속면의 대표성을 갖는 시료를 시험하는 것이 어렵기 때문에 시료의 크기효과는 피할 수 없다.

불연속면을 포함하는 암석시료를 사용하여 불연속면의 직접 전단시험을 수행할 때 일반적으로 사용되는 장비는 휴대용 직접 전단상자(그림 4.15)이다. 이것은 다용도로 쓸 수 있지만 다음과 같은 문제들이 있음을 Simons et aI.(2001)은 지적하고 있다.

- 유압잭을 통해 수직하중이 상부 박스에 작용되고 하부 박스에 부착된 케이블 루프에 대해서는 반대로 하중이 작용된다. 전단이 일어나는 동안에 거친 불연속면의 팽창에

반응하여 수직하중이 증가되는 결과가 발생하기 때문에 수직하중에 대한 조정이 필요하다.

- 전단변위가 증가함에 따라 수직하중의 작용방향이 수직으로부터 점차 이동하기 때문에 이에 대한 보정이 필요할 수 있다.
- 정확한 전단과 수직 변위가 필요한 경우에는 전단거동 시 수평 및 수직 운동에 대한 구속조건에서 상대적으로 많은 변위들을 측정할 필요가 있다.

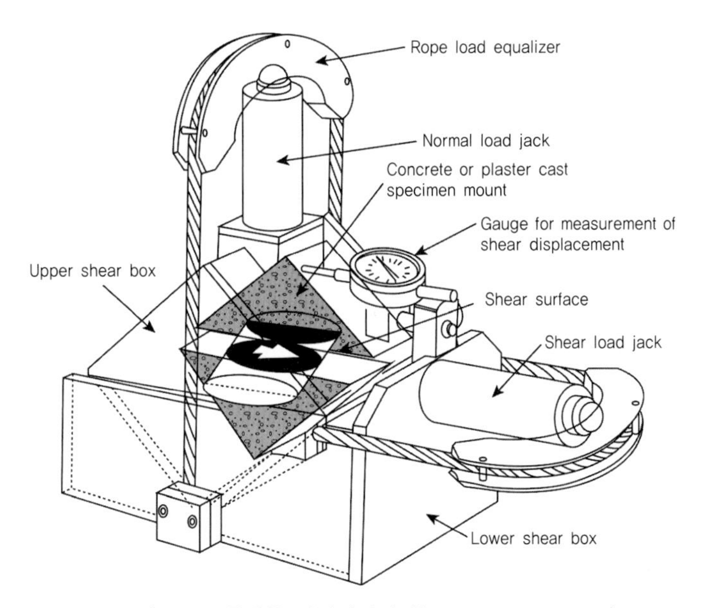

그림 4.15 휴대용 직접전단장비(Hoek & Bray, 1981)

Hencher and Richards(1982)의 직접전단 시험장비(그림 4.16)가 불연속면의 직접전단 시험에 더 적합하다. 휴대용으로 현장에서 사용할 수 있으며, 약 75mm(즉, NQ와 HQ 시추코어)까지의 시료에 대해 시험할 수 있다. 일정한 수직 하중은 캔틸레버로 작용시키고 전단하중은 점진적으로 슬라이딩 파괴가 발생할 때까지 증가시킨다. 하부 블록에 대한 상부 블록의 수직 및 수평 블록의 변위는 다이얼 게이지 등으로 측정될 수 있다. 자연 균열이 점토충전물로 피복되었거나 또는 심한 점토 변질이 있는 경우에는 포화시험을 수행할 수 있는 특별한 장치들이 필요하다.

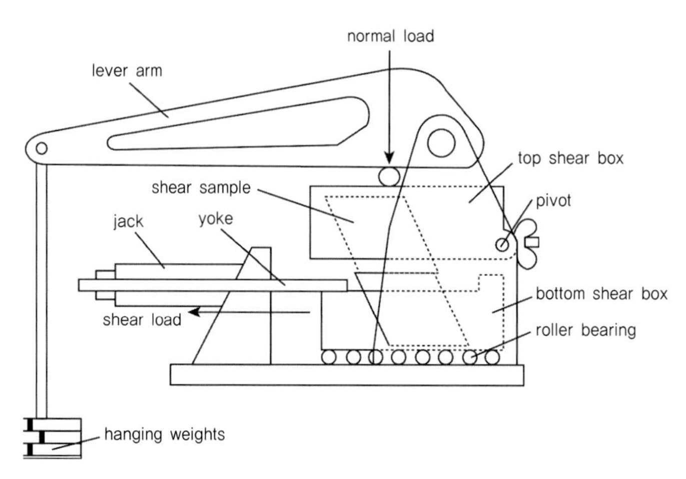

그림 4.16 Hencher and Richards(1982)가 사용한 직접전단 시험장비(Hoek, 2002)

시험결과들은 일반적으로 전단변위-전단응력 곡선으로 표현되며, 각 시험은 한 쌍의 전단(τ)과 수직(σ_n) 응력값을 생성하게 된다. 그리고 보통 Mohr-Coulomb 파괴기준으로 불연속면의 강도를 정의하기 위해 작도된다. Mohr-Coulomb 파괴기준이 실제적으로 가장 일반적으로 사용되고 있지만, 전단강도 파괴곡선의 비선형성이 고려되지 않는 것에 주목해야 한다. 따라서 타당성을 갖는 전단강도의 변수 값들을 구하기 위해서는 현장조건과 일치하는 수직응력의 범위에서 수행되어야 한다. 이러한 이유 때문에 문헌들에서 보고되고 있는 값들을 인용할 때는 인용된 값이 적용대상과 다른 수직응력의 범위에서 결정이 되었다면 특별한 주의를 기울여야 한다. 문헌에서 인용되는 일반적인 값들은 암석사면의 경우에서는 유용할 수 있지만, 구속응력이 사면보다 더 큰 지하구조물에 적용할 경우에는 적합하지 않을 수 있다.

불연속면의 접촉면적을 계산할 때는 전단변위 발생에 따라 생기는 면적의 감소문제를 고려해야 한다. 경사진 시추코어 내의 불연속면 표면은 타원형상을 갖기 때문에 이에 따른 접촉면적(A_c)의 계산 공식은 식 (4.4)와 같다(Hencher and Richards, 1989).

$$A_c = ab\pi - \sqrt{\frac{\delta_s b(4a^2 - \delta_s^2)}{2a}} - 2ab\sin^{-1}\left(\frac{\delta_s}{2a}\right) \tag{4.4}$$

여기서, 2a와 2b는 타원형의 장축과 단축이고, δ_s는 상대적인 전단변위이다.

시추코어를 사용하여 암맥이나 충전물들을 포함하는 불연속면들의 전단강도를 결정하기 위한 삼축압축시험은 Goodman(1989)의 시험절차가 이용될 수 있다. 파괴평면이 하나의 불연속면(그림 4.17(a))에 의해 정의되는 경우에 파괴평면에 대한 수직 및 전단응력은 Mohr 원(그림 4.17(b))의 극점을 사용하여 계산될 수 있다. 이런 절차가 적용이 되면 여러 시험들의 결과들로부터 불연속면의 점착력(C_j) 및 마찰각(ϕ_j)을 결정할 수 있다(그림 4.17(c)).

Flores and Karzulovic(2003)는 충전물이 없는 불연속면의 전단강도 값을 표 4.2에 제시하였다.

표 4.2 충전물이 없는 불연속면의 전단강도 값(Flores and Karzulovic, 2003)

암석벽면/충전물	전단강도				
	최대		잔류		
	마찰각(°)	점착력(kPa)	마찰각(°)	점착력(kPa)	
결정질 석회암			42~49	0	Franklin & Dusseault (1989)
다공질 석회암			32~48	0	
백악			30~41	0	
사암	32~37	120~660			
실트스톤	20~33	100~790			
연약한 셰일	15~39	0~460			
셰일			22~37	0	
판암			32~40	0	
규암			23~44	0	
세립질 화성암			33~52	0	
조립질 화성암			31~48	0	
현무암			40~42	0	Giani(1992)
방해석			40~42	0	
경사암			34~36	0	
돌로마이트			30~48	0	
석고			34~35	0	
기타 규암			38~40	0	
편마암			38~40	0	
반암	45~60	0			
화강암	45~60	1000~2000			Lama & Vutukuri(1978)
판암 내 절리	37~43	0			McMahon(1985)
규암 내 절리	34~38	0			

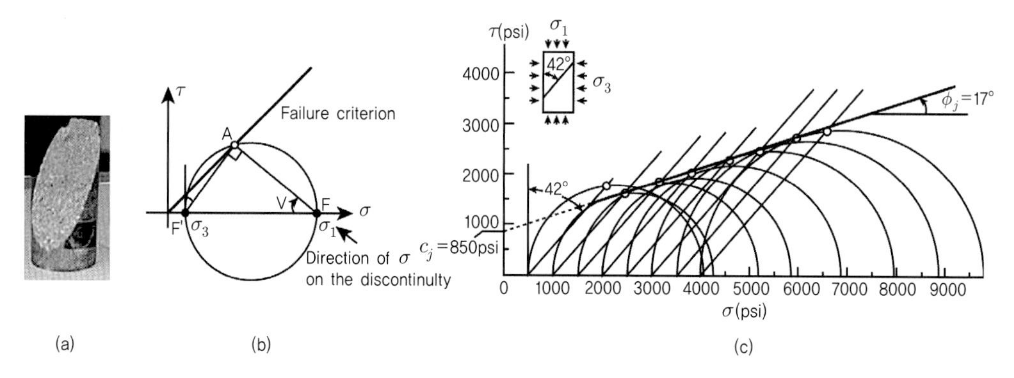

그림 4.17 강한 충전물이 있는 불연속면들의 전단강도를 결정하기 위한 삼축압축시험(Goodman, 1989).

4.5.2 불연속면 강도에 미치는 영향요소

(1) 불연속면의 거칠기

불연속면의 거칠기가 마찰각을 증가시킨다. 이러한 연구는 불안정한 석회암 사면에서 층리 표면을 연구한 Patton(1966)에 의해 제시되었고, 층리면이 거칠면 거칠수록 사면의 경사가 더 가파르게 유지된다는 것을 제시하였다. 일정한 톱니형태의 모델 절리들의 전단에 대한 실험 자료를 기초로 하여, Patton(1966)은 거친 불연속면에 대해 다음과 같이 두 개의 선형 파괴기준을 제안하였다(그림 4.18).

$$\sigma_n \le \sigma_{ny} \text{이면,}\ \tau_{\max} = \sigma_n \tan(\phi_b + i) \quad (4.5\ \text{a})$$

$$\sigma_n \ge \sigma_{ny} \text{이면,}\ \tau_{\max} = c_{jeq} + \sigma_n \tan(\phi_{jres} + i) \quad (4.5\ \text{b})$$

여기서, ϕ_b는 평편한 암석표면의 기본 마찰각, i는 전단력이나 거칠기각의 방향에 대한 파괴면의 경사각, ϕ_{jres}는 불연속면의 잔류 마찰각, σ_{ny}는 거칠기가 항복을 일으키는 수직응력, c_{jeq}는 불연속면에 대해 일종의 '등가의' 점착력으로 정의되며 거칠기로부터 유도되는 전단강도의 절편이다(그림 4.18).

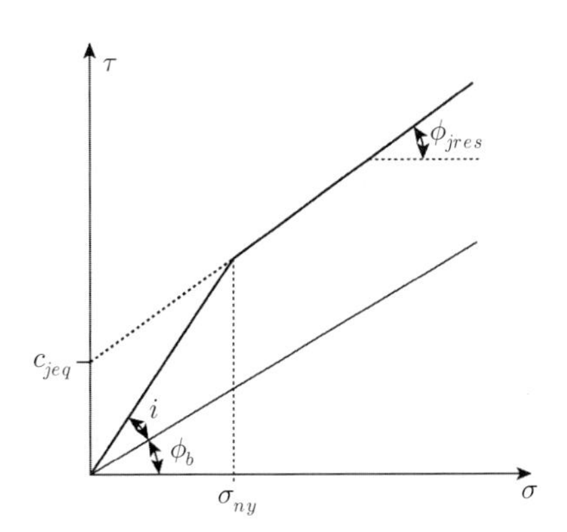

그림 4.18 거친 불연속면들의 전단강도에 대한 2개 선형 파괴기준(Patton, 1966)

Patton(1966)은 거칠기를 1차 및 2차 거칠기로 구분하여 제안했고, 1차 거칠기는 불연속면의 주요 만곡에 해당하는 거칠기로 0.5m보다 더 큰 파장과 10~15°보다 크지 않은 거칠기 각을 나타낸다(그림 4.19). 2차 거칠기는 0.1m보다 더 작은 파장과 20~30° 정도의 높은 거칠기 각을 갖는 불연속면의 작은 요철에 해당하는 거칠기이다(그림 4.19). 현장조사에서는 1차 거칠기만이 합리적인 판단을 위해 고려되어야 한다고 했지만, Barton(1973)은 낮은 수직응력에서는 2차 거칠기도 또한 고려되어야 한다고 했다.

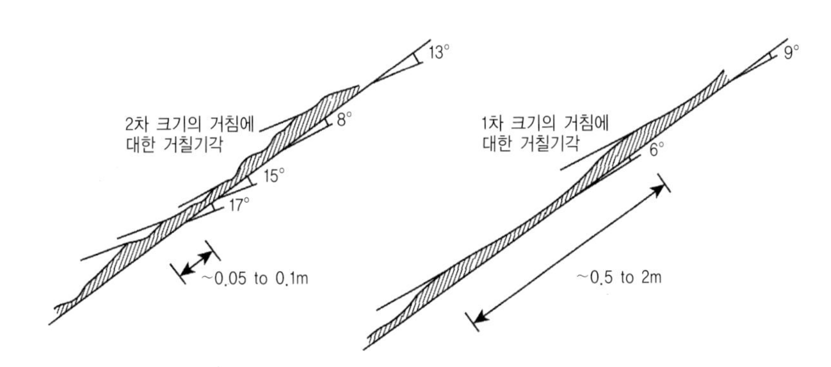

그림 4.19 거친 불연속면들에 대한 1차 및 2차 거칠기의 정의(Wyllie and Norrish, 1996)

Wyllie and Norrish(1996)는 암석사면에서 불연속면의 실제 전단능력은 불연속면의 거칠기 및 불연속면의 강도, 작용하는 수직응력 및 전단 변위량 등의 결합된 효과에 의한 것임을 보여주었다(그림 4.20). 그리고 거칠기가 전단에 의해 깎이고 유효응력이 증가되어 마찰각은 필연적으로 감소가 일어난다. 즉, 팽창에서 전단으로 전이가 있게 된다.

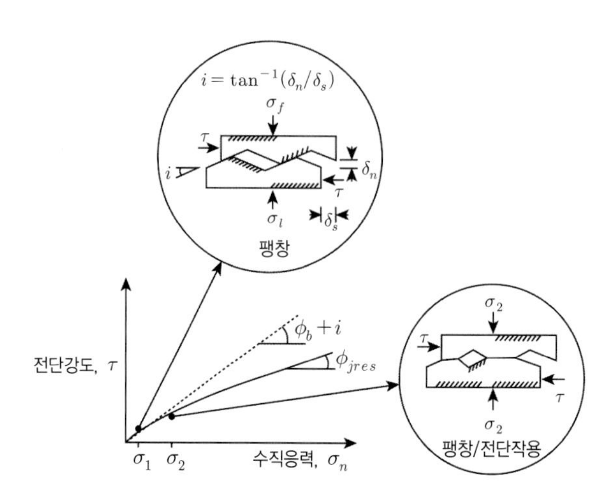

그림 4.20 불연속면의 마찰각에 대한 수직응력과 표면의 거칠기 효과(Wyllie, 1992)

불연속면의 거칠기가 전단이 되는 정도는 거칠기의 강도 및 전단변위와 관련된 수직응력의 크기에 좌우된다. 처음에 교란되지 않고 서로 맞물려 있는 거친 불연속면은 $(\phi_b + i)$각인 최대 마찰각을 갖게 된다. 수직응력 및 전단변위가 증가함에 따라, 거칠기는 전단이 되어 떨어져 나가게 되고 마찰각은 점차적으로 최소 잔류값까지 감소하게 된다. 이러한 팽창 전단거동은 $\tan(\phi_b + i)$와 같은 초기 기울기는 높은 응력에서 $\tan(\phi_{jres})$로 감소하는 강도곡선으로 표시된다.

또한 평면이 아닌 불연속면인 경우 다음과 같은 두 가지 특징도 고려되어야 한다.

1) 일부 표면의 거칠기는 우세한 방향을 나타낼 수 있다. 이 경우, 불연속면의 전단강도는 미끄럼 방향에 의해 영향을 받으며, 전단강도는 거칠기 방향보다는 가로지르는 경우가 훨씬 더 크다(그림 4.21).

2) 전단강도는 수직하중이 작용하는 방법과 불연속면의 체적팽창이 어떻게 제한되는지에 의해 영향을 받는다(Goodman, 1989). 이것은 실제로는 통상 무시되지만, 전단강도의 파괴기준은 구조물이 거칠지라도 수직응력은 전단작용 동안 일정하게 유지되는 것으로 가정한다. 이것은 사면에서는 슬라이딩 블록이 체적팽창에 대해 큰 저항을 부여하지 않기 때문에 허용될 수 있다. 특히 잠재적으로 불안정한 블록의 두 개의 면에 평행하거나 또는 거의 평행하다면, 체적팽창에 대해 큰 구속이 있을 수 있는 지하암반에서는 허용되지 않는다.

절리 거칠기와 벽면 강도를 고려할 때 Barton and Bandis(1982)는 최대 마찰각의 추정은 아래와 같이 가정함으로써 얻을 수 있다고 제안하였다.

$$\phi_j \approx \tan^{-1}\left(\frac{J_r}{J_a}\right) \tag{4.6}$$

여기서 J_r 절리 거칠기 계수이고 J_a는 절리 변질계수이다.

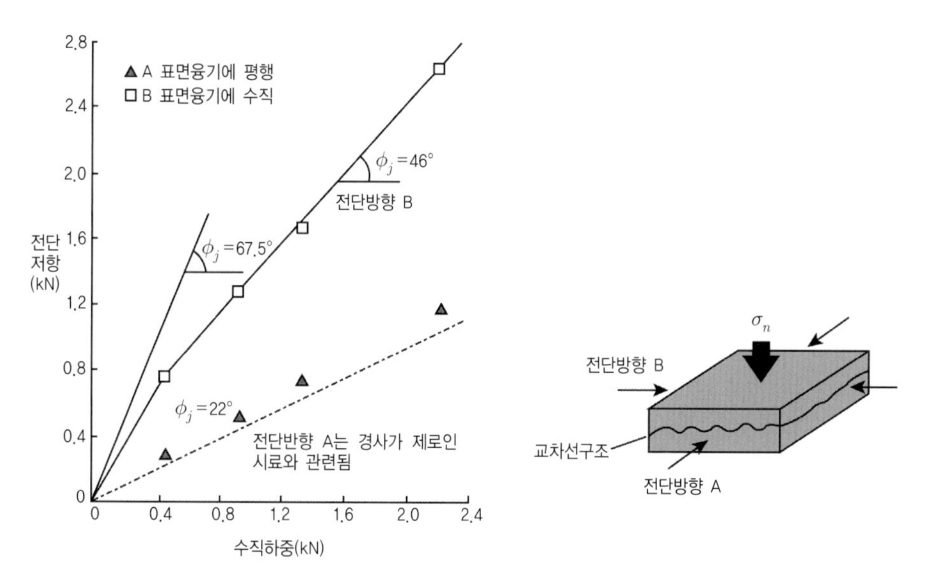

그림 4.21 거칠기에 의한 전단강도의 이방성(Simons et al., 2001)

(2) 충전물

충전물의 존재는 불연속면의 강도에 중요한 영향을 미칠 수 있기 때문에 현장에서 충전물들이 식별이 되어 구조물의 안정성 분석이나 설계에 적절한 강도변수를 적용하는 것이 중요하다. 전단강도에 대한 충전물의 효과는 충전물의 광물의 종류, 입자의 크기, 충전물의 두께 및 함수량과 투수율, 과압밀 비 등과 같은 물성 및 역학적 성질에 따라 달라질 수 있다. 그림 4.22는 충전된 불연속면들에 대한 직접 전단시험의 결과이고, 이것은 충전물이 두 개의 그룹으로 분할될 수 있음을 보여준다(Wyllie and Norrish 1996).

1) 점토. 몬모릴로나이트, 벤토나이트 점토 및 석탄층과 관련된 점토. 점토는 약 8°에서 20° 범위의 마찰각을 가지고, 0에서 약 200kPa의 범위의 점착력 값을 갖는다(일부 점착력 값은 매우 단단한 점토와 관련되어 380kPa 정도까지 측정됨).

2) 단층, 전단대 및 각력들. 화강암, 섬록암, 현무암과 석회암과 같은 단층 및 전단대에서 형성되는 물질은 입자성 조각파편뿐만 아니라 점토를 포함할 수 있다. 이러한 물질들은 약 25°에서 45°의 마찰각과 0에서 약 100kPa 범위의 점착력 값을 갖는다. 화강암과 같은 조립질 암석에서 파생된 단층에서 발견되는 파쇄된 물질(단층 가우지)은 석회암과 같은 세립질 암석에서 파생된 파쇄된 물질보다 더 높은 마찰각을 갖는 경향이 있다.

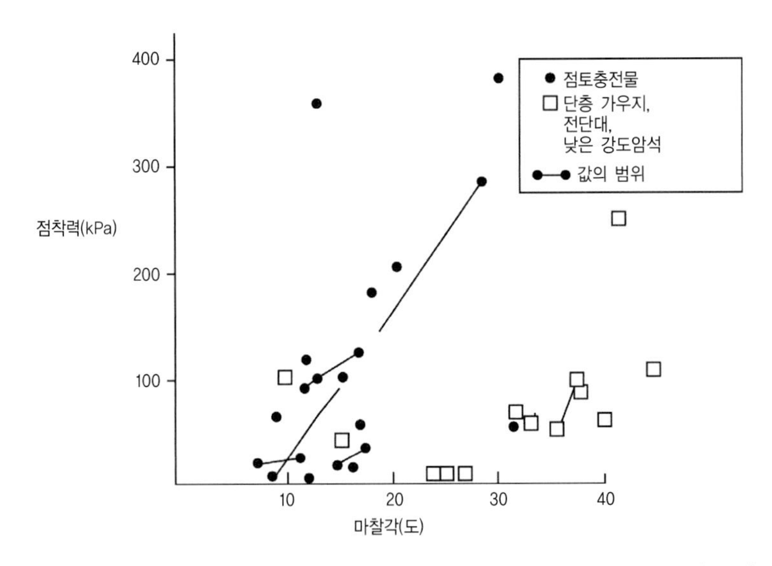

그림 4.22 충전된 불연속면들의 최대전단강도(Barton(1974)의 것으로부터 Wyllie(1992)가 수정)

Holtz & Kovacs(1981)는 유효 마찰각과 일반적으로 고결된 비교란 점토의 소성지수 사이의 경험적인 상관관계를 그림 4.23과 같이 제시하였다. Flores and Karzulovic(2003)은 충전물이 없는 불연속면의 전단강도, 얇음에서 중간 정도의 충전물을 갖는 불연속면의 전단강도, 그리고 일부 단층에서 채취한 분쇄물질(단층 가우지)에 대한 전단강도 값에 대해 비교 목록을 제공하고 있어 불연속면들의 전단강도의 매개변수들에 대한 좋은 참조가 될 수 있다.

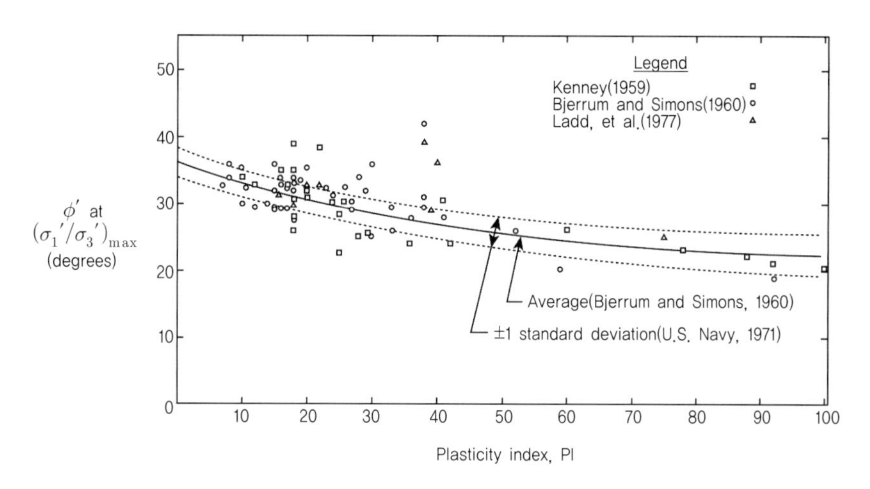

그림 4.23 일반적으로 고화된 점토에 대한 삼축시험의 마찰각과 소성지수 사이의 경험적인 상관관계 (Holtz & Kovacs, 1981)

(3) 불연속면의 변위

Wyllie and Norrish(1996)는 전단강도-변위 거동도 충전된 불연속면들의 전단강도와 관련하여 고려해야 할 추가적인 요소임을 지적했다. Barton(1974)은 충전된 불연속면은 이전 발생의 변위에 따라 두 가지 범주, 즉 일반적인 압밀(NC, normally consolidated)과 과압밀된(OC, overconsolidated) 물질로 세분화했다(그림 4.11). 사면에서의 파괴는 변위와 함께 전단강도가 상당히 감소하는 경우 작은 양의 움직임에 뒤이어 갑자기 발생될 수 있다. 최근에 변위가 있었던 불연속면들은 단층, 전단대, 압쇄암 점토와 층리면의 미끄럼면을 포함할 수 있다. 단층 및 전단대에 있는 충전물은 전단작용이 여러 번 발생되었거나 또는 상당한 변위를 일으켰던 전단작용에 의해 형성될 수 있다. 이러한 전단과정에서 형성된 분쇄물(가우지)은 전단작용의 방향에 평행하게 배열된 각력들과 점토크기의 입자들을 포함할 수 있다. 반면에, 층리면의 미끄럼면은 원래 점토를 함유했던 불연속면들이었고 이것을 따라 습곡이나 단층작용동안 미끄럼이 발생되기도 한다.

최근에 변위가 생긴 불연속면의 전단강도는 잔류강도이거나 또는 비슷하다(그림 4.24의 도표 I). 이전의 과압밀 때문에 점토에 존재하고 있는 점착력들은 전단작용에 의해 파괴될 것이며, 충전물은 일반적으로 압밀된(NC) 물질과 같아질 것이다. Wyllie and Mah(2004)는 부가적으로 변형률 연화는 함수량의 증가와 함께 강도가 더 감소되는 결과에 의해 발생할 수 있다고 했다. 변위가 발생되지 않은 불연속면들의 충전물은 최대 강도에서 큰 차이를 갖는 NC와 OC 물질로 나누어진다(그림 4.24의 도표 II 및 III). 충전물

중 OC 점토의 최대 강도가 높을 수 있지만, 제하 시 연화, 팽창과 공극압의 변화에 의해 상당한 강도의 손실이 있을 수 있다고 했다.

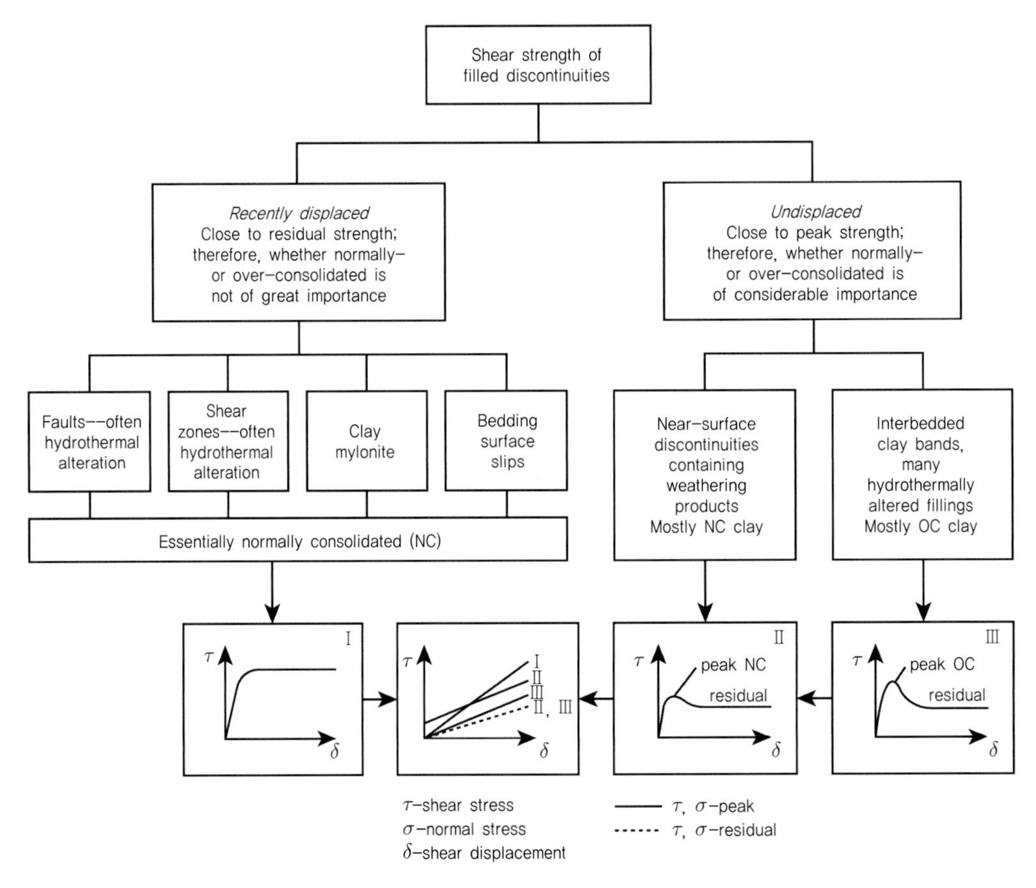

그림 4.24 일반적인 압밀(NC) 및 과압밀된(OC) 형태의 충전물질, 그리고 변위가 있거나 없는 충전된 불연속면의 단순화된 분류(Barton(1974)으로부터 Wyllie & Norrish(1996)에 의해 수정)

(4) 크기 효과

절리의 거칠기계수 JRC 값은 부드럽고 평면적이며 단층경면이 있는 표면으로부터 파도 모양의 거친 표면까지 0에서 20의 범위를 갖는다. JRC를 평가하는 다른 여러 가지 방법이 있지만, 가장 널리 사용되는 절차는 그림 4.25에 표시된 도표나 그림 4.26에 도시된 것과 같은 표준 단면을 사용하여 시각적으로 표면조건을 비교하는 것이다. 표 2.8과 그림 2.46의 도표가 실제로 널리 사용되지만, JRC의 크기효과와 관련된 판단이 요구되고 있다. 일반적인 거칠기 측정방법은 아니지만 기계적인 프로파일 측정기 또는 목수의 빗 같은 것(Tse and Cruden, 1979)을 사용하여 거칠기를 측정하는 방법도 있다(그림 4.26).

불연속면의 크기가 증가함에 따라 JRC 및 JCS 값 모두가 감소되고 크기효과에 의해 영향을 받는다. 이것은 소규모의 거칠기가 길이가 더 긴 불연속면에 비해 덜 중요한 이유이고, 결국 대규모의 만곡이 소규모 거칠기보다 더 중요한 이유이다(그림 4.27).

Mohr-Coulomb의 파괴기준에 의해 정의된 바와 같이 불연속면의 전단강도에 대한 크기효과에 관한 논의가 제한적일지라도 다음과 같은 결과들이 언급되고 있다.

- 실험실 시험에서 불연속면들의 전단강도는 과평가되고, 특히 점착력이 과평가되고 있다.
- 구조적으로 생기는 불안정성에 대한 여러 역해석 결과들에서 신선한 경암의 벽면을 갖는 지질구조들의 최대 전단강도는 10-30m 규모와 낮은 구속조건에서 점착력은 0에서부터 매우 낮은 값을 가지며, 마찰각은 45-60° 범위의 값을 갖는다.
- 낮은 구속조건과 50-200m의 규모에서는 수 센티미터의 점토 충전물을 갖는 구조들은 0-75kPa 범위의 점착력과 18-25° 범위의 마찰각을 갖는 최대강도를 갖는다.
- 낮은 구속조건과 25-50m의 규모에서, 진흙으로 충전되지 않은 밀봉된 구조들은 50-150kPa 범위의 점착력과 25-35° 범위의 마찰각을 갖는 최대강도를 갖는다.

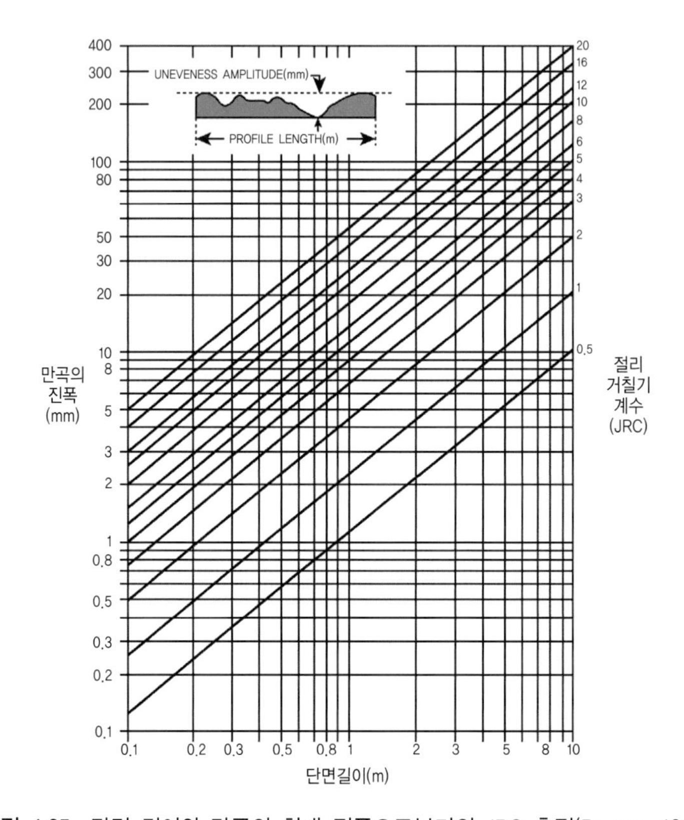

그림 4.25 단면 길이와 만곡의 최대 진폭으로부터의 JRC 추정(Barton, 1982)

그림 4.26 거칠기 측정을 위한 목수의 빗

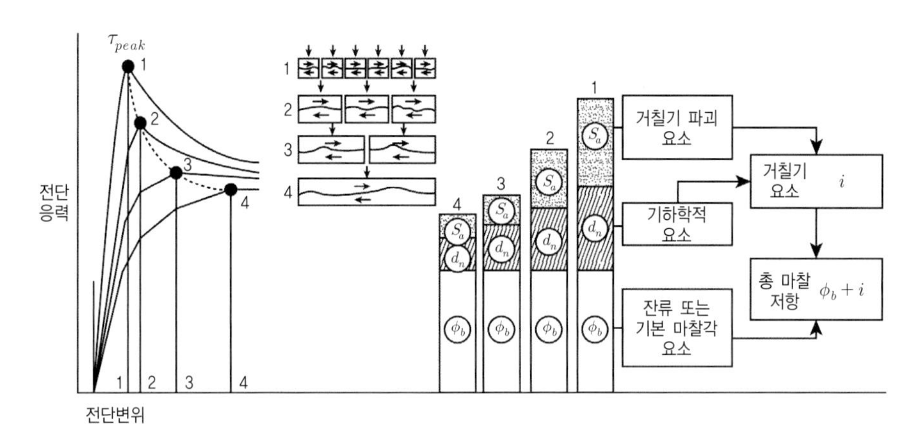

그림 4.27 평탄하지 않은 불연속면의 전단강도 구성요소에서의 크기효과의 요약. ϕ_b는 기본 마찰각, d_n은 최대 팽창각, s_a는 표면 거칠기의 강도 구성요소이고, i는 거칠기 각이다(Bandis et al., 1981).

Bandis et al.(1981)은 크기효과 연구에서 불연속면의 크기가 증가되면 나타나는 효과들은 다음과 같다고 발표하였다.

- 최대 전단강도를 발생시키기기 위해 필요한 전단변위가 증가한다.
- 최대 체적팽창의 감소나 거칠기 파괴의 증가로 최대 마찰각이 감소한다.
- 전단파괴는 취성모드에서 소성모드로의 변화한다.
- 잔류강도가 감소한다.

크기 효과를 고려하기위해 Barton and Bandis(1982)는 다음과 같은 경험적인 관계식(식(4.7)과 식(4.8))을 사용하여 JRC 및 JCS의 값을 감소시키는 것을 제안하였다.

$$JRC_F = JRC_O \left(\frac{L_F}{L_O} \right)^{-0.02/JRC_O} \tag{4.7}$$

$$JCS_F = JCS_O \left(\frac{L_F}{L_O} \right)^{-0.03/JRC_O} \tag{4.8}$$

여기서, JRC_F와 JCS_F는 현장 측정값이고, JRC_O와 JCS_O는 참조 값(일반적으로 10cm–1m의 규모)이다. L_F는 현장 블록의 크기이고, L_O는 참조길이(보통 10cm–1m) 이다.

구조물이 길면 너무 낮은 값을 만들 수 있기 때문에 위의 관계식 사용에 주의해야 한다. $JCS_F / JCS_O < 0.3$ 이거나 $JRC_F / JRC_O < 0.5$ 인 경우에는 이것을 수용할 좋은 이유가 없다면 의심스러운 것으로 간주해야 한다.

다른 JRC 값을 갖는 불연속면들에 대한 Barton-Bandis 강도곡선들이 그림 4.28에 제시되어 있고, 이러한 기준으로부터 최대 마찰각에 대한 상한값을 제시하고 있다.

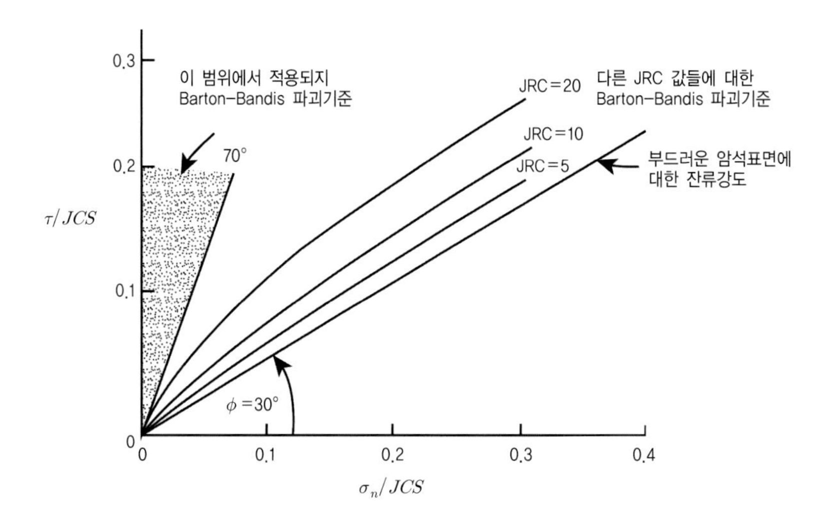

그림 4.28 다른 JRC 값을 갖는 불연속면에 대한 Barton-Bandis의 전단강도 곡선(Hoek and Bray, 1981).

Barton(1971, 1973)은 암반에 있는 불연속면의 전단강도에 대한 비선형의 경험적 Barton-Bandis 파괴기준을 도입하여 절리 거칠기 및 벽면 강도의 개념을 사용하여 불연속면의 최대 전단강도를 식(4.9)와 같이 정의하였다.

$$\tau_{\max} = \sigma_n \tan\left(JRC \log_{10}\left(\frac{JCS}{\sigma_n}\right) + \phi_b\right) \tag{4.9}$$

여기서, ϕ_b는 기본 마찰각이고, JRC는 절리 거칠기 계수 그리고 JCS는 암석 벽면의 일축압축강도이다.

만약 불연속면의 암석벽면이 암석과 암석이 직접 접촉하고 있다면, 충전된 불연속면들을 배제하는 것은 풍화 및 변질만이 고려될 수 있음을 의미한다. 이러한 배제의 영향으로

Barton-Bandis 파괴기준은 노천채광 사면에서 많은 지질조건에 적용될 수 없다는 것을 의미하기 때문에 적용에 주의를 해야 한다. 이러한 제한에도 불구하고, Barton-Bandis 파괴기준의 장점은 매개변수 JRC에 의한 표면 거칠기와 (JCS/σ_n)의 비에 의한 수직응력의 효과가 포함된다는 것이다. 따라서 식(4.9)는 식(4.10)과 같이 쓸 수 있다.

$$\tau_{\max} = \sigma_n \tan(\phi_j) = \sigma_n \tan(\phi_b + i) \tag{4.10}$$

여기서, 불연속면의 마찰각 ϕ_j는 기본 마찰각 ϕ_b에 불연속면의 거칠기와 암석벽면의 일축압축 강도에 따른 수직응력의 크기에 따라 좌우되는 증분 i를 더한 값으로 표시되며, 증분 i는 식(4.11)과 같다.

$$i = JRC \log_{10}\left(\frac{JCS}{\sigma_n}\right) \tag{4.11}$$

거칠기와 i값은 σ_n의 낮은 값에서 최대치에 도달하며, σ_n이 증가함에 따라 일부의 거칠기가 파괴되고 거칠기의 효과는 감소하게 된다. σ_n이 JCS의 값으로 변화됨에 따라 더 많은 거칠기들이 파괴되어 거칠기의 효과는 없어지게 된다. 결국, 모든 거칠기들이 파괴되면 거칠기의 효과는 완전히 없어지고, 이 경우는 ϕ_j와 ϕ_b가 같아진다. 일반적으로 ϕ_b는 30° 정도의 값을 취한다. 표 4.3의 값들은 일부 암종에 대한 추정치이며, 실제 ϕ_b는 간단한 경사판(tilt-table)시험 또는 톱니모양의 암석시료에 대한 직접 전단시험으로부터 결정될 수 있다.

불연속면의 암석벽면이 신선하고 변질이 되지 않은 경우의 JCS 값은 암석의 일축압축 강도 σ_c와 유사한 것으로 간주될 수 있으며, 암석 벽면이 심하게 풍화되었거나 또는 변질이 된 경우에는 JCS 값이 $0.25\sigma_c$보다 작을 수 있다. JCS를 평가하기 위해 Deere and Miller(1966)에 의해 제안된 다음의 상관관계식(4.12)이나 슈미트 해머가 사용될 수 있다.

$$JCS = 6.9 \times 10^{(0.0087 \rho R_{n(L)} + 0.16)} \tag{4.12}$$

여기서, JCS는 MPa 단위이고, ρ는 암석밀도로 단위는 g/cm^{3}이고 $R_{n(L)}$은 L-형 슈미트 해머의 반발계수이다. 값들의 분산이 큰 경우가 많기 때문에 상관관계를 사용하는 경우에는 주의가 필요하다.

표 4.3 일부 암종에 대한 기본 마찰각 ϕ_b의 일반적인 값(Barton, 1973; Barton and Choubrey, 1977)

암종	ϕ_b		암종	ϕ_b	
	건조	습윤		건조	습윤
각석암	32°		세립 화강암	31~35°	29~31°
현무암	35~38°	31~36°	조립화강암	31~35°	31~33°
백악		30°	석회암	31~37°	27~35°
역암	35°		사암	26~35°	25~34°
반암	31°		편암		27°
돌로마이트	31~37°	27~35°	실트스톤	31~33°	27~31°
편마암	26~29°	23~26°	점판암	25~30°	21°

4.5.3 응력-변형률 및 강성

(1) 응력-변형률 특성

불연속면의 응력-변형률 거동에 대한 상세한 논의는 Goodman(1976), Bandis et al.(1983), Barton(1986), Bandis(1993), 그리고 Priest(1993)의 문헌에서 볼 수 있다. 불연속면에 가해지는 하중은 통상 수직강성 K_n 및 전단강성 K_s에 의해 정의되는 구조물의 강성에 좌우되는 수직 및 전단변위를 일으킨다. 이것들은 수직(v_c) 및 전단(u_s)변위와 관련되는 수직(σ_n) 및 전단(τ) 응력의 변화율을 나타낸다(Bandis, 1993).

$$\begin{Bmatrix} d\sigma_n \\ d\tau \end{Bmatrix} = \begin{bmatrix} k_n & 0 \\ 0 & k_s \end{bmatrix} \begin{Bmatrix} dv_c \\ du_s \end{Bmatrix} \tag{4.13}$$

여기서,

$$k_n = \left(\frac{\partial \sigma_n}{\partial v_c} \right)_{u_s}, \quad k_s = \left(\frac{\partial \tau}{\partial u_s} \right)_{v_c} \tag{4.14}$$

따라서 수직 및 전단응력을 받는 불연속면에서 수직과 전단변위는 다음의 요인들에 의해 좌우된다.

- 불연속면 이루는 암석벽면의 초기 형상
- 틈새와 유효 접촉면적의 변화를 정의하는 암석벽면들 간의 접합 정도(그림 4.29)
- 암석벽면 물질의 강도와 변형성
- 충전물의 두께와 역학적 특성
- 구조물에 작용하는 수직 및 전단응력의 초기값 등

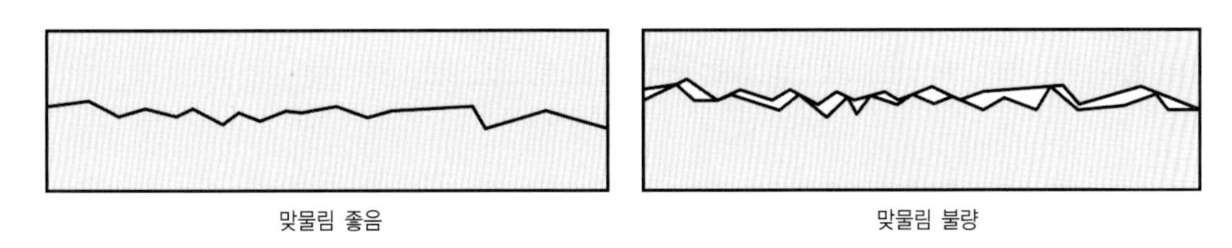

그림 4.29 암석 벽면에서의 불연속면의 맞물림 상태(Flores & Karzulovic, 2003)

불연속면은 수직의 인장응력을 지탱할 수 없으며, 불연속면이 주변 암석과 역학적으로 구별하기 어려운 범위에서는 제한된 수직 압축응력이 있을 것이라고 가정한다.

(2) 수직강성

불연속면의 수직강성은 불연속면에 수직하중을 가하는 압축시험으로부터 측정하거나(Goodman 1976), 다른 크기의 수직응력들에 대해 수직변위들이 측정이 된다면 직접 전단시험으로부터도 측정될 수 있다. 수직응력 σ_n이 증가할 때 불연속면이 닫힘에 따라 불연속면의 수직강성은 증가하지만, 불연속면이 최대 폐쇄 v_{cmax}가 되었을 때 도달되는 한계가 있다. 수직응력 σ_n과 불연속면의 폐쇄 v_c 사이의 관계가 포물선이라고 가정하면(Goodman et al., 1968) 수직강성을 식 (4.15)과 같이 정의할 수 있다(Zhang, 2005).

$$k_n = K_{ni}\left(1 + \frac{\sigma_n}{k_{ni}\, v_{cmax}}\right)^2 \tag{4.15}$$

여기서 k_{ni}는 초기 수직강성이며, 그림 4.30과 같이 수직응력-불연속면 닫힘(discontinuity closure) 곡선의 초기 접선으로 정의된다. σ_n이 인장이면 불연속면의 인장강도는 일반적으로 무시되어 k_n=0가 된다.

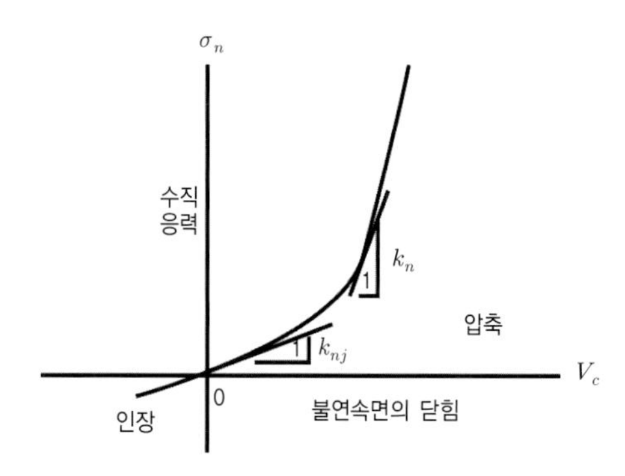

그림 4.30 수직응력-불연속면 닫힘 곡선에서의 k_n 및 k_{ni}의 정의

따라서, 불연속면의 수직강성을 결정하기 위해서는 강성의 초기값과 불연속면의 최대 닫힘을 알 필요가 있다. 실험결과로부터 Bandis et al.(1983)은 맞물려 있는 불연속면의 k_{ni}에 대해 식 (4.16)과 같이 제안하였다.

$$k_{ni} \approx -7.51 + 1.75\,JRC + 0.02\left(\frac{JCS}{e_i}\right) \tag{4.16}$$

여기서, k_{ni}은 GPa/m 단위(또는 MPa/mm)이고, JRC와 JCS는 Barton-Bandis의 파괴기준의 계수들이고, e_i는 불연속면의 초기 거칠기로 식(4.17)과 같이 추정될 수 있다.

$$e_i \approx JRC\left(\frac{0.04\sigma_c}{JCS} - 0.02\right) \tag{4.17}$$

여기서, e_i의 단위는 mm이며, σ_c와 JCS의 단위는 MPa이다.

맞물리지 않은 구조물들에 대해 Bandis et al.(1983)은 식(4.18)을 제안하였다.

$$k_{ni,mm} = \frac{k_{ni}}{2.0 + 0.0004 \times JRC \times JCS \times \sigma_n} \tag{4.18}$$

여기서 $k_{ni,mm}$은 맞물리지 않은 불연속면에 대한 초기 접선강성이다.

수직강성에 대한 크기효과에 대해서는 JRC와 JCS에 대한 환산값과 e_i에 대한 적절한 값을 사용함으로써 고려할 수 있다. 만약 평균간격이 s인 단 하나의 불연속면 그룹이 있고, 불연속면에 수직인 방향의 암석 영율 E와 암반 영률 E_m을 안다면, 구조물의 수직강성은 식(4.19)와 같이 계산될 수 있다.

$$k_n = \frac{E_m E}{s(E - E_m)} \tag{4.19}$$

(3) 전단강성

불연속면의 전단강성 k_s 또한 직접 전단시험으로 측정할 수 있다. 활선 최대 전단강성은 최대 전단강도 $\tau_{\max}$와 최대 조건에 도달하는 데 필요한 전단변위 $u_{s,peak}$ 사이의 비로로서 직접 전단시험으로부터 구할 수 있다(그림 4.31).

$$k_{s,peak} = \frac{t_{\max}}{u_{s,peak}} = \frac{\sigma_n \tan(\phi_j)}{u_{s,peak}} \tag{4.20}$$

불연속면의 최대 전단강성 $\tau_{\max}$와 $u_{s,peak}$도 크기효과에 의해 영향을 받는다(Barton and Bandis, 1982). Barton and Choubey(1977)는 최대 전단응력에 도달하는 데 필요한 변형 $u_{s,peak}$는 일반적으로 전단 방향의 불연속면 길이 L의 약 1%인 것을 발견하였다. Barton and Bandis(1982)는 직접 전단시험(전단에서 재하)에서 관측된 변위와 지진동 미끄럼 크기(전단에서 제하)의 분석에서 불연속면의 최대 전단강도에 도달하는 데 필요한 전단변위를 추정하기 위해 식(4.21)을 제시하였다.

$$u_{s,\,peak} = \frac{L}{500}\left(\frac{JRC}{L}\right)^{0.33} \tag{4.21}$$

여기서, L은 길이(m 단위)이고, JRC는 불연속면의 절리 거칠기 계수이다.

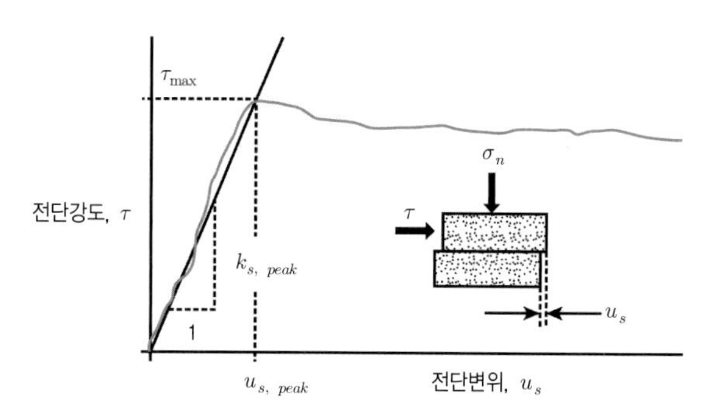

그림 4.31 직접 전단강도로부터 불연속면의 최대 활선 전단강성의 결정(Goodman, 1970)

이것들과 Barton-Bandis 파괴기준을 고려할 때 최대 전단강성을 추정하기 위해 식(4.22)을 제시하였다.

$$k_s = \frac{\sigma_n \tan\left(\phi_b + JRC\log_{10}\left(\frac{JCS}{\sigma_n}\right)\right)}{\frac{L}{500}\left(\frac{JRC}{L}\right)^{0.33}} \tag{4.22}$$

여기서, JCS와 JRC의 값들은 길이 L에 대해 추정되어야만 한다(단위는 m).

식(4.22)는 충전물을 갖는 구조에 적용해서는 안 되는 이유는 충전물의 두께가 거칠기의 최대 진폭을 초과하는 경우, 전단강성이 유효 수직응력의 크기와 함께 그렇게 많이 변화하지 않고 크기효과가 훨씬 덜 중요해지기 때문이다.

전단변위 u_s와 전단응력 τ 사이의 관계는 쌍곡선 함수(Duncan and Chang 1970, Bandis et al. 1983, Priest 1993)로 표시할 수 있고, 전단강성은 식(4.23)과 같이 정의하는 것이 가능하게 한다(Zhang 2005).

$$k_s = k_{si}\left(1 - \frac{R_f \tau}{\tau_f}\right)^2 \qquad (4.23)$$

여기서, k_{si}는 초기 전단강성이고 전단응력-전단변위 곡선의 초기 접선으로 정의 된다(그림 4.32). τ는 k_s가 평가되는 지점에서의 전단강도이고, τ_f는 파괴 시의 전단강도이고 R_f는 다음과 같이 주어지는 파괴율(failure ratio)이다.

$$R_f = \frac{\tau_f}{\tau_{res}} \qquad (4.24)$$

여기서, τ_{res}는 큰 전단변위에서의 잔류 또는 최대의 전단강도이다.

따라서, 전단응력 τ에서의 불연속면의 전단강성을 결정하기 위해서는 이 강성의 초기값, 파괴 시 전단응력 및 파괴율을 알아야 한다.

Kulhawy(1975)는 전단응력-전단변위 곡선, $k_{s,\,peak}$와 $k_{s,\,yield}$의 최대 및 항복점 둘 다에서 평가될 수 있는 불연속면의 전단강성에 대한 자료를 제시하였다.

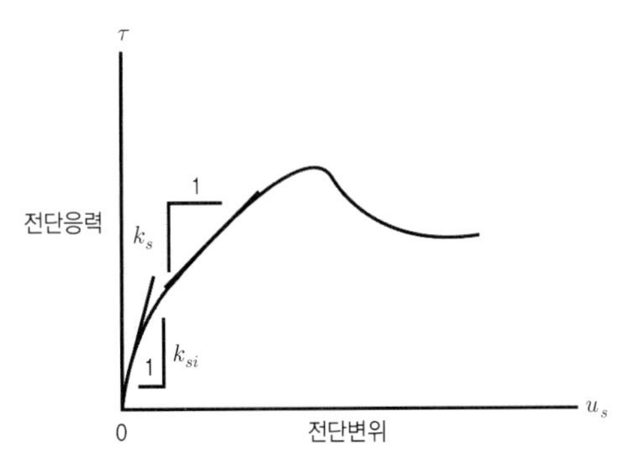

그림 4.32 전단응력-변위 곡선에서의 k_s 및 k_{si}의 정의

암석의 전단계수 G나 암반의 전단계수 G_m이 불연속면에 평행한 방향의 전단을 알고, 암반에 평균간격이 s인 한 그룹의 불연속면만이 부존한다면 구조물의 강성은 식(4.25)와 같이 계산될 수 있다.

$$k_s = \frac{G_m G}{s(G - G_m)} \tag{4.25}$$

수직 및 전단강성은 다음과 같이 요약할 수 있다.

1) 수직 및 전단강성은 암석벽면의 특성 및 형상, 암석벽면 간의 접합 정도, 충전물의 두께와 특성, 초기 조건, 수직응력 증분의 크기와 하중 사이클의 수에 따라 좌우된다.

2) 암석벽면과 충전물이 강하고 단단한 경우 일반적으로 수직 및 전단강성이 더 크다.

3) 블록 간 서로 양호한 맞물림을 이루는 불연속면의 수직 및 전단강성이 더 크다.

4) 문헌들의 수직 강성은 0.001~2000GPa/m 값을 나타내며, 전단강성은 0.01~50 GPa/m 값을 나타낸다. 통상 수직 및 전단강성의 값은 다음과 표 4.4와 같다.

표 4.4 일반적인 수직 및 전단강성의 값

불연속면 성질	수직강성 k_n (GPa/m)	전단강성 k_s (GPa/m)
부드러운 충전물을 갖는 불연속면	$k_n < 10$	$k_s < 1$
보통암에 분포하는 깨끗한 불연속면	$k_n = 10 - 50$	$k_s < 10$
경암에 분포하는 불연속면	$k_n = 50 - 200$	$k_s < 50$

Part. 05

고생대의 암석

Part. 05 고생대의 암석

한반도에서 고생대에 해당하는 지층은 하부 고생대의 조선누층군과 상부 고생대의 평안층군이 가장 대표적 지층이다. 옥천층군은 아직 지질시대에 대한 논란을 가지고 있는 지층이나 본 장에서 다루기로 하며 북쪽의 임진계와 두만계는 기술을 제외하였다. 이들 제반 지층들의 분포지는 그림 5.1과 같다.

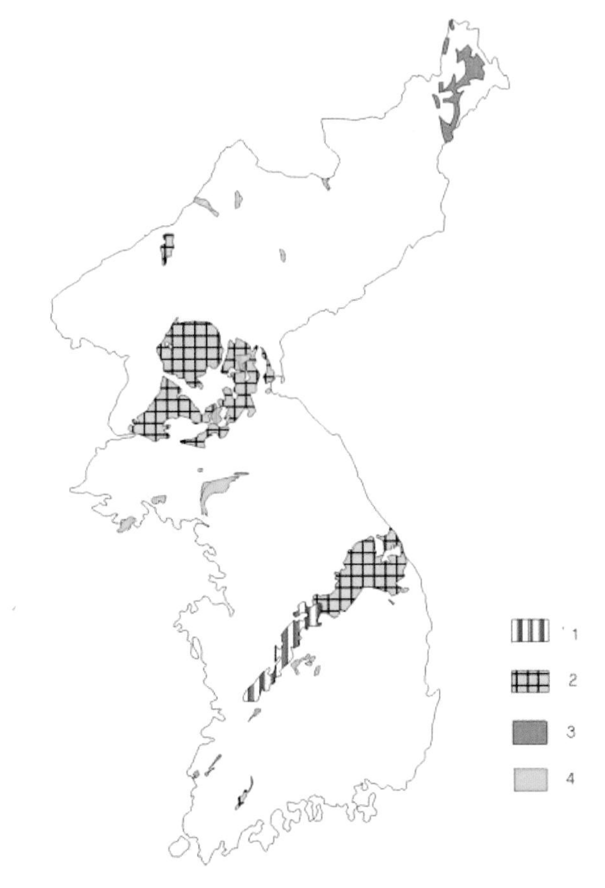

그림 5.1 한반도에서 고생대 지층의 분포도
(1. 옥천층군, 2. 조선누층군과 평안층군, 3. 두만계, 4. 임진계)

5.1 충청지역의 옥천대 변성암

옥천대는 한반도에서 현재까지 지질시대 및 층서 등에서 아직 그들이 확실히 규명되지 않은 지층이다. 옥천대의 지질시대에 대한 언급은 1957년부터 1970년에 걸쳐 수편의 논문을 발표한 손치무 교수는 옥천층군이란 연속적으로 퇴적된 층이 아니라 지질시대를 달리하는 수개의 지층이 상호 부정합관계를 가지고 교호층을 이루는 누층으로 조선누층군의 상위에 관계불명으로 놓인다고 주장하였다. 이에 반해 김옥준 교수는 1965에서 1970년에 걸쳐 논문을 통해 손치무 교수의 의견에 반대하며, 옥천층군은 조선누층군의 대석암층군 상부에 옥천층군이 놓이는 이유는 선캠브리아 시대의 옥천층군이 저각의 역단층인 오버스러스트에 기인한 것으로 간주하며 본 층군의 지질시대에 대한 논란이 팽팽히 맞서게 되었다.

옥천층군 내 화석산출은 충주 남방 소향산리 부근의 향산리돌로마이트층에서 발견된 고배류(archaeocyata) 화석에 관한 것이 최초(이대성과 이하영, 1972)이다. 그 후 옥천층군의 창리층 내에 협재된 석회암을 용해하여 코노돈트(condont) 미화석을 찾는 연구가 수행되었으나 단 몇 개체의 코노돈트 미화석편이 발견되었을 뿐이었다. 그러나 함역천매암인 황강리층에 포함된 석회암 역에서 초기 오도비스기를 지시하는 코노돈트 화석을 다량 발견함으로써(이재화 외, 1989) 황강리층이 적어도 초기 오도비스기 이후에 퇴적된 지층인 것이 밝혀졌다. 더불어 인접한 옥천층군에서 화석산출의 기대를 높여주었다. 이상과 같이 고생물학적 증거에 의한 옥층층군의 지질시대 언급은 고배류 화석의 발견으로 중부 캄브리아기의 해성층이라는(이대성 외, 1972) 발표도 있었지만 시대를 결정할 뚜렷한 증거들이 없어 이견이 있는 상태로 남아 있다. 그 후에 함역천매암 내의 석회암 역에서 코노돈트가 발견되어 이암층이 최소한 초기 오도비스기 이후라는 주장도 있으나, 한편으로는 옥천층군 내 각섬암에 대한 절대연령 측정치가 675Ma로 발표(민경원 외, 1995) 되면서 선캠브리아기의 자료들이 다시 나타나 아직까지 확실한 결론을 내리기는 어려운 상태이다.

옥천층군에 대한 변성작용에 관한 자료를 고찰하면, 김형식(1971)은 기원암의 종류에 따른 변성광물군에 따라 녹색편암상, 녹색편암-각섬암 점이상, 각섬암상의 누진지역으로 기재하고, 이들을 사장석, 흑운모, 녹니석, 양기석, 투각섬석, 석류석, 규선석, 각섬석, 투휘석 등의 출현 및 소멸현상과 성분변화를 근거로 녹니석대, 녹니석-흑운모대, 흑운모대, 석류석대, 규선석대로 구분하였으며, 이들은 Barovian형의 변성작용이라고 하였다.

그들은 소위 변성구에 나타나는 것으로 중앙부에 녹색편암상이 우세하고, 그 외측부로 갈수록 변성도는 점차 증가하여 녹색편암-각섬암 점이상이 되고 가장 외측부에 각섬암상으로 되는 대칭적인 유형을 보여준다. 이러한 대칭적인 유형이 옥천변동 당시 형성된 것인지 아니면 송림변동이나 대보변동 혹은 중생대 화강암의 영향을 받은 것인지는 확실치 않다. 다만 소위 비변성구로 알려진 북동부에는 이러한 유형의 변성대를 거의 볼 수 없다는 점이나, 1/5만 지질도 대전이나 유성, 보은 도폭에서처럼 이들의 분포가 F1 습곡축과 나란하며 지역에 따라 녹색편암상의 녹니석대와 흑운모대가 등사습곡에 의하여 아코데온처럼 반복되는 곳이 많다는 점, 화강암체와 비교적 가까운 흑운모대의 흑운모 생성연대가 430Ma (김옥준, 1982)으로 알려진 점, 흑운모의 반상변정들이 송림변동 시에 형성된 엽리면에 의하여 교란되고 압쇄음영대들이 관찰되는 점 등은 김형식(1970)에 의하여 구분된 변성분대의 일부는 옥천변동의 습곡운동과 동시에 형성된 것으로 볼 수 있게 한다.

일반적으로 옥천누층군이 분포하는 지역은 한반도에서 가장 지질구조적으로 복잡한 곳으로 수차례의 중복변형작용으로 지층이 매우 교란되어 있어 아직 지질구조가 확실히 정립되지는 않고 있다. 1970년대에 이 지역에서 최소한 3번의 습곡작용을 포함한 변형작용

표 5.1 조사자들이 설정한 옥천층군의 층서 및 지질대비표

지질시대	이대성 (1974)	Reedman et al (1975)	김옥준 (1970)	손치무 (1970)
주라기 트라이아스기	황강리층			황강리층 비봉층
퍼미안 석탄기 데본기				
사이루리아기				창리 사평리 미원
오도비스기	마전리층 창리층 문주리층		대석회암층군	화천리 문주리
캠브리아기	대향산규암 향산리돌로마이트	계명산층 대향산층	군자산층	대향산규암
선캠브리아시대	계명산층	문주리층 황강리층 명오리층 북노리층 서창리층 고운리층	황강리층 마전리층 창리층 문주리층 대향산규암 향산리돌로마이트 계명산층	

이 있었다는 주장(Reedman과 Fletcher, 1976)이 있었고, 그 후의 연구에서는 습곡작용 및 스러스트 단층 작용이 3~4회 반복되었다는 주장(이병주와 박봉순, 1983; Cluzel, 1990)이 있다.

5.2 강원지역과 단양-문경지역의 고생대 지층

강원도와 충청도에 걸쳐 하부 고생대 지층인 조선누층군과 상부 고생대 지층인 평안층군이 분포한다. 아래 내용은 『지질 및 암반공학』(2009)에서 이미 기술한 것이다.

5.2.1 조선누층군

조선누층군은 강원도에 주로 분포하며 강원도와 충청도에 걸쳐 하부 고생대 조선누층군 즉, 캠브리아기-오르도비스기 동안 퇴적된 지층을 모두 통칭하는 지층이다. 조선누층군에 대한 체계적인 연구는 1926년 이후 Kobayashi(1966)는 조선누층군의 암상이 지역에 따라 뚜렷한 차이가 있음을 인지하고, 지역에 따라 두위봉형, 영월형, 정선형, 평창형 및 문경형 조선누층군으로 구분하였다.

(1) 두위봉형 조선누층군

두위봉형 조선누층군은 지질시대에 따라 양덕층군, 하부 대석회암층군, 상부 대석회암층군의 세 가지로 분류된다.

① 양덕층군 : 양덕층군은 캠브리아기의 장산층과 묘봉층으로 구성된다. 장산층은 두위봉형 조선누층군의 최하부층으로 선캠브리아 시대의 화강편마암과 율리층군의 변성퇴적암류를 부정합적으로 덮고 있다. 장산층으로 주로 유백색, 담회색 혹은 담홍색의 규암으로 구성되어 있으며, 헤링본 사층리, 수평층리 및 점이층리 등이 관찰되기도 한다. 장산층의 두께는 지역에 따라 차이를 보이지만 대체로 150~200m 정도이다. Yun(1978)은 규암의 조직과 조성을 근거로 장산층이 해안 내지 연안환경에서 퇴적된 것으로 해석하였다. 묘봉층은 장산층을 정합적으로 덮으며, 두께는 80~250m이다. 묘봉층은 주로 암회색 내지 암녹회색의 실트질 내지 셰일로 구성되며,

박층의 세립질 내지 조립질 사암이 협재된다. 세일과 실트암 중에서는 연흔과 건열이 흔하게 관찰된다. 묘봉층은 조간대에서 대륙붕에 이르는 천해환경에서 퇴적된 것으로 알려져 있다(Kobayashi, 1966; Reedman and Um, 1975; 박병권 외 1985).

② 하부 대석회암층군 : 하부 대석회암층군은 캠브리아기의 대기층, 세송층 및 화절층으로 구성된다. 대기층은 주로 괴상의 담회색~회색, 유백색, 홍백색의 석회암으로 구성되어 있으며, 흑색 내지 적흑색의 셰일, 탄산각력암, 어란상 석회암, 돌로마이트질 석회암 등이 협재되어 나타난다. 대기층의 두께는 150~300m이다. 대기층은 맑은 물의 대륙붕환경에 형성된 환초(reef)환경에서 퇴적된 것으로 알려지고 있다. 세송층은 대기층을 정합적으로 덮으며, 주로 청회색, 녹회색 및 암회색의 이회암 혹은 점판암으로 구성되며, 박층의 사암층이나 담회색의 석회암층이 협재되기도 한다. 세송층의 두께는 10~30m이다. 박병권 외(1985)는 대기층에 협재된 박층의 사암을 저탁암으로 해석하고, 세송층이 저탁류와 암설류에 의해서 운반되어 쌓인 해저선상지 퇴적층이라 주장하였다. 화절층은 세송층을 정합적으로 덮으며, 두께는 200~260m이다. 화절층은 대부분이 석회암과 이회암의 교호층으로 구성되는 리본암과 평력암으로 구성되며, 상부에는 규암을 협재하기도 한다.

③ 상부 대석회암층군 : 상부 대석회암층군은 오도비스기의 동점층, 두무골층 막골층, 직운산층 및 두위봉층으로 구성된다. 동점층은 오도비스기의 최하부 지층으로 하위의 화절층을 정합적으로 덮는다. 동점층의 두께는 최대 50m 정도로 알려져 있다. 동점층으로 주로 암회색 내지 담갈색의 중립질 사암으로 구성되어 있다. 사암은 주로 세립질 내지 중립질의 석영으로 구성되며 원마도는 좋은 편이다. 퇴적구조는 대체로 미약하게 나타나며, 부분적으로 사층리가 관찰되기도 한다.
두무골층은 회색 내지 녹회색의 이회암, 평력암, 리본암, 실트암 내지 사암, 석회질 이암, 생쇄설성석회암 등으로 구성되며, 간혹 머드마운드도 관찰된다. 두무골층은 폭풍의 영향을 받는 조하대 환경의 탄산염 램프에서 퇴적된 것으로 생각되고 있다(Lee, Y.I. and Kim,J.C.., 1992; Kim, and Lee,J.C..,1998). 두무골 층위에 정합적으로 놓이는 막골층은 석회이암, 돌로스톤, 석회질 역암, 생쇄설 입자암, 어란상 석회암 등과 다양한 암상으로 구성되며, 두께는 250~400m이다. 막골층에는 생물교란구조, 스트로마톨라이트(stromatolite), 건열, 새눈구조, 증발잔류암의 캐스트

(cast)와 같은 다양한 퇴적구조가 관찰된다.

직운산층은 막골층의 상위에 정합적으로 놓이며, 층의 두께는 50~100m로 알려져 있다. 구성암석은 주로 흑색 셰일과 청회색 석회암이다. 직운산층은 많은 대형화석이 산출되는 것으로 유명하다. 두위봉형 조선누층군의 최상부를 차지하는 두위봉층은 하위의 직운산층을 정합적으로 덮으며, 상위의 평안층군에 의해서 부정합적으로 덮인다. 두위봉층의 두께는 약 50m이고 주로 담회색의 생쇄설물 석회암과 석회질 셰일로 구성된다.

(2) 정선형 조선누층군

정선형 조선누층군에 대한 지질학적 연구는 Hisakoshi(1943)에 의하여 동부, 중부 및 서부로 구분되었다. 동부의 캠브리아계 하부에 대해서 두위봉형 조선누층군을 따라 장산층, 묘봉층, 대기층을 인지하였으나, 대기층 상위의 캠브리아기 지층은 죽렴층이라 명명하고 이를 세송층과 화절층에 대비하였다. 죽렴층 상위에 오는 오도비스기 지층에서 동점층과 두무골층을 인지하였으나, 그 상위의 두꺼운 석회암층을 정선석회암층이라고 명명하였다. 중부지역에서는 동부지역과 마찬가지로 하부에 장산층, 묘봉층, 대기층을 그리고 최상부에 정선석회암층을 확인하였으나, 중상부의 캠브리아-오도비스 지층에 대해서는 자운층을 제안하였다. 또한 서부지역에서 암상이 매우 특이한 황색 내지 황갈색의 함력석회암층을 행매층이라고 명명하였고 그 하위층을 하부 석회암층 그리고 상위층을 상부 석회암층이라고 명명하였다.

(3) 평창형 조선누층군

평창지역에 분포하는 평창형 조선누층군은 변성작용을 심하게 받고 화석이 산출되지 않기 때문에 층서에 대한 견해가 다양하다. 평창지역을 처음 조사한 Hukasawa(1943)는 하부 고생대층을 하부로부터 송봉편암층, 변성대석회암층, 둔전천매암층으로 구분하였다. Kobayashi(1966)는 송봉편암층을 두위봉형 조선누층군의 장산층과 묘봉층에, 그리고 둔전천매암을 정선형 조선누층군의 자운층이나 두위봉형 조선누층군의 세송층에서 두무골에 해당하는 지층에 대비할 수 있다.

손치무 외(1971)은 송봉편암층을 방림층군으로 개칭하고 선캠브리아 시대의 지층으로 취급하였으며, 그 위에 안미리층군과 평창층군이 부정합적으로 놓이는 것으로 해석하였다. 안미리층군은 하부의 행화동규암층과 상부의 방학동편암층으로 구성되며, 두위봉형 조선누층군의 장산규암과 묘봉층에 각각 대비하였다. 평창층군은 안미리층군을 사교부정합으로 덮는 석회암으로 이루어진 지층에 대한 지층명으로 조선누층군 이후의 지층으로 간주하였다. 정창희 외(1979)는 평창지역의 조선누층군을 하부로부터 장산규암, 묘봉층, 풍촌층, 대하리층, 입탄리층, 정선석회암층으로 구분하고 두위봉형 조선누층군과 대비될 수 있다고 주장하였다.

(4) 영월형 조선누층군

영월형 조선누층군은 영월 일대에 분포하는 조선누층군으로 두위봉형 조선누층군을 비롯한 다른 지역의 조선누층군과는 근본적으로 다른 층서를 보여준다. Kobayashi(1953)는 영월형 조선누층군의 각동스러스트의 북서쪽에 분포하는 것으로 생각하였으나, 태백산지구 지하자원조사단은 이들이 단양과 제천지역까지 연장되어 분포한다고 생각하였다. 최근 연구결과에 따르면, 영월형 조선누층군의 분포는 동쪽의 각동스러스트, 북쪽의 상리스러스트, 그리고 북서쪽의 주천단층에 의해서 규제되는 것으로 생각되지만, 남서쪽의 경계는 명확하지 않다.

영월지역의 지질에 대한 연구를 최초로 수행한 Yoshimura(1940)는 영월형 조선누층군을 하부로부터 삼방산층, 마차리층, 와곡증, 문곡층, 영흥층으로 구분하였다. 삼방산층은 영월형 조선누층군의 최하부층으로 영월군 북면, 주천, 어상천 일대에 분포한다. 삼방산층은 적색, 녹회색, 담갈색 등 다양한 색의 사암, 실트암 및 셰일로 구성된다. 삼방산층의 두께는 400~750m로 보고된 바 있지만, 층재에서 반복되는 스러스트 단층과 습곡으로 인해 정확한 두께를 알기는 어렵다.

표 5.2 조선누층군의 지역별 형태 및 지층대비

지역 / 시기	두위봉형	정선형	평창형	영월형		문경형
캠브리아기 – 오르도비스기	두위봉층 직운산층 막골층 두무골층 동점층 화절층 세송층 대기층 묘봉층 장산층	행매층 정선석회암	정선석회암 입탄리층 대하리층 풍촌층 묘봉층 장산규암	영흥층 문곡층 와곡층 마차리층 삼방산층	삼태산층 흥월리층	도탄리층 정리층 석교리층 하내리층 마성리층 구랑리층

마차리층은 주로 마차리스러스트의 서쪽을 따라 띠 모양을 이루며 남북방향으로 배열되어 있으며, 평창군의 원동재 일대와 주천 부근에도 비교적 넓게 분포한다. 마차리층은 암회색의 석회암과 흑색셰일의 교호층으로 구성되며, 뚜렷한 호상구조를 보여준다. 마차리층 위에 정합적으로 놓이는 와곡층은 주로 괴상의 담회색 내지 회색 돌로스톤으로 구성된다. 와곡층은 주로 마차리스러스트의 서쪽에서 긴 띠모양을 이루면서 반복적으로 노출된다. 문곡층은 와곡층 위에 정합적으로 놓이며 리본암, 평력암, 입자암, 이회암 등의 다양한 암석으로 구성된다(Y.S. Choi 외, 1993).

영월형 조선누층군의 최상부층인 영흥층은 문곡층 위에 정합적으로 놓이며, 석탄기의 만항층에 의해 부정합적으로 덮인다. 영흥층은 대체로 암회색 내지 담회색의 석회암, 돌로마이트질 석회암 또는 돌로스톤으로 구성된다. 영흥층에서는 건열, 증발암 캐스트 등과 같은 퇴적구조들이 많이 관찰되며, 이들에 근거하여 영흥층은 건조한 기후의 조상대에서 조하대 지역에서 퇴적된 것으로 해석된 바 있다(Choi and Woo, 1993; Yoo and Lee, 1997).

5.2.2 평안층군

강원도 태백 장성 지역에서 영월을 거쳐 충청도 단양까지 이르며 분포하는 평안층군은 지역에 따라 층의 두께가 다양하며 최대 1400m에 이르며 석탄기에서 중생대 트라이아스기까지 걸쳐 퇴적된 지층이다(그림 5.2).

(1) 만항층

조선누층군의 석회암층을 부정합으로 덮고 있는 평안층군의 최하부인 만항층은 약 250m 내지 300m의 두께를 가진다(그림 5.2). 주로 진붉은색 및 녹회암 또는 담회색의 셰일과 녹색, 담녹색 또는 담회색의 중립 내지 극조립의 사암으로 구성되고, 백색, 담회색 또는 담홍색의 석회암이 협재되며 지역적으로는 기저에 역암이 분포한다. 하부의 적자색 셰일 내에는 드물게 적철석(hematite)이 노듈로 들어 있는 경우가 있다. 그리고 회녹색 셰일과 세립 사암에는 준녹니석 광물인 흑색의 오틀레라이트(ottrelite)가 다량 생성되어 있다.

대체로 암상에 의해 하부, 중부 및 상부로 나눌 수 있다. 하부는 기저로부터 역암, 역질사암, 담녹색 또는 백색의 조립사암이 우세한 부분과 적자색 셰일이 우세한 부분의 두 부분으로 나누어지며 셰일이 우세한 부분에서도 상부로 갈수록 사암의 협재 빈도가 높다. 중부에는 담녹색의 세립 내지 중립질 사암과 적자색 셰일이 교호되며 조립 사암이 협재된다. 특징적인 것은 중부에서부터 유백색 또는 담회색의 석회암이 협재되며 암색은 하부의 적자색에 비해 녹색이 점차 많이 관찰된다. 상부는 담녹색 내지 백색의 중립~조립 사암이 협재되는데 이는 함백산층의 사암과 매우 유사하다.

금천층과의 지질경계는 주로 암색에 의해 구분하였으나 함백산 대단층의 서부 박심골 동남부에서는 전형적인 본 층의 색상인 녹색 또는 적자색이 한 층준에서 회색으로 변하는 것이 관찰되어 지질 경계선 설정에 다소의 문제점이 있다고 볼 수 있다.

기저부에서는 드문드문 박층의 역암이 나타나며 주로 적자색 녹회색 및 담회색 셰일 적자색 세립 내지 중립사암, 담회색 내지 회색, 중립 내지 조립 사암으로 구성되어 있으며 수매의 렌즈상의 분홍빛 석회암을 협재한다. 하부암석은 주로 녹회색 셰일 및 적자색 사암이 호층로 나타나며 풍화로 인해 주로 황갈색을 나타낸다. 상부는 대체로 적자색 및 담회색 셰일층으로 구성되어 있으며 간간히 세립사암을 협재하고 담회색 셰일층도 풍화로 인해 황갈색으로 변함이 특징이다. 만항지역에서는 약 600~700m의 큰 폭을 가지나 이는 습곡에 의해 중첩된 것으로 판단된다.

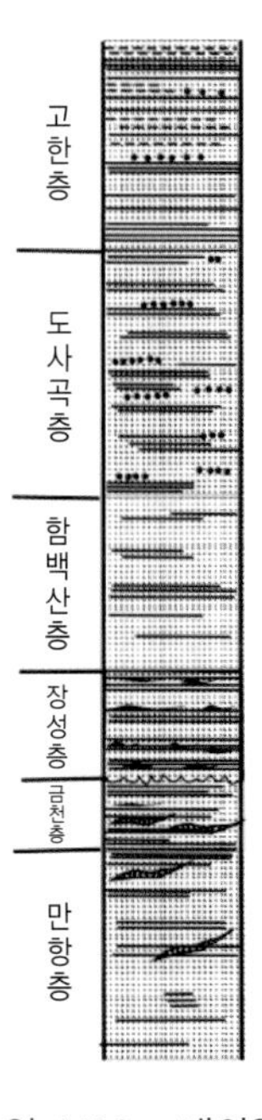

그림 5.2 총 두께가 약 1400m 내외인 평안층군의 주상도

(2) 금천층

하부의 만항층과는 주로 암색에 의해 구분하였으나 함백산 대단층의 서부 박심골 동남부에서는 전형적인 본 층의 색상인 녹색 또는 적자색이 한 층준에서 회색으로 변하는 것이 관찰되어 지질경계선 설정에 다소의 문제점이 있다고 볼 수 있다. 주로 암회색셰일과 회색~암회색, 세립~중립 사암, 셰일 및 암회색 렌즈상 석회암으로 구성되어 있다. 렌즈상으로 협재되는 석회암은 방추충을 비롯하여 완족류, 해백합 줄기 등의 화석을 함유하며 대체로 중부 이상의 셰일과 사암이 교호되는 호층대 내의 회색 셰일 내에 협재되나 때로는 사암과 호층을 이루기도 한다. 이 석회암(fusulina과에 속하는 화석을 포함하고 있다)은 대개 1~10m 두께의 렌즈 상으로 당시에 부분적인 해성 환경이었다는 것을 잘 가르쳐 준다. 사암에는 사층리와 점이층리 등의 퇴적구조가 관찰되며 본 층은 평안누층군의 타 지층에 비해 종횡으로 암상변화가 심한데, 이는 퇴적 당시의 지형에 의한 것이지 유급된 퇴적물에 기인한 것인지는 분명치 않다.

하부의 장성층과의 경계도 야외에서 관찰된다(그림 5.3). 이 지층의 중위부 지점에서 채취한 사암의 현미경 하에서 광물의 구성성분을 분석하면 석영 60%, 장석 5%, 암편 20% 정도이며 나머지는 기질(matrix)로 구성되어 있다.

(3) 장성층

장성층은 암회색 세립사암, 암회색~흑색 셰일, 암회색 조립사암 및 3~4매의 석탄층으로 구성되어 있으며 층후 약 150m 중 사암이 50%, 셰일 및 탄질셰일 30%, 석탄 20%를 차지한다(그림 5.2). 석탄층 중 상부로부터 1~2번째의 석탄층(본 층)이 주 가행탄이며 고품위로 지속성이 강하고 습곡작용에 부분적으로 팽대되어 다각형 내지 삼각형의 부광을 이루는 곳이 많으며 평균 폭은 1.5~2m로 비교적 양호한 편이다.

본 층을 기준으로 직상 하부는 특징적인 암석들로 구성되어 있다. 직상부의 흑색 셰일(상반)은 보존 양호한 식물화석이 풍부히 산출되고 있으며 직하부는 지속성이 좋은 평균 30~40m의 특징적인 굳은 암회색 조립 사암으로 구성되어 있으며 이를 기준 사암층(key sandstone bed)이라 부르며 굳고 좋은 암질이므로 채탄을 위한 운반 갱도를 개설하였다. 곳에 따라 다소 차이는 있으나 대체로 기질이 탄질물 내지 불순물이며 굵고 흰 석영립으로 이루어져 있다. 본층탄 상부의 상층탄은 흑색의 결정질이며 고품위나 연속성이 불량하고 대체로 0.5~0.8m 정도로 빈약하며 상하반은 흑색 셰일층이다.

그림 5.3 금천층과 장성층(상부 사암층) 경계에서 산출하는 탄질셰일층

하반사암 하부는 특징적인 황철광 노듈을 배재한 흑색 셰일층으로 이 셰일층의 황철광은 곳에 따라 줄무늬상으로 나타나기도 한다. 이 특징적인 셰일층을 하층 상반 셰일이라고 한다. 이 셰일층과 접하는 석탄층은 연속성은 불량하나 곳에 따라 2~5m의 부광을 이루는 곳이 많아 부분적으로 가행하고 있으며 보통 2매의 하층탄이 나타나나 곳에 따라서는 1하층탄 혹은 2하층 상반 셰일이 결층되어 1개의 탄층으로 나타나고 있다. 하위는 대체로 암회색 셰일로 구성되어 있으나 곳에 따라서는 결층이 되어 곧바로 암회색 조립사암을 만나기도 한다. 하부는 장성층의 마지막 윤회층인 흑색 셰일, 불연속의 석탄층 암회색 셰일, 금천층과 부정합을 이루는 회색 내지 암회색 조립 사암층이다. 최하부 윤회층의 탄층 상반 셰일층은 상부의 하층탄 상반 셰일과는 다르게 황철광 노듈 및 줄무늬를 갖지 않으며 곳에 따라 희미한 상의 식물화석을 나타내는 것이 특징이다.

(4) 함백산층

함백산층의 주 암석은 굵고 흰 석영립으로 구성된 극조립 사암층으로 구성되어 있으며 하부에는 백색 내지 담회색 조립 사암, 박층의 암회색 셰일층, 그리고 사동통과 접하는

그림 5.4 사암과 셰일 사이에 탄층을 협재하고 있는 장성층

부분은 부분적으로 부정합 징조를 보이는 세역질 사암이 나타나는 경우도 있으며 일부 백색 조립사암은 변성작용을 받아 거의 규암화 되었다(그림 5.5).

함백산층은 소위 고방산통의 하부 사암대와 중부 호층대로 한정하자는 안이 손치무(1968)에 의해 제안되었고, 다시 정창희(1969)에 의해 녹색 또는 적색을 띠는 중부를 제외한 하부 유백색 사암대에만 국한되었다. 그러나 하부 사암대 직상 위에 놓이는 사암과 흑색 셰일과의 호층대까지를 포함시키는 의견도 있었으나 최근 조사결과 상부호층대의 암상 및 암색이 지역에 따른 변화가 매우 심하다는 사실을 발견하게 되었다. 즉, 본 호층대는 주로 유백색 내지 담회색 조립 사암과 흑색 내지 암회색 셰일의 호층으로 이루어지나 곳에 따라서는 이 중에 상위 지층인 도사곡층의 특징을 나타내는 녹회색 셰일 혹은 담녹색 사암이 협재되는 것을 발견하였다. 따라서 이와 같은 암색에 의한 지층구분은 함백산층과 도사곡층의 경계설정에 혼란을 가져올 가능성이 많기 때문에 하부의 사암대만을 함백산층으로 국한하였다.

구성암석은 주로 유백색 내지 회백색 조립 사암으로 되어 있으나 부분적으로 중립의 유백색 사암이 협재한다. 간간이 흑색 셰일 및 사질 셰일이 수매 협재되며, 두께는 5m

이내이다. 그러나 옥동 지역에서는 유백색 조립 사암 중에 15~20m의 흑색 셰일이 협재하며 대체로 협재 빈도수가 높다.

퇴적구조는 사층리, 점이층리, 깎고 채운 구조(cut and fill) 등이 보이는데 특히 사층리는 타 층에 비해 현저히 많아 사층리군을 이룬다. 깎고 채운 구조는 사암 위에 박층의 흑색 셰일이 퇴적 후 세류에 의해 침식되어 다시 사암이 쌓여 흑색 셰일이 둥글게 뭉친 것처럼 같이 산출된다. 이와 같은 특징적인 구조는 본 층의 퇴적 환경에 대한 절대적 증거는 못되지만 대체로 하성 환경의 영향을 많이 받았음을 암시한다. 화석산출은 매우 빈약하여 인상이 불분명한 식물화석이 하부 흑색 셰일에서 발견될 뿐이다.

그림 5.5 사층리를 보이는 함백산층의 백색 사암

(5) 도사곡층

도사곡층은 삼척탄전 옛 지층명인 소위 고방산통 중 함백산층을 제외한 상부층과 소위 녹암통 하부에 해당되며 함백산층을 정합적으로 피복한다. 주로 조립 및 극조립 사암, 역질 사암과 셰일 및 사질 셰일로 구성되어 있고, 하부는 대체로 일정하여 유백색~담녹색 조립 및 극조립 사암과 이에 협재된 암회색~녹회색 셰일 및 사질 셰일로 되어 있다(그림

5.6). 함백산층보다 셰일의 협재 빈도수가 많고, 셰일 협층의 두께 역시 두꺼워 20~30m에 이르기도 한다.

상부 역시 사암과 셰일이 호층을 이루고 있으며, 지역에 따라 역질 사암이 협재되어 있는데 이들 역은 규암 석영맥 및 흑색 셰일이고 크기는 잔자갈 내지 왕자갈 크기로서 국부적인 퇴적 중단 현상을 나타낸다. 특히 상부는 암상 및 암색에 대한 횡적변화가 매우 심하여 상부층에 협재된 암홍색 조립 사암, 적자색 조립사암, 회녹색 사질 셰일은 도사부근에서부터 나타나 동으로 갈수록 협재 빈도수가 높아진다. 역시 준녹니석이 전층에 걸쳐 함유되어 있으며 특히 회녹색 사질 셰일 내에 현저하게 많음이 만항층의 그것과 비슷하다.

(a) 셰일 (b) 사암

(c) 사암과 셰일의 호층

그림 5.6 도사곡층의 노두

본 층에 협재된 적자색층은 산화 퇴적물로서 하성 환경을 나타내는 것으로 보이며, 적자색층이 동쪽으로 갈수록 우세한 것으로 미루어 보아 동쪽으로 갈수록 기원지에 가까워짐을 시사한다고 할 수 있다. 사층리, 점이 층리, 깎고 채운 구조가 많이 발달되어 있고, 조립 사암과 역질 사암이 우세하며, 분급이 매우 불량한 것으로 미루어 본 층의 퇴적환경은 대체로 급물살 등 에너지가 큰 환경이었을 것을 시사한다.

(6) 고한층

도사곡층을 정합적으로 피복하는 고한층은 회색 도사곡층을 정합적으로 피복하는 고한층은 회색~녹회색, 암녹색, 또는 흑색의 셰일과 회색~녹회색의 세립~중조립암으로 구성되며 석회질물을 함유한다. 그러나 셰일의 경우 적자색을 띠는 것도 곳에 따라 발견되며, 사암 역시 곳에 따라 조립 또는 역질로 나타나는 것들이 있다.

지역에 따라 다르나 대체로 녹색 조립 사암 및 사질 셰일을 기질로 하여, 녹색 및 담녹색의 조립 및 중립 사암과 녹회색~회색 셰일 및 사질 셰일의 호층으로 구성되어 있다. 중부에 함력 사암과 1~2매의 박층의 탄질 셰일이 협재되어 있고 거의 최상부에 적자색 셰일이 분포한다(그림 5.7). 하부는 담녹색 세립 사암을 기질로 하여 담녹색 세립~중립 사암과 녹회색~회색 사질 셰일의 호층으로 이루어졌고, 대체로 사질 셰일이 우세하다. 중부에는 30~40m의 녹회색 셰일이 2매 발달되어 있고, 중상부에는 저색 및 녹색의 셰일 편을 함유한 녹색 중조립 사암이 협재하며, 최상부는 녹색 세립 사암 및 사질 셰일과 저색 셰일의 호층으로 되어 있다.

장석립의 출현에 대하여 조산운동에 의한 심성암의 관입을 시사한다는 견해도 있지만, 이보다는 이미 관입된 심성암의 기계적 침식이 활발하였음을 뜻하는 것으로 해석함이 타당할 듯하다. 층의 두께는 지역에 따라 차이가 있으며 대개 150~300m 정도이다.

(7) 동고층

소위 녹암통 상부에 해당되는 지층으로 하위의 고한층과 부정합적 관계로 생각되나 확실치는 않다. 담록색 또는 저색의 세립, 중립, 조립, 역질 사암과 녹색 내지 녹회색, 적자색 셰일의 호층으로 이루어진다. 사암은 주로 장석질 사암으로 석회질분을 함유하기도 한다. 평안누층군의 최상위층으로서 그 상한이 불분명하여 전 층후는 확실히 알 수 없으나 600m 이상이 될 것으로 예상된다.

(8) 통리층

통리층은 다음에 기술할 적각리층, 흥전층을 묶는 백악기에 퇴적된 경상누층군의 최하위 지층으로 황지에서 통리로 가는 도로변에 소규모로 분포된다. 구성암석은 담록회색 조립 사암과 녹회색의 응회암의 호층으로 되어 있다. 본 층은 국부적으로 소규모로 분포되어 있어 상세한 것을 밝히기가 어렵고 정확한 층후도 알기가 어렵다.

(9) 적각리층

이 층은 삼척탄전 동부에 넓게 분포되는데 통리층을 비롯해 평안누층군의 모든 지층들을 경사부정합으로 덮고 있다. 본 층은 역암으로 그 구성암석이 대표된다. 적색 셰일 및 실트스톤을 협재하는 역암은 지층의 색이 적자색으로 멀리서도 쉽게 구별된다. 일부 지역에서는 회색을 띠기도 한다. 역암을 구성하는 역들은 사암, 석회암, 셰일 등으로 아주 다양하며 그 크기도 잔자갈에서 거력까지 변화가 심하다. 층의 두께는 200~300m 이다.

그림 5.7 사암과 셰일이 호층을 이루고 있는 고한층

(10) 흥전층

흥전층은 적각리층을 정합적으로 덮고 있으며, 담회색~백색, 녹회색의 응회암 및 응회암질 셰일로 이루어진다. 층의 두께는 200m 내외로 추정된다.

5.3 석회암 지반의 문제점

자연적으로 발생하는 지반침하는 석회암 지대에서 가장 빈번하게 발생하는 것으로 보고되고 있다. 이는 전 세계적으로 퇴적암의 분포가 광범위하며 그 중 석회암 또한 상당한 면적을 차지하고 있는데, 이 석회암은 용해성이 강하기 때문이다. 석회암 지대는 용해과정을 거치면서 카르스트 지형구조를 보이게 된다(그림 5.8). 특히 대규모의 공동형성이나 함몰대의 발달, 하부 암반면의 불규칙성 등은 지반굴착공사 시 극복해야 할 과제로 전 세계적으로 많은 연구가 진행되고 있다. 광산지대의 지반침하보다 터널굴착으로 인한 지반침하가 훨씬 불규칙한 침하양상을 보이므로 공학적 예측에 있어 지질학적인 현상들을 충분히 이해하고 그에 따른 지반조사 계획 및 대책 공법을 수립하는 것이 필요하다.

석회암은 주로 방해석(calcite), 돌로마이트(dolomite) 등으로 구성되어 있다. 상기 두 광물의 함량에 따라 좀더 자세한 지질학적인 암석명칭이 부여되므로 방해석이 많은 경우 calcareous limestone으로, 돌로마이트가 많을 경우 (또는 광물 돌로마이트와 구분하기 위해 돌로스톤으로 표기하기도 함) dolomitic limestone으로 부르게 된다.

석회암과 같은 탄산염류 암석은 약산성의 물에 의해 발생되는 용해작용으로 인해 지반의 공동이 형성된다. 대기 중이나 지반내부에 침투된 물은 공기나 토양으로부터 이산화탄소(CO_2)를 용해시켜 H_2CO_3 형태로 변한다. 이 H_2CO_3가 토양에 스며들게 되면 석회암($CaCO_3$)이나 돌로마이트($CaMg(CO_3)_3$)와 반응하게 된다. 탄산염 암석 내에 존재하는 공동이나 공극은 Ca^{++}, Mg^{++} 그리고 HCO_3^- 의 이온에 의해 용해됨으로써 형성된다. 지하수가 용해된 광물로 과포화될 때 더 이상의 용해는 발생되지 않고 물로부터 칼슘(Ca)과 마그네슘(Mg)이 침전된다. 이 반응은 완전 가역적이며, 지하수가 불포화되면 이 침전물들은 재용해된다. 이러한 지구화학적 상호반응은 물의 순환에 의해 부분적으로 조절된다.

석회암의 용해성은 방해석으로부터 기인한다. 방해석은 이산화탄소 및 물과 반응하여 용해되는 것으로 몇 가지의 반응과정을 거치게 된다(표 5.3). 이 반응 과정에서 물은 농도가 낮은 대기 중의 이산화탄소와 반응하기보다는 토양에 존재하는 이산화탄소와 반응하여 방해석을 용해시키게 된다(그림 5.9). 따라서 석회암 지대의 용해속도는 상부 토양층 성분 및 기후조건에 따라 좌우된다. 토양 중의 동식물의 함량이 높거나 열대 등의 기후에서는 용해반응이 더 활발하다.

이러한 과정으로 형성된 석회암 공동은 지반의 침하나 함몰을 초래한다(그림 5.10). 석회암 상부의 비 압밀 퇴적층은 기존에 형성된 석회암 공동 내로 침윤됨으로써 그 형태나 규모에 따라 상부 지반의 갑작스런 함몰이나 점진적인 침하가 일어난다. 이러한 침식 현상은 탄산염 기반암의 직상부에서 시작해서 상부 퇴적층을 통과해서 결과적으로 지표면까지 도달할 수 있다.

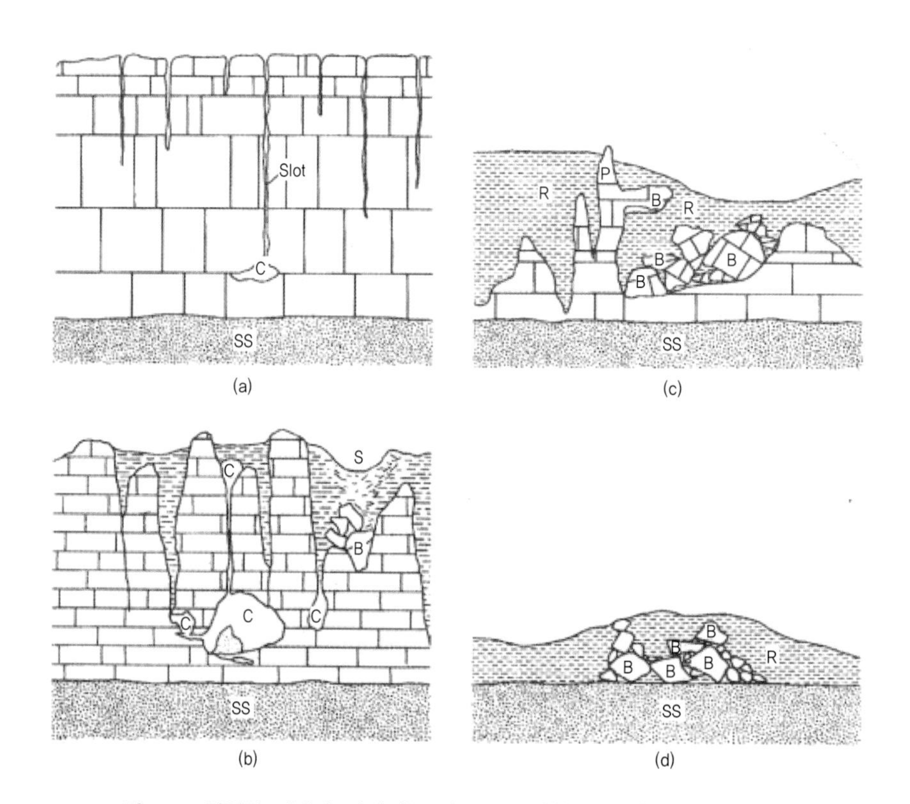

그림 5.8 석회암 지대에 발달하는 카르스트 지형의 형태(Goodman, 1993)

표 5.3 방해석의 단계별 반응과정

과정식	반응도	설명
$CO_2 \Leftrightarrow CO_2$ (기체 ⇔ 용해)	느림	물속에서 이산화탄소의 확산
$CO_2 + H_2O \Leftrightarrow H_2CO_3$ (용해)	느림	탄산을 형성하여 이산화탄소를 용해한 수화 작용
$H_2CO_3 \Leftrightarrow H^+ + HCO_3^-$	빠름	수소 내 탄산과 탄산수소염 이온의 해리
$CaCO_3 \Leftrightarrow Ca^{2+} + CO_3^{2-}$	느림	이온상태 방해석 결정격자의 해리
$H^+ + CO_3^{2-} \Leftrightarrow HCO_3^-$	빠름	탄산수소의 형성을 위한 이온화해리

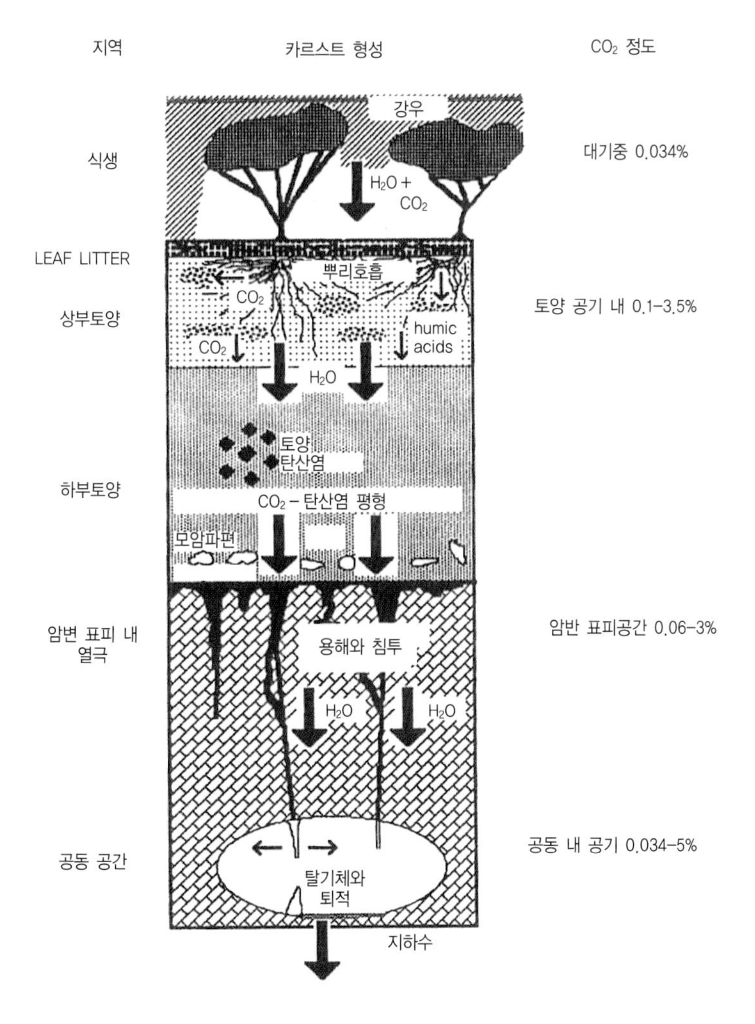

그림 5.9 카르스트 지형의 생성과정 중 이산화탄소의 역할

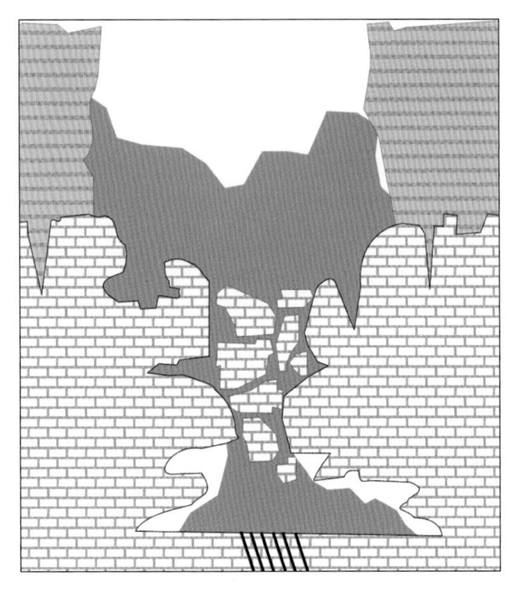

그림 5.10 석회암 상부 지반의 침하

5.3.1 석회암 지대에서 발견되는 특징적 구조

방해석의 용해특성에 의해 석회암 지대에는 특징적인 구조들이 발달하게 된다. 물과의 반응에 의해 원형을 형성하여 연결되거나, 기존의 절리면을 따라서 용해작용이 활발히 일어나기도 한다. 이 경우 집중 호우 시 빗물이 빠른 시간 내에 지반으로 흡수되어 지하수면을 급상승시켜 주변 토사면의 산사태를 야기하는 경우도 있다. 용해성이 거의 없는 대부분의 다른 암석들에서는 흙과 암반의 경계가 되는 암선 경계는 평면의 형태로 나타나므로 공학적인 예측이 비교적 수월하다. 이에 비해 석회암 지대에서는 불규칙한 형태를 보이는 뾰족한 형태의 암선이 발달하게 된다. 뾰족한 형태의 발달 심도 차는 수 미터에서부터 수십 미터까지 나타나므로 특히 지반 기초공사시 문제가 되고 있다.

용해작용이 수천 년 이상 동안 진행된 경우 동굴이 형성되어 상부 지반의 침하위험성을 나타내게 된다. 석회암 상부 지반의 침하는 석회암 자체의 붕괴에 의한 경우는 드문 편이며, 상부의 흙이 점진적으로 하부 공동으로 이동함에 따른 발생이 다수를 차지하고 있다.

석회동굴은 크게 두 가지 형태로 요약된다. 암반에 존재했던 불연속면을 따라서 좁은 폭의 네트워크 형태의 발달구조(그림 5.11 (a))와, 폭이 수십 내지 수백 미터의 대규모 공동으로 발달구조(그림 5.11 (b): 길이 700m, 전체 폭 400m, Sarawak 지역)가 있다. 불연속면을 통해 발달된 석회암 동굴은 시간 경과에 따라 상부로 붕괴범위가 확산되며 지표침하를 일으킨다(그림 5.12).

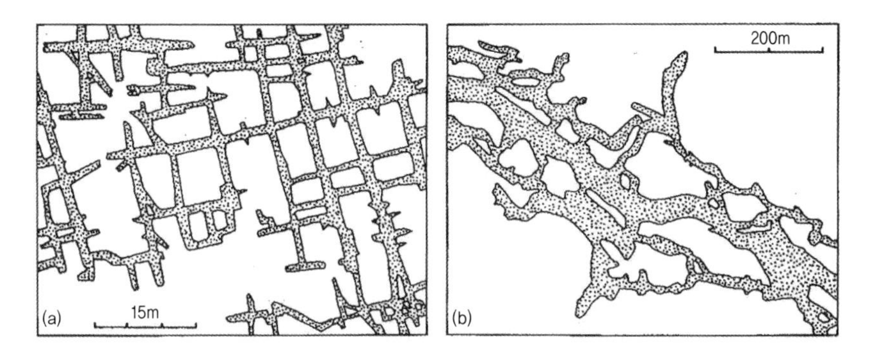

그림 5.11 석회암 동굴 크기에 따른 대표적인 분류

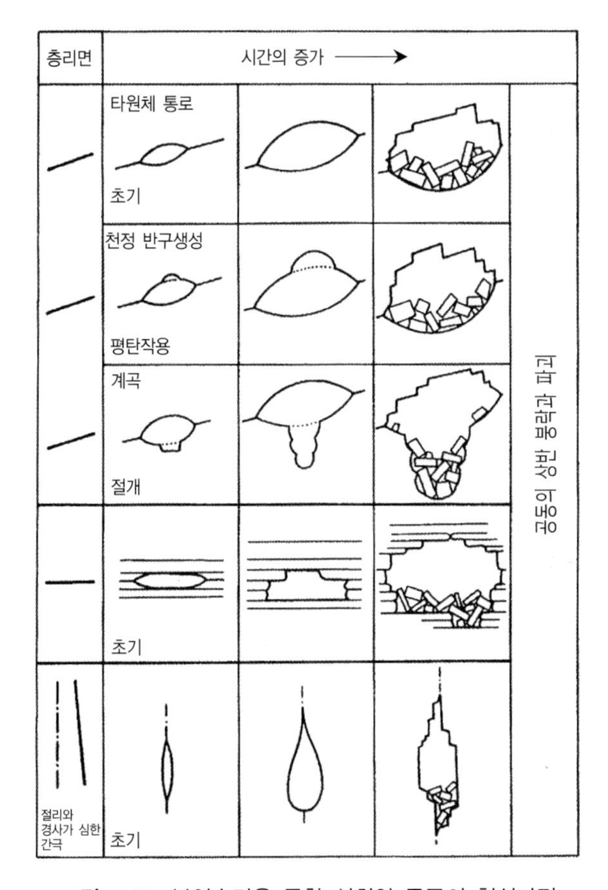

그림 5.12 불연속면을 통한 석회암 동굴의 형성과정

석회암 동굴의 형성이나 크기는 불연속면의 종류에 따라 결정되기도 한다. 수직절리가 발달한 곳은 좁은 폭을 가진 네트웍이 형성되고(그림 5.13) 연장성이 좋은 층리가 발달한 곳은 주로 대규모 공동을 형성하게 된다. 단층이 존재하는 경우 파쇄영향권에 공동이 우세하게 발달하기도 한다(그림 5.14). 이러한 석회암 동굴의 형성은 지하심도 1,000m 지점에서도 발견되고 있다.

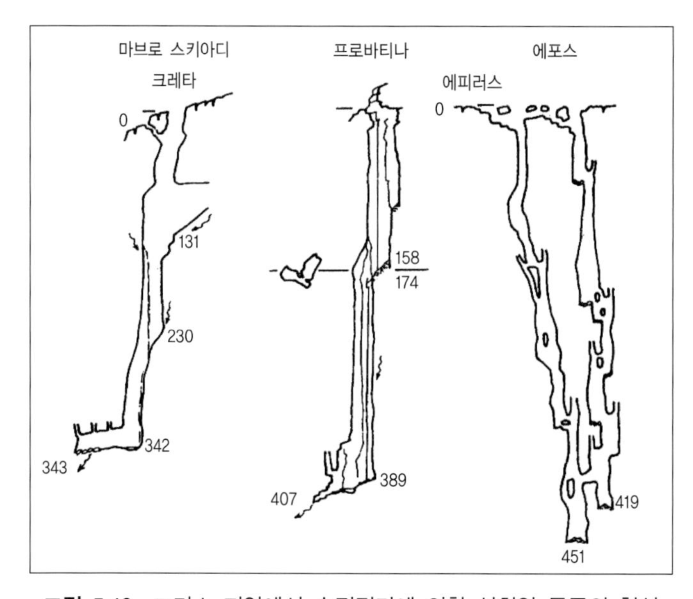

그림 5.13 그리스 지역에서 수직절리에 의한 석회암 동굴의 형성

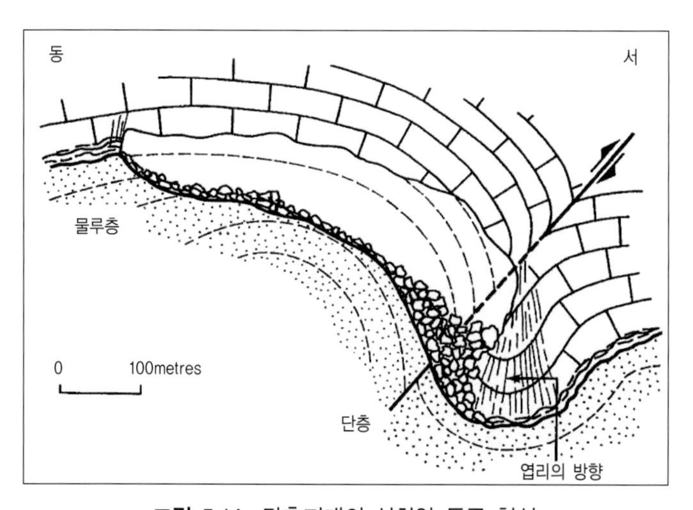

그림 5.14 단층지대의 석회암 동굴 형성

5.3.2 석회암 지대의 지표침하

석회암 지대에서 나타나고 있는 둥근 형태의 함몰구조를 돌리네(doline) 또는 씽크홀로 정의하고 있다. 영국의 경우 씽크홀은 호수가 형성된 둥근 함몰 구조만을 의미하였으나 현재 전 세계적으로는 미국에서 정의하고 있듯이 호수 생성 여부에 관계없이 모든 둥근 함몰구조로써 통용되고 있다. 씽크홀에는 Solution sinkhole, Collapse sinkhole, Buried sinkhole, subsidence sinkhole 등이 있다.

Solution sinkhole은 느린 속도로 지표가 침식되면서 발생한 것으로 직하부에 공동이 존재하는 결정적인 증거가 된다. Collapse sinkhole은 하부 기반암의 파괴로 인해 발생되는 것으로 지질학적 시간과정에서는 별로 발생되지 않는다. Buried sinkhole은 상기 두 종류의 발생 후 상부가 토사층으로 덮인 경우이며 대부분 불규칙한 토사-암반 경계면을 나타내므로 기초공사 설계시 주의할 요소이다. Subsidence sinkhole은 석회암지반 상부의 토사층 또는 연암의 붕괴로 말미암는 것으로 전 세계적으로 가장 흔하게 발견되는 형태이다. 또한 발생과정이 빠르게 진행되므로 토목공사에 치명적인 영향을 주게 된다.

5.3.3 지하수위 변화

지반침하는 기본적으로 대상지반에서의 역학적 평형상태가 깨짐으로써 발생한다. 이러한 지반의 역학적 평형상태를 깨뜨리는 요인으로는 지하수위의 급격한 변동 등을 들 수 있다.

지반침하는 급속한 개발이 이루어지는 도시나 공업지대에서 인간의 활동에 매우 악영향을 미친다. 그럼에도 불구하고, 지하수 양수에 의한 지반침하는 상당히 오랫동안 인식되지 못하고 이해되지 못했다. 1928년에 미국 지질조사소(USGS)의 E. Meinzer에 의해 대수층이 압축될 수 있다는 것이 처음으로 밝혀졌다. 비슷한 시기에 Karl Terzaghi는 일차원 압밀 이론을 개발하였다. 이론에 의하면 토양의 압밀은 응력을 받고 있는 점토층의 공극수의 느린 방출과 점토 입자구조로의 점진적인 응력의 전이로 인해 발생된다고 정의하고 있다.

지표의 수직운동은 지하수 양수와 관련이 있으며, 특히 양수량이 안전 생산율을 초과하여 지하수위가 떨어진 곳에 발생할 우려가 크다. 안전 생산율이란 부정적인 영향을 초래하지 않으면서 오랫동안 소비용으로 지하수를 사용할 수 있는 비율을 말한다. 지반이 서로 다른 비율로 침하할 경우 부등침하가 발생될 수 있으며 이는 지표의 수평 이동을 야기하여 균열과 틈새를 발생시킨다. 이러한 현상은 함수층의 가장자리와 같이 함수대의 폭이 변하는 지역에서 더욱 잘 일어날 수 있다. 지반침하는 원천적으로 다시 되돌릴 수 없는 현상이며 나중에 지하수위가 높아진다 하더라도 크게 개선되지 않는다. 점토층 사이에 저장되어 있던 물이 빠져나오게 되면 심부의 지하수압이 줄어들어 지표는 침하하거나 붕락하게 된다.

암반에 위치하는 대수층 내의 공극이나 균열 사이의 유체 압력의 감소는 필연적으로 대수층의 변형을 수반한다. 조직(skeleton)이라고 불리는 대수층의 입자 조직은 견고하지 않기 때문에 상부 지층을 지지하는 균형의 변화는 조직을 변형시키는 원인이 된다. 대수층 시스템을 구성하고 있는 대수층(aquifer)과 반대수층(aquitard)은 변형을 일으킬 수 있으나 그 변형 정도는 서로 다르다. 대부분의 영구 침하는 보통 반대수층의 매우 느린 배수과정을 통해 일어나는 불가역적인 반대수층의 압밀에 기인한다(Tolman and Poland, 1940). 이러한 반대수층 배수모델은 많은 침하연구에 의해 이론적인 근거를 가지고 있다.

5.3.4 풍화토층(풍화잔적토)의 형성 단면구조

암석의 풍화층 단면구조는 모암의 종류나 조직에 따라 다르다. 그림 5.15 (a)에 나타낸 바와 같이 화강암이나 섬록암 등의 결정질 심성암의 경우는 암반중의 절리면이 풍화하여 독립암괴의 과정을 거쳐 사질토, 실트, 점토까지 연속적인 풍화대가 존재한다. 그리고 그 두께는 풍화에 관여한 수많은 조건에 지배된다. 한편, 변성암의 경우도 마찬가지인데 그림 5.15 (b)와 같이 암편이 암괴상으로 남기 어려우므로 암반에서 사질토를 거쳐 점토에 이르는 변화가 보여진다. 이것과 대조적으로 석회암의 경우는 그림 5.15 (c)와 같이 모암이 물에 용해되기 때문에 중간의 사질토, 자갈 부분이 적고 암반에서 직접 점토로 변한다. 그리고 지하수의 침투는 암반의 공극을 크게 하여 지하에 생기지 않은 공동이 발달할 수가 있다. 이러한 풍화양상이 기반암의 특성에 따라 크게 다르므로 풍화대는 절리와 파쇄대 암층의 경계면 등 그 발달 정도에 따라 투수이방성 및 강도이방성이 있을 수 있다. 시추시에는 풍화대내 핵석이 분포할 경우 기반암과 구별하기 매우 어렵다. 따라서 원지반의 확인은 지질과 지형적 여건을 고려하여 원지반까지 확인하여야 한다.

일반적으로 석회암 지대에서는 지하의 공동 내지 풍화대가 형성되는데 앞 장에서 언급한 바와 같다. 석회암 지대의 특징 중의 하나인 돌리네지형은 대부분이 지하수의 하강에 의해 지표가 침하하여 발생하는 현상으로 그림 5.16과 같은 과정을 거쳐 지표의 침하가 일어난다.

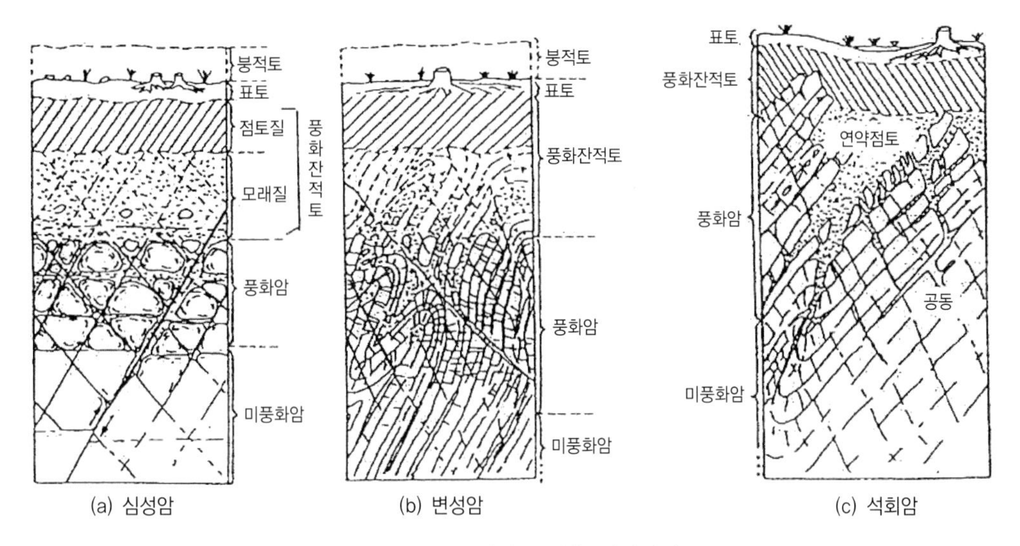

그림 5.15 대표적인 풍화층 단면개념도

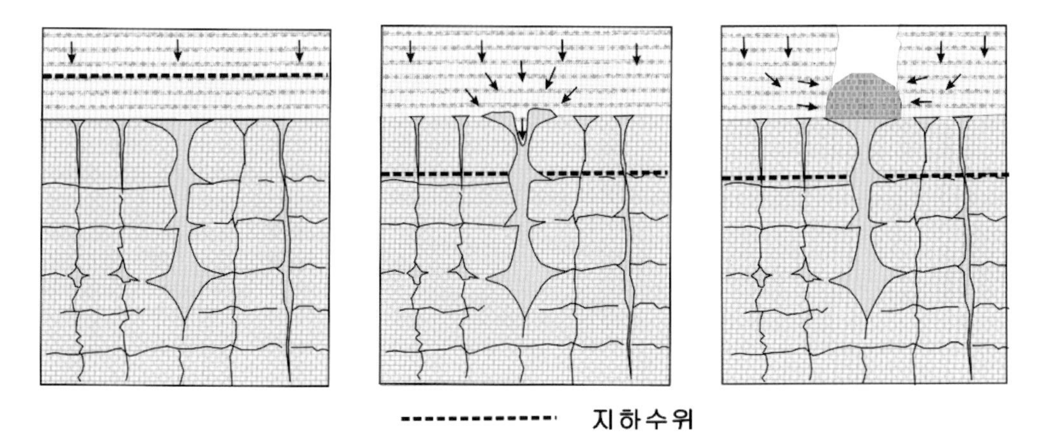

그림 5.16 석회암 지대에서 지하수위 강하에 따른 지표침하 현상의 과정

Part. 06

중생대의 암석

6.1 충남 보령 일대의 중생대 퇴적암(남포층군)

6.2 단양-문경 일대의 중생대 퇴적암(반송층군)

6.3 서울-경기-충청 일대의 화강암류(대보화강암)

6.4 경상도 일대의 백악기 퇴적암과 화성암(경상누층군)

6.5 화강암 및 퇴적암의 풍화특성

Part. 06 중생대의 암석

한반도에 분포하는 대표적 중생대 지층은 대동층군에 해당하는 충청남도 남서부에 위치하는 남포층군과 영월에서 단양을 거쳐 문경까지 평안누층군과 함께 분포하는 반송층군과 한반도 남동부 소위 경상분지에 위치하는 경상누층군이다. 그리고 이 시대에 한반도에는 화성활동이 활발하여 하부 중생대의 송림화강암의 관입, 중부 중생대에 대보화강암의 관입 및 상부 중생대 내지 하부 신생대에 걸친 불국사화강암의 관입활동과 상부 중생대의 격렬한 화산활동이 한반도에서 일어났다.

6.1 충남 보령 일대의 중생대 퇴적암(남포층군)

충청남도 남서부에 위치하는 충남분지 내의 대동층군은 남포층군이라 불리며 편마암복합체를 난정합적으로 덮고 있다. 이 분지 내의 퇴적층은 하부로부터 월명산층(하조층), 아미산층, 조계리층, 백운사층 및 성주리층으로 구분된다(그림 6.1).

(1) 월명산층(하조층)은 남포층군의 최하부 지층으로 기반암인 운모편암과 화강편마암을 난정합으로 덮고 있다. 이 층의 두께는 400m이고 주로 역암과 사암으로 구성된다. 역암의 성분과 구조는 위치에 따라 다르며, 역은 유백색이나 회색 규암이 주를 이루나 때로 점판암이나 화강편마암도 관찰된다. 역암 내 기질은 주로 사암질이다.

(2) 아미산층은 월명산층을 정합적으로 덮고 있다. 역암, 사암, 셰일이 호층을 이루고 있으며, 전체 층후는 800m에 달한다. 층의 상부에는 석탄층이 포함된다.
이 층은 문봉산-성태산 지역에서는 상부 사암대가 분포하거나 혹은 결층으로 기저암과 아비산층의 상부지층과 바로 접하기도 한다. 소규모로 분포하는 아미산층의 상부 사암대는 주로 회색 또는 담회색 중립 내지 조립장석사질암과 셰일 및 함장석각력사암 등으로 구성된다.

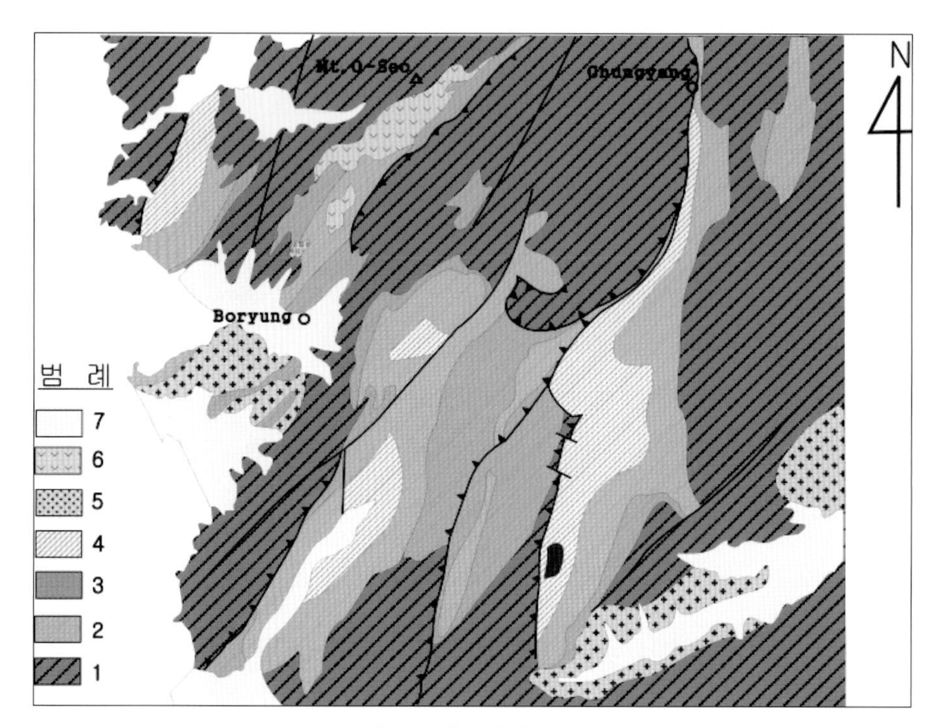

그림 6.1 충남탄전 지질도

(1. 선캠브리아의 편마암류 및 편암류, 2. 월명층과 아미산층, 3. 조계리층과 백운사층 4. 성주리층, 5. 쥬라기 화강암, 6. 백악기 화산암, 7. 충적층)

(3) 조계리층은 주로 역암으로 구성되며(그림 6.2), 층의 중부대에서는 셰일과 사암의 호층대가 수평적으로 조립질의 역질 사암으로 변해가는 측방상 변화를 잘 보여준다. 이 층은 암질에 따라 하부 역암층, 중부의 셰일과 사암의 호층대, 상부의 역암층으로 분류할 수 있다. 하부 역암층은 층후가 120m이며, 역은 원마도가 양호한 30~40cm의 직경을 가진 규암으로 주로 구성된다.

역암의 기질은 흐린 회색의 잡사암질이다. 중부대는 80m의 층후를 가지며 1~2개의 탄질층이 협재한다. 상부 역암층은 역암, 역질사암, 회색의 장석질사암이 주로 분포하며 때로 흑색 셰일이 분포한다. 층후는 120m 정도이다. 아미산층을 부정합으로 피복하는 조계리층은 하부의 함장석각력사암대와 상부의 역암대로 구분된다. 층의 두께는 400~600m이다.

함장석각력사암대는 주로 함장석각력사암으로 구성되며 흑색 셰일과 사암이 협재된다. 함장석각력사암은 분급이 매우 불량하고 기질은 세립에서 조립의 사암까지 다양하게 협재된다. 주로 장석각력이며 간혹 흑색 셰일 암편과 원마도가 좋은 규암역을 함유하기도 한다. 함장석각력사암은 급격한 퇴적상을 나타내며 드물게 깎고 메우기 구조가 관찰된다. 2~4매의 탄층이 협재하며, 상부 탄층은 연속성과 탄질이 양호하다.

역암대는 주로 역암으로 구성되고 간간이 사암과 셰일을 협재한다. 역은 주로 원마도가 높은 규암이고 드물게 암회색 세립사암이며 기질은 조립장석질사암이다. 간혹 편마암을 함유하는 곳도 있다. 역의 크기는 다양하나 대체로 3~8cm이다. 이 층은 특히 측방변화가 심하며 깎고 메우기 구조가 관찰되며 또한 세굴하도(scour channel)에 의한 것으로 해석된다. 이 층의 직하부 즉 함장석각력사암대의 최상부와 직상부 즉 백운사층 최하부에는 대체로 양질의 연속성 있는 탄층이 각각 협재되고 있다.

그림 6.2 조계리층 내 역암

(4) 백운사층의 두께는 300m이며, 회색 내지 흑색의 셰일과 소량의 탄층으로 주로 구성된다. 이 층은 흑색 내지 암회색의 세립질 사암에서부터 시작하여 100m 두께의 세립질 사암과 셰일의 호층, 30m 두께의 회색 잡사암질 사암이 뒤따른다. 상부는 170m 두께의 사암과 셰일의 호층으로 구성된다. 사암과 셰일의 호층에는 탄층이 포함되어 있다.

백운사층은 크게 상부와 하부로 구분된다. 하부는 직경 1cm 내외의 작은 역을 함유하는 역암과 회색 중립 내지 조립의 장석질 사암(그림 6.3), 암회색 세립사암 및 셰일 또는 실트스톤 등의 호층대로서 1~4매의 탄층을 협재한다. 이들 탄층 중 최하부 탄층 1매는 비교적 연장성과 층후를 가진다.

이 층 상부는 셰일대로서 흑색 실트스톤, 세립사암 등이 협재하며 3~5매의 비교적 연장성과 층후를 가지는 탄층이 협재한다. 백운사층 하부에도 역암이 수매 협재되며 이들 역암까지를 조계리층으로 할 수도 있겠으나 이들 역암들이 곳곳에서 조립 혹은 중립 사암으로 측방변화가 이루어지고 있음을 볼 수 있다.

그림 6.3 백운사층 내 장석질사암

(5) 성주리층은 충남분지 내에 분포하는 중생대 지층 중 최상부에 해당하는 지층이다. 역암, 조립질 사암, 암회색 셰일의 호층으로 구성된다. 역암은 직경이 20cm 내외의 원마도가 양호한 규암역이 풍부하며, 기질은 사암질이다.

6.2 단양-문경 일대의 중생대 퇴적암(반송층군)

단양–문경지역은 역암, 사암, 셰일 및 무연탄층으로 구성된 반송층군은 단양 지역에서는 사평리층, 현리층 덕천리층으로 명명되어 분포하고 있다(정창희, 1971, 손치무, 1975, 박정서 외, 1975). 사평리층은 주로 역암이 우세한 지층으로 약 160m 두께의 역암과 최하부에 응회질 사암 내지 응회질암류가 분포한다.

현리층은 층후가 지역에 따라 매우 불규칙하며 사평리 역암 상부에 100m 내외의 흑색 이질암 내지 셰일 우세대가 놓이는데 이 층이 현리층이다. 또한 최상부 덕천리층은 현리층 상부에 사암과 이암 내지 셰일의 호층대가 놓이는데 이 층이 덕천리층이다.

문경지역의 반송층군은 하부로부터 산수동 역암층(부운령 역암 포함), 보림층, 단곡층, 마성층 및 봉명산층으로 명명된 바 있다(엄상호 외, 1977, 김동숙 외, 1988).

부운령 역암 및 산수동 역암에 해당하는 역암층의 기질은 유백색의 중립 및 조립질 사암으로 되어 있으며 부분적으로 규암화 되어 있다. 역은 잔자갈에서 왕자갈까지의 크기로 나타나며 규암, 규질사암, 장석질사암 및 화강암질암으로 구성되어 있으며, 이들 역의 원마도는 대체로 높으나 부분적으로 각력이 보이기도 한다(그림 6.4). 층의 중부에 1~2m 두께의 셰일이 2~3매 협재한다. 산수동 역암은 최현일과 임순복(1989)의 연구 결과와 이 연구 결과를 토대로 보면 5개의 층원으로 구분할 수 있다. 최현일과 임순복(1989)에서 밝힌 층회암 층원, 하부 역암 층원, 사암층원 상부 역암 층원에 새로이 드러난 함각력 석영장석질 사암(granite wash) 층원을 추가할 수 있다. 기저부에 분포하는 후자는 농암리 지역 선재산 남측과 율수리 지역에서 주로 분포가 확인되고 있으며 민지리 지역 화강암과의 접촉부에서도 부분적으로 확인된다. 이 층원의 특징은 포함된 크라스트(clast)가 각상으로 화강암처럼 보이는 기질에 의한 포획암의 특징을 전혀 보이지 않는다는 면에서 화강암이 아닌 퇴적암임을 확인할 수 있으며 다른 층원과는 달리 거의 모든 지역에서 연성 변형되어 있는 특징을 보여준다. 민지리 지역에서 은척 심성암체와의 접촉부는 변형작용의 여부를 제외하면 점이적인 특징을 보여주기도 한다.

산수동 역암을 구성하는 크라스트 중에는 연성 변형작용을 받은 화강암이 포함되어 있음이 기재된 바 있으며(최현일과 임순복, 1989) 이는 대규모 전단대를 형성한 연성 변형작용이 산수동 역암 퇴적 이전에 있었음을 확인케 해준다. 이는 이 지층의 기저부의 연성 변형작용과는 달리 크라스트에서만 확인이 되고 기질에서는 확인되지 않은 것이다.

보림층은 주로 흑색 셰일로 구성되며 사암과 세립질 사암이 포함되고 탄층을 협재한다.

이 층은 성재산 남측과 어룡산 단층 남서측 산수동 역암 위에 2회 반복하여 나타나며 이 호성 퇴적층에서 트라이아스기 말엽의 Estheria 화석이 산출되었다.

단곡층은 주로 사암으로 구성되며 북측에 분포하여 문경 스러스트에 의해 대석회암층군이 충상하고 있는 양상을 보여준다. 단곡층은 문경탄전 북단에서부터 단곡, 고모성, 봉생을 지나 가은 지역까지 분포하며 역질사암, 사암 및 이암으로 구성되어 있다. 이 층의 두께는 약 70m 내외이며 상부 마성층과는 정합적 관계를 가진다.

마성층은 사암과 이암의 호층으로 이루어져 있으며 하부에 세립의 역과 역간 쇄설물들이 산재하기도 한다.

봉명산층은 무연탄을 함유하는 지층으로 소위 문경탄전 지대에 해당하는 과거 문경읍과 점촌 사이 봉명산, 단산 일대와 남쪽으로는 불정리 동측에 분포한다. 이 층은 주로 암회색 셰일 및 석탄층으로 구성되어 있고 담회색의 사암도 일부 분포한다. 대상지역의 주요 함탄층으로 탄층은 사암대의 상부와 하부에 발달하며 평균 탄폭은 1.5m 정도이다.

지표에서 이 지층의 주향은 N60°~80°E이나 갱내 시추자료에 의하면 충상단층 하부에서는 주향이 N20°E 내지 NS 방향으로 변하여 남호리 부근까지 연속된다. 하내리 남방에서도 역시 문경대단층에 의하여 상부가 단절되어 본 층의 최상부는 확인할 수 없다.

그림 6.4 산수동 역암

이 지층에는 하부와 상부에 각각 수매의 탄층이 협재되며 셰일 중에는 변성광물인 공정석(chiastolite)이 많이 함유되어 접촉변성작용을 받았음을 말해주고 있다. 대체로 화석의 보존이 불량하나 완전한 상태의 Podozamites 화석이 봉명탄광 갱내에서 발견되었다. 아직 본 층을 평안계층군으로 보는 일부 견해도 있으나 이 식물화석이 산출된 점으로 보아 중생대 지층임이 확실하다.

6.3 서울-경기-충청 일대의 화강암류(대보화강암)

그림 6.5의 지질도에서와 같이 화강암은 경기도 일대에 비교적 넓게 북북동 방향으로 분포하며, 이들 화강암 저반은 서울을 중심으로 한 서울 화강암, 관악산 일대의 관악산화강암과 분포 지역의 이름을 붙여 그 일대의 화강암의 특성을 설명한다.

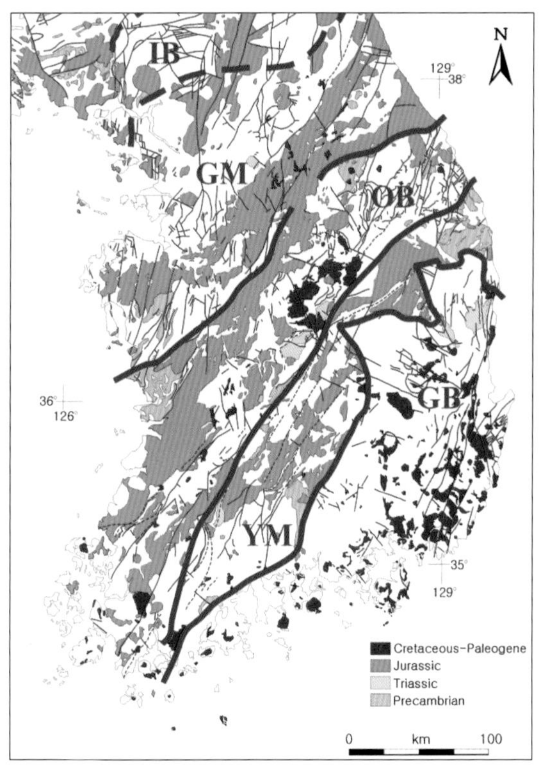

그림 6.5 남한의 화강암 분포도
(IB; 임진강대, GM; 경기육괴, OB; 옥천대, YM; 영남육괴, GB; 경상분지)

6.3.1 서울 화강암

(1) 서울-의정부 지역

서울-의정부-동두천-포천-기산으로 이어지는 남북 방향의 화강암질 저반의 남쪽 부분에 해당한다. 선캠브리아기의 호상 편마암을 관입하고 있으며 접촉경계가 뚜렷이 구분된다. 조립질의 흑운모 화강암으로서 등립질이며 조직이나 광물 성분에 있어서 전반적으로 균질하게 나타난다(그림 6.6). 주 성분 광물로는 석영, K-장석, 사장석, 흑운모가 있으며, 부 구성 광물로 저콘, 인회석, 불투명 광물을 함유한다.

그림 6.6 서울 부근에 산출하는 흑운모 화강암

(2) 의정부-동두천 지역

서울 화강암질 저반의 북부 지역에 해당하며, 아주 균질한 암상을 나타내는 남부와는 달리 여러 가지 암상으로 구분된다. 이 지역에서 가장 우세한 암석은 조립질의 석류석 흑운모 화강암(그림 6.7)과 조립질의 각섬석 흑운모 화강암이며, 그 밖에 세립질 흑운모 화강암과 장석 반암 등이 산출된다. 석류석 흑운모 화강암은 전반적으로 담홍색을

띠며 칠보산, 천보 산맥, 불국산 일대에 분포하여 비교적 높은 산세를 이루며, 주 구성 광물로는 석영, K-장석, 사장석, 흑운모를 포함하며, 부 구성 광물로는 석류석, 백운모, 인회석, 스핀, 저콘 등을 함유한다. 각섬석 흑운모 화강암은 회색을 띠며 석류석 흑운모 화강암이 이루는 원형 구조의 내부에 위치하고, 주 구성 광물로 석영, K-장석, 사장석, 흑운모, 각섬석을 함유하며, 부 구성 광물로 인회석, 스핀, 저콘, 알라나이트를 함유한다.

그림 6.7 함석류석 흑운모 화강암의 노두

(3) 포천-기산 지역

서울 화강암질 저반의 북서부에 해당하며, 흑운모 화강암과 석류석 흑운모 화강암, 석영 섬록암으로 구성되어 있다(그림 6.8). 흑운모 화강암은 중립 내지 조립질로서 주로 석영, 사장석, 알칼리 장석과 흑운모로 구성되어 있고, 부 구성 광물로 알라나이트, 인회석, 스핀, 저콘, 티탄철석을 함유한다. 석류석 흑운모 화강암은 석류석이 산출된다는 것과 스핀의 함량이 더 적다는 점 외에는 조직이나 산상에서 흑운모 화강암과 유사하다. 두 화강암 사이의 경계는 점이적이다. 석영 섬록암은 중립질로서 사장석 반정을 흔히 포함하며,

사장석, 석영 미사장석, 흑운모, 각섬석, 단사휘석, 인회석, 저콘, 스핀, 불투명 광물 등으로 구성되어 있다.

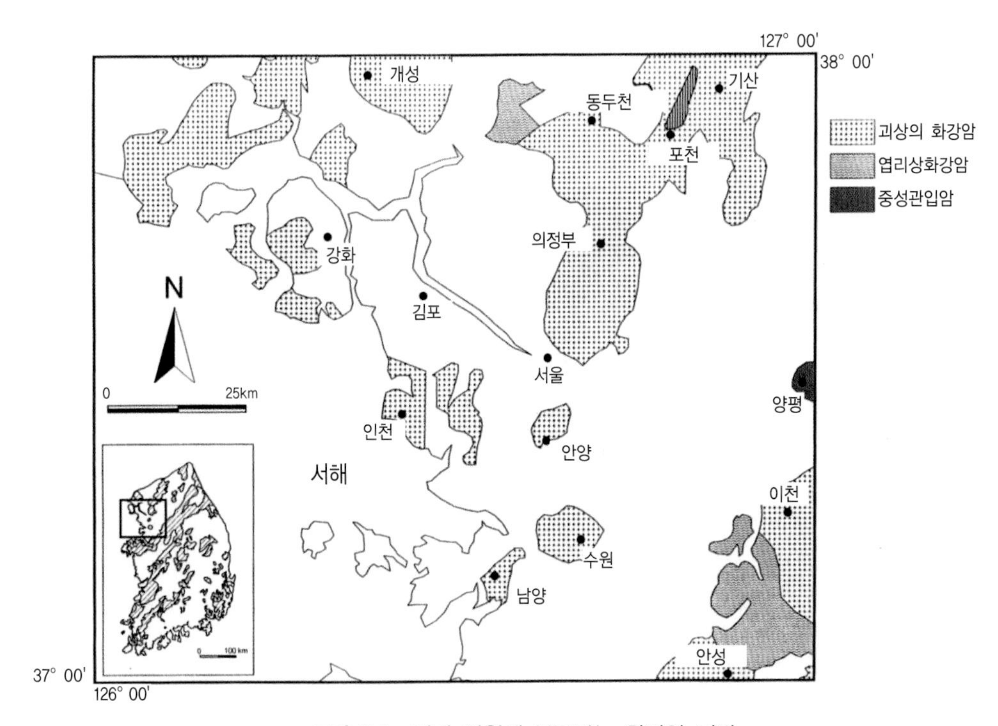

그림 6.8 경기 일원에 분포하는 화강암 저반

6.3.2 관악산 화강암

관악산 화강암은 서울 화강암의 남부에 암주상으로 관입하고 있으며, 암상에 따라서 흑운모 화강암과 석류석 흑운모 화강암으로 구분된다. 석류석 흑운모 화강암은 주로 암체의 주변부에 분포하며 두 화강암 사이의 경계는 점이적이다. 관악산 화강암은 사장석의 An 함량이 5% 이하인 알칼리 장석 화강암이며, 유색 광물의 함량이 아주 적은 우백질 화강암이다. 흑운모 알칼리 장석 화강암은 중립질이며, 등립질의 조직을 보여주며, 구성 광물은 석영, 알칼리 장석, 사장석, 흑운모, 저콘, 견운모, 백운모, 녹니석이다. 석류석 흑운모 알칼리 장석 화강암은 석류석이 관찰된다는 점 이외에는 그 조직이나 광물 조합 등의 면에서 흑운모 알칼리 장석 화강암과 매우 유사하다.

6.3.3 수원 화강암

수원 화강암은 경기편마암복합체를 암주상으로 관입하고 있으며, 암상에 따라서 흑운모 화강암과 석류석 복운모 화강암으로 구분된다. 흑운모 화강암은 조립 내지 중립질로서 수원시를 중심으로 소규모로 분포하며 풍화를 많이 받았고 석영, 알칼리 장석, 사장석, 흑운모로 주로 구성된다. 석류석 복운모 화강암은 수원 암주의 서쪽인 칠보산 일대에 분포하며 조립질암이다. 석영, 사장석, 정장석, 미사장석, 흑운모, 백운모, ±석류석의 광물 조합을 보인다. 흑운모 화강암에 비하여 석류석 복운모 화강암은 비교적 풍화에 강하여 높은 지형을 형성하고 있다.

6.3.4 남양 화강암

남양 화강암은 세립 내지 중립의 흑운모 화강암으로 석영, 사장석, 알칼리 장석, 흑운모를 주 구성 광물로 가지며, 부 구성 광물로 스핀, 저콘, 인회석, 티탄철석 등을 함유한다. 특히 스핀은 육안으로 관찰할 수 있을 정도의 크기를 가진다.

6.3.5 안성 화강암

안성 지역의 화강암류는 선캠브리아기의 경기변성암복합체를 기반암으로 하여 4개의 서로 다른 암상으로 나누어진다. 엽리상 각섬석 흑운모 화강암, 중립질 흑운모 화강암, 세립질 흑운모 화강암, 조립질 흑운모 화강암이며, 이중 엽리상 각섬석 흑운모 화강암은 안성 지역에서 가장 넓게 분포하며, 중립질 흑운모 화강암은 이천 지역으로 연장 분포한다. 세립질 흑운모 화강암과 조립질 흑운모 화강암은 소규모로 산출된다.

엽리상 각섬석 흑운모 화강암은 중립-조립질이며, 부분적으로 K-장석을 반정으로 가지는 반상 조직을 보이기도 한다. 호상 편마암과는 직접적인 관입 관계를 보이고 있으며 이를 외래 암편으로 포함하기도 한다. 각섬석 흑운모 화강암은 엽리가 발달하며, 엽리에 평행한 방향으로 신장된 염기성 포획암을 포함한다. 엽리상 각섬석 흑운모 화강암과 남쪽에서 접하고 있는 호상 편마암에서 압쇄암이 발달하고 있다. 엽리상 각섬석 흑운모 화강암과는 달리 다른 흑운모 화강암들은 괴상으로 산출된다. 엽리상 각섬석 흑운모 화강암과 중립질 흑운모 화강암은 비교적 분명한 경계를 보이나, 중립질 흑운모 화강암은 괴상으로 산출된다는 점에서 엽리상 각섬석 흑운모 화강암보다 나중에 관입한 것으로 생각된다.

6.3.6 이천 화강암

이천 지역에서 가장 넓게 분포하는 것은 괴상의 중립질 각섬석 흑운모 화강암으로서 안구상 편마암을 관입하고 있다. 이천 화강암은 안성 도폭에서는 중립질의 흑운모 화강암으로 산출되나 이천 도폭에서는 소량의 각섬석을 함유한다. 오천리에서 중립-조립질 각섬석 흑운모 화강암이 연성 전단 작용에 의해서 압쇄암화된 것이 관찰된다. 이천 화강암은 석영, 사장석, K-장석, 흑운모, 각섬석이 주 구성 광물로 나타나며 부 구성 광물로 저콘, 인회석, 불투명 광물을 함유한다. 그 밖에 변질에 의해서 2차적으로 생성된 녹니석, 견운모 등을 포함한다.

6.3.7 인천 화강암

인천-부평 지역은 선캠브리아기의 편마암 복합체를 기반암으로 하는 중생대의 화산암류와 화강암류가 분포한다. 이 지역의 화강암류는 조립질 반상 흑운모 화강암, 중립질 홍색 장석 흑운모 화강암, 우백질 흑운모 화강암 등으로 구성되어 있다. 조립질 반상 흑운모 화강암과 중립질 홍색 장석 흑운모 화강암은 부평 지역의 중생대 화산암과 관련되어 산출되고 있으며 환형 구조의 내부에 주로 분포한다. 화강암 사이에는 직접적인 접촉 관계가 없다.

조립질 반상 흑운모 화강암은 약 0.2~0.5cm 크기의 정장석 반정을 가지는데, 이들 반정이 대부분 홍색으로 변해있어서 암석이 전체적으로 담홍색을 띠고 있다. 주 구성 광물은 석영, K-장석, 사장석, 흑운모로 구성되어 있으며 부 구성 광물로 인회석, 저콘 등을 함유한다. 중립질 홍색 장석 흑운모 화강암은 대부분 중립질이나 부분적으로 세립질 또는 조립질인 것도 있다. 장석이 대부분 홍색으로 변해있다. 우백질 흑운모 화강암은 인천 송도 지역에 분포하며, 결정의 크기는 세립-중립에 걸쳐 다양하며 지역에 따라 조립질로도 산출된다.

6.3.8 김포 화강암

김포 지역의 계양산 서쪽에서 편마암류와 화산쇄설암류의 경계를 따라 소규모로 섬장암이 관입 분포하고 있으며, 흑운모와 각섬석을 많이 함유하고 회색을 띠는 암석이다. 정장석과 사장석의 반정을 다량 포함하여 석영은 거의 관찰되지 않는다. 흑운모는 자형으로 산출되는 것이 많으며 각섬석은 0.5~1cm 정도의 크기를 나타내며 일부는 녹니석화 되었다.

6.3.9 강화도 화강암

강화도 화강암은 강화도 마니산, 길상산과 석모도에서 변성암을 관입하고 있으며, 각섬석 흑운모 화강섬록암과 흑운모 화강암으로 구성된다. 각섬석 흑운모 화강섬록암은 마니산 일대와 석모도 중앙부에 분포하며, 흑운모 화강암을 관입하고 있다. 흑운모 화강암에 비해 입자의 크기가 3~5mm 정도로 크고 유색 광물의 함량이 높으며, 야외에서 염기성 포획암을 갖고 있는 점이 특징적이다.

석영, 사장석, K-장석, 흑운모, 각섬석이 주 구성 광물을 이루고 부 구성 광물로는 알라나이트, 인회석, 저콘, 불투명 광물 등이 산출되고, 견운모, 녹니석, 방해석 등도 관찰된다. 흑운모 화강암은 온수리, 외포리, 석모도에서 결정질 편암과 편마암을 관입, 분포하고 있으며 각섬석 흑운모 화강섬록암에 의해서 관입 당했다. 입자의 크기는 2~3mm 정도로 중립질이며 등립질이다. 주로 석영, K-장석, 사장석, 흑운모로 구성되며, 저콘, 인회석, 불투명 광물이 부 구성 광물을 이루고 2차 광물로 사장석 내부에서 견운모가, 흑운모 주변에서 녹니석과 백운모 등이 관찰된다.

6.3.10 양평 중성-염기성 복합체

양평 지역에는 중성 및 염기성 심성암체가 암주상으로 경기편마암복합체를 관입하여 타원형의 분지 지형을 이루고 있다. 암상에 따라서 반려암, 섬록암, 반상 몬조니암으로 구분되며 모두 조립질암이다. 이중 몬조니암이 대부분을 차지하며 반려암과 섬록암은 암주 및 암맥상으로 편마암과의 접촉부에 주로 분포한다. 반려암은 괴상으로 산출되며 구성분 광물은 각섬석, 사장석 및 흑운모이고 부 구성 광물로는 미사장석, 석영, 휘석 및 2차적으로 생성된 녹니석, 녹염석을 함유한다. 그 밖에 미량의 자철석, 인회석, 금홍석을 함유한다.

6.4 경상도 일대의 백악기 퇴적암과 화성암(경상누층군)

한반도 남동부 경상도 지방을 중심으로 분포하는 경상분지는 중생대 백악기에 형성되어 그 분지를 채운 퇴적층들이 경상누층군이다(그림 6.9). 경상누층군은 하부로부터 신동층군, 하양층군 및 유천층군으로 구분된다(장기홍. 1977, 1978). 이들 층군들을 구분하는 기준은 신동층군에는 화산쇄설물들이 거의 없으나 하양층군에는 화산쇄설물들이 차츰 증가하며 유천층군은 화산암 내지 응회암이 주이며 간혹 퇴적암이 이들 화산암류 사이에 협재함이 특징이다.

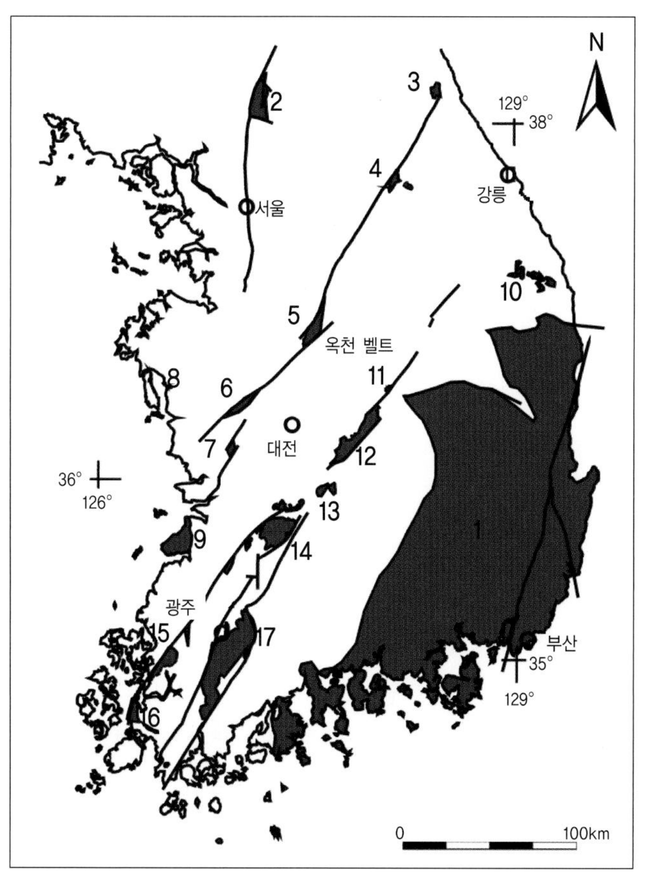

그림 6.9 남한에 분포하는 백악기의 퇴적분지들

(1. 경상분지, 2. 철원분지, 3. 미시령분지, 4. 풍암분지, 5. 음성분지, 6. 공주분지, 7. 부여분지, 8. 천수만분지, 9. 격포분지, 10. 통리분지, 11. 중소리분지, 12. 영동분지, 13. 무주분지, 14. 진안분지, 15. 함평분지, 16. 해남분지, 17. 능주분지)

주 경상분지(그림 6.8)도 북쪽에서부터 영양소분지, 의성소분지 및 밀양소분지로 구분된다. 이들 소분지 간에는 열쇠층(key bed)이 있어 상호 층서 대비가 가능하며 각 분지 간의 지층명은 표 6.1과 같다.

표 6.1 경상분지 내 소분지 간의 층서 대비표

<table>
<tr><th>영양소분지</th><th colspan="2">의성소분지</th><th colspan="2">밀양소분지</th></tr>
<tr><td colspan="5">유천층군</td></tr>
<tr><td colspan="2">신양동층</td><td colspan="2">건천리층</td><td rowspan="12">하양층군</td></tr>
<tr><td rowspan="2">기사동층</td><td rowspan="3">춘산층</td><td>채약산화산암</td><td rowspan="2">진동층</td></tr>
<tr><td>송내동층</td></tr>
<tr><td rowspan="2">도계동층</td><td colspan="2">반야월층</td></tr>
<tr><td>사곡층</td><td>함안층</td><td rowspan="2">함안층</td></tr>
<tr><td>오십봉화산암</td><td rowspan="3">점곡층</td><td>학봉화산암</td></tr>
<tr><td>청량산역암</td><td colspan="2">신라역암</td></tr>
<tr><td>가송동층</td><td></td><td rowspan="5">칠곡층</td></tr>
<tr><td rowspan="3">동화치층</td><td colspan="2">구계동층</td></tr>
<tr><td colspan="2">구미동층</td></tr>
<tr><td colspan="2">백자동층</td></tr>
<tr><td>울련산층</td><td colspan="2">일직층</td></tr>
<tr><td colspan="2" rowspan="3"></td><td colspan="2">진주층(동명층)</td><td rowspan="3">신동층군</td></tr>
<tr><td colspan="2">하산동층</td></tr>
<tr><td colspan="2">낙동층(연화동층)</td></tr>
</table>

6.4.1 신동층군

경상분지의 백악기 퇴적암은 곳에 따라 퇴적시작 시기를 상당히 달리하지만 현저한 기저 역암을 가지고 분지의 기반암인 편마암 내지 중생대 대보화강암 위에 부정합으로 놓여 있다. 신동층군은 두께가 2,000~3,000m로서 주로 쇄설성 퇴적암으로 구성되며 경상분지의 서부에 위치한다. 신동층군은 퇴적범위가 초기의 경상분지의 범위였으며 이것이 현 경상분지의 낙동소분지 혹은 낙동 곡분(trough)이다. 신동층군은 하부로부터 역암, 사암, 셰일 및 탄질셰일로 구성된 낙동층(일명 하산동층), 사암, 역암, 적색사암 및 회색 셰일로 구성된 하산동층 및 최상부 지층인 회색사암, 암회색 셰일 및 역암으로 구성된 진주층(일명 동명층)으로 이루어져 있다.

6.4.2 하양층군

하양층군은 퇴적분지의 범위가 확대되면서 퇴적하기 시작하였는데 퇴적시기 중 때때로 화산활동이 있었고 퇴적동시성 지괴운동이 있었다. 하양층군은 두께 1,000~5,000m로 주로 쇄설성 퇴적암으로 구성되며 염기성 내지 중성 화산암이 소규모 협재한다. 하양층군은 신동층군 위에는 정합적으로 놓이지만 다른 지역 특히 의성소분지 및 영양소분지에서는 신동층군을 결한 채 기반암 위에 부정합으로 놓인다.

하양층군은 밀양소분지, 의성소분지 및 영양소분지에서 각각 층 명을 달리한다. 밀양소분지는 하부로부터 사암, 셰일과 역암으로 구성되고 적색층을 함유하는 칠곡층, 역암과 약간의 사암으로 구성된 신라역암, 현무암으로 이루어진 학봉화산암, 적색의 셰일, 사암, 이암으로 구성된 함안층(일명 대구층), 암회색 셰일과 사암으로 구성된 진동층, 그리고 그 상부에 암회색 내지 회색 셰일 및 사암으로 구성된 반야월층으로 이루어져 있다.

의성소분지는 하부에 신동층군 상부에 놓이는 하양층군의 최하부 지층은 일직층으로 신동층군이 없이 기반암 위에 부정합으로 놓이는 하양층군의 하부층을 백자동층이라 정의하였다. 이들 하양층군 최하부층 위에는 적색 및 암회색 쳐어트 각력의 함유를 특징으로 하는 구미동층, 적색 셰일과 사암의 호층인 구계동층, 암회색 내지 회색 또는 녹회색 사암과 셰일의 호층인 점곡층, 적색층이 우세하고 밀양소분지의 함안층에 대비되는 사곡층, 구산동응회암을 기저로 하여 사암과 셰일의 호층대인 춘산층과 하양층군 최상부층인 암회색 셰일과 사암의 호층인 신양동층이 분포한다.

영양분지는 분지의 기반암 위에 역암을 주로 구성된 울련산층, 장석질 사암, 역질사암 및 적색 셰일로 구성된 동화치층, 녹회색 이회암, 적색 셰일, 사암 및 연암으로 구성된 가송동층, 녹색 또는 적색 역암과 이에 협재된 이회암, 사암 및 셰일로 구성된 청량산층, 현무암으로 주로 구성된 오십봉화산암, 역암, 사암 및 셰일로 구성된 도계동층, 적색의 셰일, 사암 및 함쳐어트역을 가진 잡색역암(기사동 역암)을 가지는 기사동층과 하양층군 최상부층인 암회색의 셰일, 사암 및 역암으로 구성된 신양동층으로 이루어져 있다.

6.4.3 유천층군

유천층군은 화산활동이 활발한 시기에 형성된 것으로 두께 약 2,000m이며 안산암질응회암, 안산암, 유문암 등의 응회암류, 용암과 협재된 퇴적암으로 구성되어 있으며 하양층군의 침식면 위에 흔히 경사부정합으로 놓인다. 이 층군은 층서가 매우 복잡하고 다양하여 일반화하기 매우 어렵다. 밀양-유천 지역에서는 본 층군의 하부인 안산암(약 1,000m)과 상부인 산성화산암류(약 900m) 사이에는 부정합이 있음이 알려져 있다.

6.4.4 백악기 소분지

한반도에는 그림 6.9와 같이 옥천대의 주변을 따라 좌수향의 단층작용과 관련하여 소규모의 퇴적분지들이 대상으로 분포한다. 북쪽에서부터 철원분지, 미시령분지, 풍암분지, 음성분지, 공주분지, 부여분지, 천수만분지, 격포분지, 통리분지, 중소리분지, 영동분지, 무주분지, 진안분지, 함평분지, 해남분지, 능주분지 순으로 발달하며 백악기의 퇴적암과 화산암이 이들 분지를 채우고 있다.

6.4.5 불국사 화강암

위에서 언급한 각종 화강암체들은 모두가 중생대의 쥬라기에 형성된 소위 대보화강암에

그림 6.10 경상누층군 내 적색층 셰일과 회색사암이 호층을 이루는 퇴적암 노두

속하는 화강암체이다. 한반도에는 백악기 말 내지 제3기 초 경상누층군의 유천층군 화산활동 이후에 한반도 남동부를 중심으로 화강암의 심성관입활동이 있었으며 이들의 산물이 불국사 화강암이다. 불국사 화강암은 세립질 화강암, 반상 화강암, 흑운모 화강암으로 대별되며 각각의 특징은 다음과 같다.

(1) 세립질 화강암

이 화강암의 광물입자는 세립이며 곳에 따라서는 반화강암과 유사하다. 세립질 화강암은 언양 자수정광상의 모암으로 알려져 있으며, 이 반화강암 내에 형성된 페그마타이트 포켓에 자수정이 발달하고 있다. 이 반화강암은 언양읍 부근에서 관찰되는 반화강암과 거의 같은 암상으로 그 내부에 정동과 페그마타이트 포켓을 수반한다. 대자율 값을 보면 화강섬록암이 $10\sim30\times 10^{-3}$ 정도로 나타나고, 반화강암이 $3\sim6\times10^{-3}$ 정도를 보여 이들 모두 자철석 계열의 화강암류이다.

현미경 관찰에 의하면 주 성분 광물은 석영 카리장석 및 정장석이며 부 성분 광물로 흑운모, 각섬석, 녹리석, 인회석 및 불투명 광물들이며 세립질 입자를 가지며 정동구조를 가고 안산암의 포획체를 자주 함유한다.

(2) 반상 화강암

이 화강암은 2~3mm 내외의 장석 반정 함유하여 반상조직을 가지는 것이 특징으로, 석기는 세립질 화강암과 동일하다. 반상 화강암의 현미경 관찰에 의하면 주 성분 광물은 석영, 카리장석 및 정장석이며 부 성분 광물로는 흑운모, 각섬석, 녹리석, 인회석 등 불투명광물이다. 이 화강암은 미사장석의 반정을 가지는 반상조직을 보이며 석기는 세립질이나 등립질이다.

(3) 흑운모 화강암

이 화강암은 핑크색을 띠며 주로 세립 내지 중립질이다. 대체로 반상조직을 가지는데, 반상조직이 우세한 곳에서는 반암으로 불려도 좋을 정도의 조직을 보여 (2)의 반상 화강암과 비슷하다. 반정으로 자형의 석영, 사장석, 핑크색 알카리장석, 흑운모 등이 나타난다. 화강섬록암의 포획체와 기타 염기성암류의 포획체를 포함하기도 한다.

6.5 화강암 및 퇴적암의 풍화특성

6.5.1 화강암의 풍화특성

암석의 풍화는 기계적 풍화에 의해 암반 내의 불연속면의 상태 및 빈도를 악화시키고 암편의 크기를 작게 하며, 화학적 풍화는 절리망에 의해 유동하는 지하수의 영향을 크게 받는다. 따라서 암반의 풍화는 기후 조건에 의한 습도 및 온도, 지형 조건에 의한 배수 상태와 암반의 절리 상태 및 공극률에 영향을 받으므로 암반의 풍화 단면은 대체로 심도가 깊을수록 신선해지는 점이적인 풍화 양상을 지형과 유사한 형태로 보이지만, 층리, 절리, 단층 등의 불연속면을 통해 유동하는 지하수에 의해 이러한 주요 불연속면 주변에서 불규칙한 풍화 단면을 보인다.

국내의 화강암 지반에서 일반적으로 관찰되는 풍화 단면은 점이적인 풍화 단면으로서 지표면 상부에서 하부로 갈수록 풍화 정도가 암반선이 뚜렷하게 발달하는 경우이지만 간혹 핵석(corestone) 풍화 단면이 관찰된다(그림 6.11과 6.12). 핵석 풍화 단면은 절리를

그림 6.11 화강암의 표면에서 풍화에 의해 발생하는 양파구조

따라서 암석이 심하게 변질된 것으로 지표 탄성파 탐사로 암반선 추정이 부정확하다. 핵석 풍화인 경우 암반 풍화 등급의 적용은 토층과 암석의 구성 비율, 즉 핵석의 체적 비율에 따라 적용된다.

화강암이 분포하는 지역은 금강산, 설악산, 북한산과 같이 높은 지형을 이루거나 아니면 춘천시와 같이 주위 모암보다 풍화작용을 빨리 받아 낮은 지형을 형성한다. 화강암은 다른 암석에 비해 등방성을 가져 풍화시 지표면과 거의 평행한 박리형태를 가진다(그림 6.13). 또한 화강암 지반에서는 풍화면이 매우 불규칙한 것이 특징인데(그림 6.14) 이는 풍화대의 암선을 결정하는데 어려움을 수반하여 공학적으로는 매우 불리한 현상이다.

그림 6.12 화강암의 풍화에 의한 핵석

그림 6.13 화강암이 풍화되면서 발달하는 박리현상

그림 6.14 화강암 표면의 불규칙적인 풍화양상

6.5.2 마사토

특수토는 시공에 있어서 불량한 흙이거나 다루기 힘든 흙을 말한다. 특수토로 불리는 것은 주로 마사토, 점성토, 조립토, 유기질토, 액상화하기 쉬운 모래 등이 있다. 마사토는 화강암류나 이것과 유사한 편마암이 풍화하여 생긴 잔류토 또는 붕적토를 말한다. 모래 형태이지만 원암의 구성성분인 석영, 장석, 흑운모 등의 유색 광물을 포함하고 있거나 입도가 불균질하고 입자형태는 각이 져 있기 때문에 일반 모래와 구분할 수 있다.

가. 마사토의 특징

마사토는 풍화과정에서 암석에 가까운 것부터 실트·점토까지 광범위하게 포함되고 있어 공학적 성질도 크게 변화한다. 풍화층의 두께나 분포는 원암의 암질과 구조에 지배된다. 동시에 일반 퇴적토와는 달라서 토층 내부의 질적인 변화가 크고 불연속 및 불균일하다. 풍화작용은 물리적 풍화작용과 화학적 풍화작용으로 나눌 수 있지만, 이 양자가 장시간에 걸쳐서 연속적으로 작용하여 생성된 보통 풍화 마사토와 단층파쇄대를 따라 지하깊이까지 풍화된 구조 풍화 마사토(일명 심층풍화)가 있다(표 6.2).

표 6.2 풍화형태와 흙의 특징

보통 풍화 마사토	구조 풍화 마사토
흙 입자의 변질이 현저하고, 점성이 조금 높고, 투수성이 적다.	흙 입자의 화학적 풍화는 적지만, 석영의 세립화가 진행되어 있기 때문에 소성이 적고, 투수성이 크다.

마사토가 두껍게 분포하는 조건은 다음과 같다.

① 조립이고 산성보다는 중성의 암질의 경우. 즉, 석영이나 정장석이 풍부한 것보다는 사장석, 흑운모, 각섬석을 많이 포함하는 화강섬록암이나 섬록암 등이다.

② 지형이 평탄하고 강수량이 적고, 침식작용이 미약하고, 준평원화 되어 있는 지역.

③ 단층파쇄대 부근에서 물의 공급, 침투가 용이한 장소.

④ 새로운 퇴적물로 덮여 있고 장기간의 풍화를 받기 쉬운 장소.

나. 풍화 정도와 공학적 성질

(1) 풍화 정도

현지에서 풍화 정도의 판정은 아래의 방법과 같이 실시한다.

① 장석입자를 손가락으로 문질러서 간단히 실트 정도로 부서지면 상당히 풍화가 진행된 마사토이다.

② 손으로 문지르면 조립사 또는 자갈이 된다.

③ 결정 간의 결합이 손가락으로 분리될 수 있으면 겉보기는 암석이라도 굴착에 의해 쉽게 마사토가 된다.

왼손을 노두에 대고 1m 떨어진 점을 오른손으로 햄머로 타격했을 때, 왼손에 강한 진동을 느끼면 굉장히 풍화된 마사토이다. 약한 풍화에서 미풍화암이면 진동을 느낄 수 없다.

지반관찰에 의한 풍화구분의 예는 표 6.3과 같다.

표 6.3 화강암류의 풍화도 구분 예

<table>
<tr><th rowspan="2">풍화도</th><th colspan="5" rowspan="2">굳기의 상태</th><th rowspan="2">결정의 부착상태</th><th colspan="4">결정 입자의 상태</th><th colspan="2">공학적 성질</th><th rowspan="2">굴착성</th></tr>
<tr><th>석영</th><th>장석</th><th>흑운모</th><th>각섬석</th><th>V_p (m/s)</th><th>N값</th></tr>
<tr><td>완전 풍화대</td><td>매우 연함</td><td rowspan="2">비에 의한 균열 생김</td><td rowspan="2">햄머로 자국을 만들면 부서진다</td><td rowspan="3">시험편을 만들면 깨어진다</td><td>점토질 적색화</td><td rowspan="2">모두 분리, 입자간 공극이 크다. 벽개의 분리도 진행되고 있다.</td><td>조립화</td><td>모두 점토화</td><td rowspan="2">점토 광물화</td><td>점토 광물화</td><td>300 ~ 400</td><td>< 20</td><td rowspan="2">불도저로 굴착 용이</td></tr>
<tr><td>강 풍화대</td><td>연질</td><td rowspan="2">등방질 ↕ 이방질</td><td>표면평활</td><td>약간 점토화 모두 백색화</td><td rowspan="4">신선</td><td>500 ~ 1,000</td><td>20 ~ 50</td></tr>
<tr><td>중 풍화대</td><td>약간 연질</td><td rowspan="3">비에 의한 균열 안 생김</td><td>자국을 만듦</td><td>부분적으로 부착되어 있지만, 대기와 접촉하면 급속히 분리</td><td rowspan="3">표면자형 결정면을 보존</td><td>반 정도가 백색화</td><td rowspan="3">신선</td><td>1,000 ~ 1,500</td><td>> 50</td><td>리핑 굴착 가능</td></tr>
<tr><td>경 풍화대</td><td>경질</td><td rowspan="2">햄머로 자국을 만들기 힘들다</td><td rowspan="2">시험편을 성형 할 수 있다</td><td>절리 풍화</td><td>절리면을 따라 입상화가 시작되지만, 30% 이상은 결정이 밀착되어 있다.</td><td>일부 백색화</td><td>1,400 ~ 2,500</td><td>불능</td><td rowspan="2">화약 사용</td></tr>
<tr><td>미 풍화대</td><td>매우 경질</td><td></td><td>열극이나 절리를 따라 결정의 부착력이 약해진다.</td><td>투명</td><td>2,500 ~ 4,500</td><td>불능</td></tr>
</table>

(2) 공학적 성질

① 자연함수비·밀도·비중 : 풍화 정도가 똑같이 변화하는 한 지역의 예에서는 자연함수비는 심부로부터 표층으로 향해 2%→10%, 간극율은 20%~40%로 크게 변화한다. 비중은 2.65 전후로 크게 변화하지 않는다.

② 입도분포 : 조립에서 세립까지의 넓은 입도분포를 나타내고 사력에서 사질까지의 입도변화를 보인다. 조립의 것과 매우 세립인 것이 혼재하고, 중간 입도가 없고, 소위 불연속적인 입도를 나타내는 것이 특징이다. 그 원인은 장석이 실트화하지만 석영은 풍화되지 않고 원래의 입자 크기를 가지기 때문이다.

③ 투수성 : 투수성은 공극의 증가에 비례하여 커진다. 강한 풍화암에서는 10^{-3}cm/s의 크기이지만, 역으로 완전 풍화토에서는 세립화가 진행되어 10^{-4}cm/s의 크기가 된다. 화강암보다도 유색 광물이 많은 화강섬록암 기원의 마사토가 동일 공극률에서도 투수성이 작다.

④ 다짐 특성 : 유색 광물량이 많은 만큼 건조밀도는 저하되고 최적 함수비는 증대한다. 풍화도가 큰 것은 다짐에 의해 흙 입자가 파쇄되고 세립화하여 투수성이 감소한 결과로 과압밀이 되기 쉽기 때문에 주의가 필요하다.

⑤ 전단강도 : 전단 중에 구속압이 증가함에 따라 흙 입자의 파쇄가 진행되어 강도가 약화된다. 또한 물의 포화에 의해 전단강도가 반감하는 등 물의 침투나 교란에 의해 점착력이 소실되는 경향이 강하기 때문에 마사토에서는 점착력을 기대하지 않는 것이 좋다.

다. 마사토에서의 조사, 설계 및 시공 시 유의점

(1) 조사상 유의점

대상구조물이나 이용목적에 따라 조사방법이나 점검해야 할 중점항목이 다르며 표 6.4와 같다. 조사 시 다음과 같은 사항들을 고려하여 조사를 실시해야 한다.

마사토는 화강암보다는 화강섬록암이 풍화되기 쉽고, 적색을 띤 세립분이 많은 마사토가 된다. 화강암은 석영, 카리장석의 입자가 남고, 담색 조립 마사토가 된다. 편마암은 흑운모가 분해되어 실트분이 풍부하다. 두꺼운 마사토의 생성은 단층파쇄대와 밀접한 관계가 있기 때문에 국부적인 정밀조사에 앞서 주변을 포함하는 넓은 범위의 조사가 필요하다. 마사토는 점착성이 부족하고 교란되지 않는 시료채취가 곤란하여 될 수 있으면 원위치에서 물리시험 및 역학시험을 실시하는 것이 바람직하다.

특히 탐사에서는 심층풍화에 의해 경암층 아래에 풍화층이 존재하는 경우가 많으며, 탄성파탐사를 실시하는 경우에도 필요한 곳에서 시추를 실시하고 물리검층이나 공간속도측정 등을 병용하는 것이 좋다. 경암과 풍화층이 혼재하는 경우 탄성파탐사에서는 평균적인 값을 얻을 수 없고 풍화층의 성상을 판단하는 것이 어렵다. 암반선의 연속성이 부족하고, 탄성파탐사에서는 미라지층(심도가 깊어짐에 따라 연속적으로 증가하는 지층)이 존재한다. 시추에서는 코아 채취 상태와 실제의 지반상태가 서로 다르고 암질의 사전판별이 곤란하다.

표 6.4 마사토에서의 조사 요소

대상구분	조사 요소
기초지반	지반에서 토층의 불규칙성이나 국부적인 변화, 토층과 암반과의 경계
사면	풍화층의 구분, 경사, 침투성, 강도, 절리나 단층의 규모와 방향
건설재료	입도, 광물조직, 흙 입자의 풍화 정도

(2) 설계 및 시공 시 유의점

조사가 끝난 후 설계 및 시공 시에는 다음과 같은 점에 유의해야 한다.

① 굴착작업 : 마사토는 풍화의 정도에 따라 기계굴착이 용이한 것과 발파를 하지 않으면 안 되는 것이 동시에 분포할 수 있다. 마사토에서 기반암으로의 전이대에는 주변에서 중심부로 감에 따라 굳은 전석(ϕ=0.5~3m)이 분포하기 때문에 굴착작업 시에는 이 전석의 처리에 대해 잘 검토해 두어야 한다.

② 사면작업 : 절토사면의 구배는 보통 1.2~1.8이고 성토사면 1.5~2.0으로 시공한다. 사면은 장기간 방치하지 말고 될 수 있는 한 빨리 식생을 주체로 하는 표면보호공을 실시한다. 이 경우는 마사토는 비료성분이 부족하고 보수성이나 비료분의 지보력도 작기 때문에 이러한 점을 고려하여 식생을 한다. 굴착면은 배수상태를 양호하게 유지하는 것 외에도, 굴착면의 요철을 될 수 있으면 없게 하고 물의 고임이 생기지 않도록 한다. 사면붕괴 대책으로 물빼기 작업이 유용하다.

③ 기초작업 : 통상 건물에서는 마사토 지반은 양호한 지지 지반으로 믿기 때문에 안이한 기초설계가 실시되는 경향이 있다. 그러나 풍화 정도에 따라 상당히 성질이 달라지기 때문에 주의가 필요하다. 특히 부등침하의 장애에 대해서는 충분한 주의가 필

요하다. 심부에 발달하는 마사토가 시공작업에 의해 노출되면 상재하중의 제거, 산화 및 풍화작용, 우수에 의한 침식, 팽윤 등 때문에 성질이 심하게 변한다.
예를 들면, 지하 60m에 있던 V_P(탄성파속도) ≒ 4,000m/s 지반이 시공작업에 의해 지표로 노출된 결과 V_P = 1,000~2,000m/s로 저하한 예도 있다. 통상의 퇴적층에 비해 부분적인 강도변화가 크기 때문에 동일 부지 내에서도 강도변화에 주의가 필요하다.

6.5.3 퇴적암의 풍화특성

퇴적암의 경우 풍화작용을 받은 암반에서는 단단한 암석 사이에 연약한 층이 불규칙하게 또는 호층으로 협재하는 경우가 있어 이에 대한 주의가 필요하다(그림 6.15). 사암 또는 이암 등 쇄설성 퇴적암에서는 모암의 입도에 따라서 토층의 입도가 결정된다. 만약 역암이나 사암 지반에서의 잔류토는 역질 또는 사질토이고 셰일이나 이암인 경우의 지반에서는 실트 이하의 세립질이 토층을 이루게 된다. 또한 사암과 셰일, 또는 셰일과 실트스톤의 호층대에서 차별풍화가 발생하여 약선대로 나타나므로 조사자 및 설계자가 가장 유의하여야 한다.

층리가 사면의 경사와 같을 경우 붕괴의 가장 큰 요인으로 사면의 안정성에 크게 영향을 미친다. 불연속면의 발달은 암석의 종류에 따라서 큰 차이를 보인다. 사암은 층리면이 닫혀 있는 경우가 많으나 이암과 셰일은 층리면이 벌어져 있거나 쪼개짐(fissility)이 많다. 특히 우리나라 퇴적암의 대부분을 차지하는 경상계 퇴적암류는 양호한 암석과 취약한 암석이 교호하는 호층대가 많이 산출되므로 이러한 경우에는 취약한 암석의 특성에 주의하고 취약한 암석은 숏크리트 등으로 피복이 필요하며 층리면을 따라서 단층이 발달하는 경우가 간혹 발견되므로 정밀조사가 필요하다.

석회암과 같은 비쇄설성 퇴적암은 대체로 토층이 점토질 실트로 이루어져 있으며 절리는 짧고 불규칙한 양상으로 관찰된다. 우리나라 대부분의 비쇄설성 퇴적암은 대부분 고생대에 생성된 것으로 대체로 백악기에 생성된 경상계 퇴적암 지대에 비해서는 단층의 빈도가 높은 특징이 있으며 이들은 층리방향과 비슷하게 관찰되고 있다. 또한 석회암에서는 지하수에 의한 차별침식으로 인하여 석회동굴이 생기는 경우가 흔하다. 따라서 절리에 의한 대규모 낙반 위험은 적으며 지하공동이 위험하다고 판단되면 공동을 주입재로 채운다.

쇄설성 퇴적암(사암, 이암, 셰일이 교호함) 지반에서 시추 조사 시 가장 주의해야 할 점은 호층으로 인한 지반선의 변화이다. 퇴적암 지반은 퇴적 기원에 따라 양호한 암반 하부에 불량한 암반이 존재할 가능성이 크다. 각종 구조물 조사 시 계획심도까지 시추를 하면서 퇴적암 지반의 호층에 의한 풍화의 영향을 면밀히 관찰해야 한다.

그림 6.15 차별풍화가 일어난 퇴적암(층마다 풍화 정도가 다름)

Part. 07
신생대의 암석

Part. 07

신생대의 암석

신생대는 제3기와 제4기로 나뉘며 한반도에서는 제3기의 퇴적분지가 북쪽의 2곳을 제외하고는 동해안을 따라 소규모 분포한다. 제4기는 한반도에서 부분적으로 활동한 화산으로 대표적인 곳이 백두산을 비롯하여 제주도, 울릉도 및 독도이다.

본 장에서는 제3기층을 고제3기층과 신제3기층으로 구분하지 않고 지역별로 기술하고 우리나라 제4기 화산활동으로 형성된 제주, 울릉도 및 독도의 지질상황을 기술하고 마지막 부분에 제3기 이암의 특징 중 하나인 점토광물 및 기타 특수지반에 대해 기술한다.

한반도에서 제3기의 퇴적분지들은 황해도에 위치한 안주분지 및 봉산분지를 제외하고

그림 7.1 한반도에 분포하는 제3기 퇴적 분지 분포도

는 동해안을 따라 단속적으로 분포한다(그림 7.1). 이들 중에서 포항분지, 장기분지 및 어일분지는 한반도의 주요 구조선인 양산단층 동측에 분포하는 분지이다. 한반도 남부의 서해안에는 신생대층이 분포하고 있지 않으며 북부에만 신의주지역, 안주지역 및 사리원지역에 매우 소규모로 분포하고 있다. 제3기층은 고제3기층과 신제3기층으로 구분되는데, 한반도에 있어서 고제3기층은 분포가 매우 제한되어 있어 남한의 양남분지와 포항분지에 석영안산암질 화산암류가, 북한의 신의주지역, 안주지역과 사리원지역에 호성퇴적층이 분포하고 있다.

한반도 동남부의 제3기층인 장기-어일분지와 포항분지는 크기가 서로 비슷하며 분지의 성인에 있어서 서로 밀접한 관계를 갖고 있다. 이 두 분지의 제3기층서는 한반도 제3기층의 표준층서로 채택되고 있다. 이 두 분지의 제3기층에 관한 연구는 立岩嚴(1924)이 장기-어일분지의 북반부와 포항분지의 최남단을 조사한 이후, 주로 포항분지의 고생물과 층서에 관하여 이루어졌으며, 장기-어일분지의 제3기층서에 관하여서는 아직 자세한 연구가 이루어지고 있지 않다. 포항분지에 관하여 고생물학적 연구로 치우치게 된 것은 포항분지에는 해성층이 다른 3기 퇴적분지에 비해 비교적 두껍게 발달하고 있어 화석의 산출이 비교적 양호하기 때문이다.

표 7.1 남한의 신생대 제3기층 대비표

<table>
<tr><th colspan="2" rowspan="2">시대</th><th colspan="3">남한</th></tr>
<tr><th colspan="2">장기-어일분지</th><th>포항분지</th></tr>
<tr><td colspan="2">플라이오세</td><td colspan="2"></td><td></td></tr>
<tr><td rowspan="5">마이오세</td><td>후기</td><td colspan="2"></td><td></td></tr>
<tr><td rowspan="2">중기</td><td rowspan="2">연일
층군</td><td></td><td>홍해층
학전층</td></tr>
<tr><td>신현층 강동층</td><td>천곡사층 천북역암</td></tr>
<tr><td rowspan="2">전기</td><td>장기
층군</td><td rowspan="2">망해산층
오전층
정천리역암
장항층
안동리역암·
추령각력암
와읍리응회암</td><td rowspan="2"></td></tr>
<tr><td>범곡리
층군</td></tr>
<tr><td colspan="2">올리고세</td><td colspan="2"></td><td></td></tr>
<tr><td colspan="2">에오세</td><td colspan="2">왕산층</td><td>호암화강암</td></tr>
</table>

7.1 포항분지

포항분지는 경상누층군의 최상부층에 해당되는 퇴적암 및 화산암을 기반암으로 하여 제3기의 연일층군에 해당하는 퇴적암이 부정합으로 피복하고 있다. 연일층군의 층서는 立岩巖(1924)에 의해 천북역암과 연일셰일로 대분한 이후 엄상호 외(1964)에 의해 6개의 층으로 구분되었으며 Kim(1965)은 이 지역에서 산출되는 유공충을 이용하여 생층서(biostratigraphic unit)로 6개의 층으로 구분하였다.

Yoon(1975)은 기저층인 천북역암을 2개의 층과 2개의 층원으로 구분하여 세분하였으며, Yun(1986)이 다시 3개의 층으로, Choug, et al.(1989)은 4개의 층으로 구분하여 다양한 층 구분을 시도하였다. 그러나 실제로 야외조사 시 이러한 층의 구분은 암상으로는 특징이 뚜렷하지 않아 구분이 불가능하다. 또한 고생물학적 자료가 뚜렷한 층의 구분을 지시하는 것도 아니다. 생층서와 암층서의 상호 보완을 통해 이 지역의 층 구분을 시도한 Yun(1986)의 분류기준에 따라 하부로부터 주로 역암, 조립질 사암 및 소규모의 이암이 호층을 이루는 천북층, 이암, 이질사암, 사암 등으로 구성된 학전층, 주로 이암으로 구성되고 사암이 협재되는 두호층으로 구분하였다.

(1) 천북역암

이 층은 立岩巖(1924)의 천북역암, 엄상호 외(1964)의 천북역암과 학림층 일부, Kim(1965)의 사암역암과 송학동층 일부, Yoon(1975)의 단구리역암, 천곡사층에 해당하며 연일층군의 최하부 지층으로 경상누층군과 부정합으로 접하고 북으로는 남정면 앙리말에서 시작하여 경주 보문호까지 북동 내지 북북동 방향으로 약 50km의 연장을 보이며 층후는 약 150~400m이다.

본 층의 퇴적상은 충적선상지 또는 삼각주선상지에서 퇴적되었다. 최하위인 소위 단구리 역암에 해당하는 곳에서는 주위 모암과 같은 성분을 갖는 각력이 대부분이고 입자지지 역암(clast supported conglomerate)인데 이는 단층에 의한 파쇄대가 근거리를 이동하여 퇴적된 것으로 해석된다. 바로 상부에는 대부분 암설류(debris flow)에 의해 퇴적된 기질지지 역암(matrix supported conglomerate)으로 구성되어 있는데 역은 대체로 공 모양으로 원마되어 있으며 그 성분도 회색 내지 회백색 사암, 자색 셰일, 흑색 셰일, 규암 및 규장암 등 다양하다. 최하위 층준에는 약 10~20cm 크기의 각력질 역암이 우세하고 그 위에 직경 10cm 미만의 공 모양으로 원마도가 비교적 좋은 역암이 분포하며 지역에 따라 역암이 조립질 사암 내지 장석질사암과 호층을 이루고 있으나 측방 연속성은 불량하다.

(2) 학전층

천북층의 상부에 정합적으로 놓이는 지층으로 천북층의 연장과 방향이 같으며 층의 두께는 약 280∼400m 정도이다. 천북층에서 점이적으로 변하며 주로 이암, 세립사암, 사암 등으로 구성되고 역암이 협재하며 지층의 변화도 천북층에 비하여 안정되어 거의 일정하게 10° 내외의 지층 경사를 가진다.

하부는 백갈색 내지 회백색의 두꺼운 이질사암과 사암이 주를 이루며 1m 내외의 두께를 갖는 역암과 이암이 협재한다. 이곳에서는 식물과 패류화석, 유공충 등의 화석이 많이 산출된다. 사암은 주로 상부로 가면서 입자가 점점 적어지는 상향 세립화 현상을 가진다. 또한 이 사암은 괴상이거나 이암과 호층을 이루며 엽층으로 발달되고 탄질물이 4∼5cm 정도로 협재하기도 하나 연속성은 없다. 간간히 퇴적 시 소규모 사태가 일어난 흔적이나 협재된 이암 내에는 진흙 구슬(mud ball)이 관찰되기도 한다. 이 층의 상부는 회갈색 내지 백갈색의 괴상의 이암이 주를 이루며 엽층의 사암과 역질암(pebbly stone)이 협재하며 호층을 이룬다. 때로 층리가 교란된 흔적을 보이기도 하고 이암 내에 돌로마이트 단구 또는 방해석질 단구가 많이 관찰된다.

(3) 두호층

이 층은 1 : 5만 포항도폭의 이동층 일부와 두호층, 여남층에 해당하며 포항과 월포 사이의 지역에서만 분포한다. 형산강 이남지역에서는 분포하지 않으며 층의 두께는 약 150∼200m 정도이다. 주로 갈색 내지 백갈색 또는 담록색을 띠는 이암으로 이루어지고(그림 7.2) 세립질 사암이 협재하고, 층의 중간에는 직경이 수 cm인 역을 갖는 역암층이 폭 1m 이내로 협재한다. 학전층을 거치면서 지층경사가 10° 이내로 매우 완만하여 slope apron이나 basin plain에서 퇴적된 것으로 보인다. 학전층에 비하여 이회암의 단구 발달이 현저하여 층면에 평행하게 렌즈상을 이루고 있다.

특히 이 층에서 주목할 만한 것은 칠포 용결응회암 지역인 청하면 신흥리 마을 부근과 흥해읍 천마산 아래에 응회암질 성분을 갖는 10∼20cm 크기의 각력과 1∼5cm 크기의 공모양으로 원마된 역을 갖는 역암과 응회암질 사암으로 이루어진 역암층이 N30°W 내지 EW의 주향과 10°∼30° NE의 경사를 보이며 분포하는데 이는 이 지역을 통과하는 단층에 의해 파쇄된 단층각력이 두호층과 동시에 퇴적된 것으로 보인다.

그림 7.2 이암으로 구성된 두호층의 노두

(4) 현무암

현무암은 포항시 서쪽 달전부근 당수마을 일대와 광방리 북쪽 일원에 소규모로 분포하고 있다. 특히 달전지 부근의 현무암은 주상절리가 매우 잘 발달되어 있는데 이 주상절리의 경사는 하부에서 약 70°~80° 내외이고 상부는 약 20°~30° 정도이다. 달전지 남서쪽과 칠전마을 부근에서는 주변 퇴적암류의 지층경사와 거의 평행하게 퇴적암류 하반에 분포하며 판상절리와 양파구조가 발달한다.

암색은 암흑색 내지 흑색을 띠며 미정질이고 매우 치밀하다. 사장석, 휘석 등을 주성분으로 하고 감람석, 자철석, 방해석 등을 부성분으로 가진다. 이 현무암에 대한 산상과 지질시대가 연구자에 따라 견해를 달리하여 크게 세 가지로 보고 있다. 하나는 연일층군의 형성이 어느 정도 이루어진 후(마이오세 말기) 학전층에 관입하였다는 견해와 학전층의 형성(중기-말기 마이오세)과 때를 같이하여 분출하였다는 주장 및 연일층군의 형성 이전에 이미 관입하여 그 시기가 올리고세 초기 내지 마이오세라고 하는 견해가 있다.

최근의 암석연령 측정에 의하면 본 현무암의 생성 년대가 약 15 Ma로 보고되고 학전층의 일부가 현무암의 관입에 의해 접촉부에 열변성작용을 받은 흔적이 관찰되며 현무암의 분포양상이 전체적으로 타원형을 이루고 있는 점을 볼 때 마이오세 중기 또는 말기에 학전층을 관입한 것으로 알려졌다.

7.2 제4기의 제주도의 화산암

제주도는 한반도 최남단에 위치한 화산섬으로 육지의 지질이나 지질구조에서 찾아볼 수 없는 독특한 지질현상을 나타내는 지역이다. 그러므로 제주도 내에서 토목공사를 위해 지반조사를 할 때는 육지의 다른 지역에 비해 제주도의 지질현상에 맞는 조사가 수행되어야 한다. 이를 위해 이 절에서는 제주도 지역 지반조사 시 유의해야 할 지질 및 지질구조의 특성을 기술한다.

제주도의 지형은 북동동-남서서 방향의 장축(74km)과 북서서-남동동 방향의 단축(32km)을 갖는 타원형으로 면적은 1,825km^{2}이다. 제주도 중앙부에는 1,950m 높이의 한라산이 위치하고, 정상에는 지름이 575×400m, 깊이가 100m에 이르는 분화구가 있으며 돔상의 조면암이 분화구 주변에 관입되어 있다. 제주도 전역에는 360여 개의 분석구(응회환, 응회구가 일부)가 분포하고 있다(그림 7.3).

그림 7.3 제주 오름(분석구가 초원에 솟아 있어 육지에서 볼 수 없는 특이한 지형)

7.2.1 지질

제주도는 현무암질 용암류의 반복 분출에 의해 형성된 순상의 섬으로 100여 미터의 수심을 갖는 대륙붕 위에 놓여 있다. 용암류는 초기의 대지형 용암류와 후기의 순상 화산체 용암류로 구분된다. 현무암류(관입암도 포함)에 대한 암석 절대연령 측정값은 120만 년에서 2만 5천년 범위로 밝혀졌으며, 홍적세 동안에 화산활동이 활발했던 것으로 보고되었다. 또한 유사시대(AD 1002, 1007, 1445, 1670년)에도 화산폭발이나 지진이 발생했던 기록이 있다(동국여지승람 제38권, 이조열성실록).

현재는 화산활동의 징후가 없는 것으로 여겨지는 휴화산으로 활화산과 사화산에 대한 Szakacs(1994)의 새로운 정의에 따르면 제주도는 사화산에 해당된다. 제주도는 또한 여러 개의 소규모 분출에 의해 형성된 350여 개가 넘는 분석구(scoria cone)와 수성화산활동(hydrovolcanism)이 있어 응회구(tuff cone) 및 응회환(tuff ring)이 분포한다(그림 7.4). 이들 응회환과 응회구는 주로 제주도 해안을 따라 분포한다. 퇴적층은 서귀포층과 신양리층이 분포한다. 지하수와 온천수 개발을 위한 심부시추 결과 화산암 하부에 대한 지질이 대략 밝혀지게 되었다. 그 결과 제주도 동부지역은 해수면 하부에 두께가 120m에

그림 7.4 응회환(Tuff ring)을 만드는 응회암층

이르는 용암류가 분포하고, 그 밑에는 약 120m 두께의 미고결 퇴적층이 분포하는 것이 밝혀졌다. 이 미고결 퇴적층에는 바다에 서식하는 유공충이 함유되어 있어 제주도 용암분출 이전에 퇴적된 해성층으로 해석된다. 이 퇴적층 하부에는 중생대 기반암층으로 해석되는 용결응회암, 화강암 등이 분포한다. 제주도 서쪽 지역은 용암류의 두께가 50m 내지 70m이며 하부로 서귀포층이 나타난다.

제주도를 구성하고 있는 화산암은 알칼리현무암, 연한 녹색을 띠며 철 함량이 적은 하와이에서 특징적으로 산출되는 용암류인 하와이아이트, 감람조면안산암, 조면암 등으로 구성되어 있다(그림 7.5). 제주도에 분포하는 조면암은 전기의 대지형 용암류 분출시기와 후기의 순상 화산체 용암류 분출시기에 각각 형성된 것으로 보고 있다.

제주·애월 지역에 분포하는 용암류의 연대를 알기 위해 K-Ar 절대연령은 선흘리 현무암질안산암이 760만 년으로 가장 오래된 시대를 나타내고, 도남동현무암, 고내봉하와이아이트, 귀덕리현무암, 오등동현무암과 봉래동현무암은 530만 년 내지 380만 년, 오라동하와이아이트, 소산봉조면안산암과 천왕봉조면안산암은 100만 년 내외이다. 이들 결과는 지금까지 보고된 제주도의 용암류 분출시기와 대비될 수 없는 오랜 연령이며, 층서 상 같은 위치의 용암류에서 보고된 K-Ar 절대연령에 비해 상당히 고기이다. 이는 시료의 radiogenic ^{40}Ar/total ^{40}Ar 비가 너무 낮기 때문에 대기 중 Ar에 대한 보정에서 많은 오차

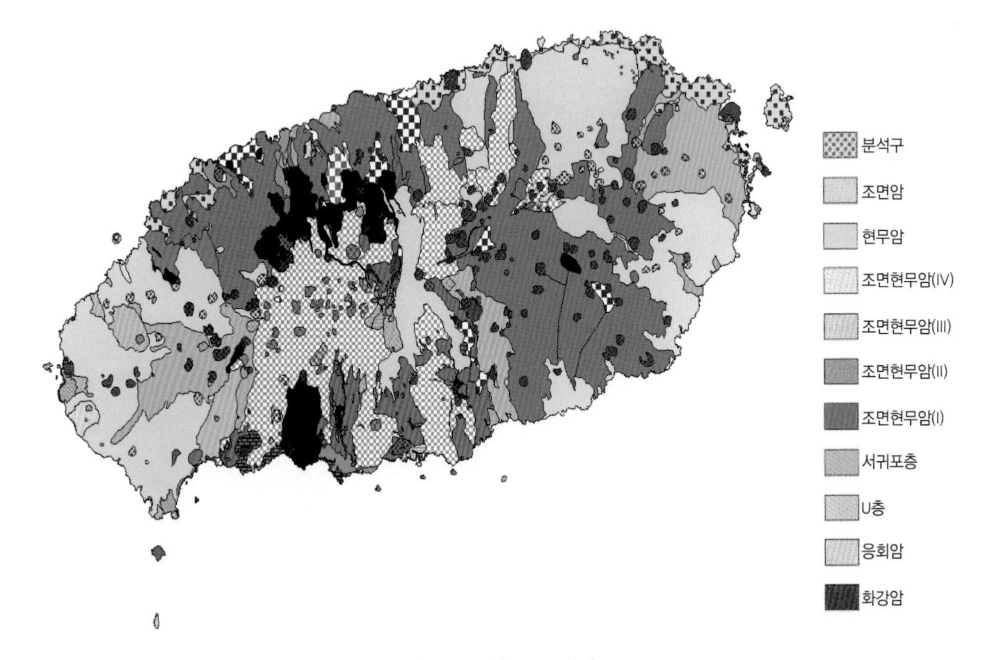

그림 7.5 제주도 지질도

은 위치의 용암류에서 보고된 K-Ar 절대연령에 비해 상당히 고기이다. 이는 시료의 radiogenic ^{40}Ar/total ^{40}Ar 비가 너무 낮기 때문에 대기 중 Ar에 대한 보정에서 많은 오차가 발생하였기 때문으로 해석된다.

가. 용암의 분류

용암류는 점성, 분출 속도, 유동 속도, 온도, 휘발 성분의 함량, 결정화 정도에 따라 산출 양상을 달리하며, 이러한 물성에 따라 두껍고 거친 표면을 형성하는 아아 용암(Aa lava)과 표면이 비교적 매끄러운 파호이호이 용암(Pahoehoe lava)으로 구분된다.

아아 용암류는 큰 기공을 형성하고, 유리질이 적으며, FeO의 함량이 적은 특징이 있다. 파호이호이 용암류는 기공의 크기는 작고, 유리질이 많으며, FeO 성분이 높은 특징이 있다. 아아 용암은 빠른 속도로, 파호이호이 용암은 느린 속도로 분출한다. 파호이호이 용암은 낮은 점성과 빠른 유동을 보이고 기공의 함량이 20%~50%에 이른다고 한다. 파호이호이 용암류는 시간이 지남에 따라 아아 용암류로 변하는 것으로 알려져 있으며 점성의 변화에 의한다고 한다. 낮은 점성과 결정화 정도, 높은 온도, 빠른 분출과 유동, 적은 휘발 성분의 용암류는 표면이 매끄럽고 새끼줄 구조가 흔히 형성되는 파호이호이 용암류를 형

그림 7.6 표면이 매끄럽고 새끼줄 구조가 흔히 형성되는 파호이호이 용암류

성한다(그림 7.6). 파호이호이 용암에서는 용암동굴이 흔히 형성되는 것으로 알려져 있다. 또한 30cm 이하의 얇은 용암층이 복합을 이룬다.

한편 높은 점성을 지닌 용암류는 아아 용암류를 형성하여 표면에 두꺼운 크링커층을 형성하게 된다. 아아 용암류는 표면으로부터 떨어져 나온 크링커를 측벽에 집적하여 용암제방(levee)을 형성하게 되며, 용암류는 용암제방의 안쪽에 따라 흐르게 된다. 용암제방의 두께는 대략 5m이며 용암류의 외곽으로는 수십 m의 폭으로 크링커층을 형성하는 것으로 알려져 있다(그림 7.7).

제주도에서 분포되는 용암류는 지표면에 나타난 현상으로 보아 크게 파호이호이 용암류와 아아 용암류로 분류된다. 용암류 가운데 신흥리현무암, 선흘리-대천동현무암질안산암, 개월오름현무암, 오등동현무암에는 새끼줄 구조가 흔히 발달해 있는 점과 지표면이 비교적 평탄하고(제주도에서는 빌레로 부름), 용암동굴이 형성되어 있는 점으로 보아 파호이호이 용암에 해당된다. 이들 용암류의 표면 가까이에는 5~10cm 두께의 용암류가 복합되어 산출된다. 파호이호이 용암류 분포지역은 지표면에 바로 암반이 노출되어 있는 예가 흔하며, 크링커층이 없거나 미약하게 발달한다. 오등동현무암류는 오등동 오등목장 부근에서는 용암류의 전면이 급경사를 이루며 부분적으로 크링커층이 형성되어

그림 7.7 크링커를 협재하고 표면이 거친 아아 용암류

있는 점으로 보아 파호이호이 용암류에서 아아 용암류로 전이된 것으로 해석된다. 선흘리현무암질안산암과 개월오름현무암에서 치약 모양 용암이 용암류의 하부에 형성되어 있다. 이와 같은 현상은 파호이호이 용암류가 아아 용암류로 전이되는 암상으로 알려져 있다.

위에 기술한 용암류 외의 용암류는 아아 용암류에 해당된다. 이들 아아 용암류는 결정의 함량이 비교적 높고, 두꺼운 송이를 형성해 있다. 따라서 지표면에는 용암류의 산출보다 송이가 우세하게 나타나는 낮은 구릉지가 형성되어 있다. 곳에 따라서는 송이만 관찰되거나, 3~5m의 두께의 송이층에 1m 두께의 용암류가 협재되어 산출되기도 한다.

(1) 용암동굴

용암동굴은 점성이 낮은 용암의 표면이 고결되고, 내부는 미고결 상태에서 연속적인 흐름이 발생하여 굳은 표면과 내부 사이에 틈이 생겨 공동이 형성된다. 용암동굴의 규모는 수 m에서 수 km에 이르며, 용암동굴 천정의 두께는 수십 cm에서 수 m에 이른다. 용암동굴의 발달 방향은 용암의 흐름에 지배를 받는 관계로 지하 용암동굴의 발달방향 파악은 용이하지 않다. 이와 같은 용암동굴은 일반적으로 파호이호이 용암에 흔히 형성되며, 아아 용암에서는 높은 점성에 의해 규모가 작거나 생기지 않는다.

제주도폭 지역에서는 파호이호이 용암에 해당되는 선흘리현무암질안산암과 오등동현무암에는 용암동굴이 형성되어 있으며, 곳곳에 용암동굴의 붕락에 의한 함몰지가 분포한다. 오등동현무암이 분포해 있는 관음사 등산로에서는 따라 새끼줄 구조와 용암동굴(구린네 동굴)이 발달해 있고, 용암동굴의 붕락에 의해 계곡이 형성되어 있거나 절벽을 이루고 있다. 선흘리현무암질안산암이 분포한 지역에는 용암동굴이 형성되어 있으며, 성산도폭에 있는 만장굴도 이 현무암의 연장 분포지에 해당된다.

선흘리에서 구사산을 거쳐 동복리로 가는 지역에는 다수 소규모의 용암동굴과 용암동굴 함몰지가 형성되어 있다. 용암동굴 함몰지는 소규모의 호소를 형성하기도 한다. 따라서 이들 현무암이 분포한 지역에는 용암동굴이 지하에 잠재해 있을 가능성이 있다. 서김녕리와 선흘리 사이에 분포하는 선흘리현무암질안산암 분포지역에서는 곳곳에 용암동굴의 붕락에 따른 숨골(용암동굴의 붕락에 따른 구멍으로 강수가 쉽게 스며든다)이 산재하는 것으로 보아 지하에 용암동굴이 분포하고 있을 것으로 추정된다.

(2) 곶자왈

곶자왈은 상당한 강수에도 물빠짐이 좋은 지역을 지칭하는 제주도에서만 사용하는 특수용어이다. 이러한 지역은 함수 능력이 작기 때문에 농경지로 활용할 수 없으며, 대부분이 거친 잡목으로 덮여 있고, 지형적으로 주변에 비해 다소 높은 지형을 이루고 있는 것이 특징이다. 이러한 곶자왈 지역은 중산간 지역에 대부분이 분포하고 있다.

이와 같은 곶자왈 지역은 아아 용암류에서 파생된 두꺼운 크링커층이거나 분석구에서 유래된 암설사태층이 이에 해당한다.

크링커층은 2~20cm 크기의 암편으로 구성되어 있으며, 3~20m의 두께의 크링커층에 1m 두께의 용암류가 협재되어 산출되기도 한다. 이러한 물성의 용암류는 중산간 지역에 주로 분포하며 지형적으로 높은 고지를 형성하고 있다. 크링커는 용암류의 표면부에 해당하는 암석이 부스러진 것으로 다량의 기공이 함유되어 있는 것이 특징이다. 크링커에 기공이 다량 함유되어 있는 경우 스코리아(scoria)성 크링커, 혹은 크링커성 스코리아로 표현한다. 크링커가 스코리아에 비하여 기공의 함량이 적은 것이 일반적이지만 용암류에 비하여 기공이 많다. 따라서 크링커층이 넓고 두껍게 발달한 지역에서는 크링커의 물성을 고려하여야 한다. 두꺼운 크링커층이 발달한 지역에는 강수가 쉽게 빠져나가는 곶자왈이 형성되어 있을 것으로 해석된다. 저지대에 형성되어 있는 크링커층은 비교적 작은 크기의 크링커로 구성되어 있으며, 풍화가 진행되어 두꺼운 토사층을 형성하고 있다.

암설사태층에 의한 곶자왈 지역은 제주도폭의 동측부에 분포한다. 부대악암설사태층, 늪서리암설사태층, 거문오름암설사태층이 이에 해당한다. 일반적으로 폭은 500~2000m이며 연장은 수백 m에서 수 km에 이른다. 크링커층에 비해 폭과 연장 발달이 대규모이며 높은 지형을 이루고 있으며, 대부분이 두꺼운 숲과 잡목으로 피복되어 있다. 이 암설사태층은 분석구에서 유래된 것으로 분석과 용암괴로 구성되어 있다. 이는 분석구 형성 말기에 용암의 물리적 변화, 물의 유입, 분석구의 불안정 사면에 따라 2차적으로 유동이 발생하여 형성된 것이다. 암설사태층의 구성 물질은 2~10cm 크기의 분석과 10~200cm 크기의 용암괴가 혼합된 양상이며, 부분적으로 용암이 단속적으로 협재되어 나타난다. 이러한 물리적 성질에 의해 높은 투수성을 갖게 되며, 암설사태층에 의해 형성되는 지형적 특징에 의해 곶자왈이 형성되었다.

(3) 스코리아

스코리아로 구성된 분석구는 분출 퇴적 범위는 수 km이며, 분화구에서 3km 지점에는 1cm 크기의 스코리아가 10cm 두께로 층을 이룬다 한다(그림 7.8). 스코리아로 구성된 분석구 분포지역은 스코리아의 물성에 좌우된다. 스코리아는 각력상이며 각력이 서로 지지하는 양상인 미고결층을 이루어 나타난다. 스코리아는 기공의 함량이 높고 각력상으로 산출된다.

이러한 조립질층 상위에는 미립질 스코리아가 협재되어 층리를 형성하고 있다. 분석구 가까이에 개설되어 있는 구조물(도로, 건물)은 지하에 분포해 있는 스코리아층의 물성으로 인하여 지반이 불안정하다. 봉개동에서 교래리로 가는 중간 지점에는 민오름(봉개)에서 유래된 스코리아층이 용암류 하부에 용암류와 호층을 이루며 분포하고 있다. 이 지역에 건설 중이던 유스호스텔 작업 현장은 스코리아층의 발달로 작업상 어려움이 있었다. 도로도 하부에 분포한 스코리아층으로 인하여 지반 불안정 현상이 나타난다. 1113번 도로(동부산업도로) 대천동 사거리에서 조천읍 방향으로 2km 지점에서는 도로 지반의 흔들림이 심하게 나타난다. 이 지역에는 스코리아 내지는 분석구에서 유래된 암설사태층이 분포한 지역으로 연약한 암석 물성에 대한 대비가 요구된다. 따라서 스코리아 분석구 인접 지역과 암설사태층 분포지역에 구조물을 건설할 때에는 암석 물성을 고려한 설계가 요구된다.

그림 7.8 송이라 불리는 스코리아

7.2.2 지질구조

제주도 주변 지역의 최근세 구조는 ① 필리핀해판이 유라시아판 아래로 섭입하는 활동대에 연하여 형성된 류큐열도, ② 오키나와 곡분, ③ 울릉분지 서측 오키나와 곡분 서측경계로 연장이 예상되는 대한해협단층(Korea Strait Fault; Choi, 1996), ④ 대한해협에서 대만 북동부까지 발달하는 단층(대한-대만해협 단층, Korea-Taiwan Strait Fault)을 따라 형성된 제주분지, ⑤ 제주분지와 오키나와 곡분 사이 horst에 해당하는 타이완-신지 습곡대 또는 융기대 등이 발달한다. 제주분지는 남제주분지로도 불리며 남쪽으로 타이완 분지로 연결이 된다(그림 7.9).

제주-타이완분지는 지구조 위치상 후배호에 위치하고 있으며, 이 분지는 후기기 마이오세 서북서-동남동 압축력에 의해 후배호가 확장되어 형성된 것이다. 오키나와 곡분은 지구조적인 위치로 보아 후배호 분지(back-arc basin)이며, 곡분 내에는 곡분의 경계단층 또는 경계의 우수향 전단에 의해 동-서 방향의 안행상의 지구들(enéchelon grabens)이 형성되어 있음이 밝혀졌다. 오키나와 곡분의 심부는 후배호 확장, 천부는 동-서 방향의 압축응력과 남-북 방향의 최근세 지구조 응력장에 의해 형성되었음을 알 수 있다. 류큐열도 지역은 북서-남동 방향의 응력이 필리핀해판에 작용한 것으로 지진초점기구(focal

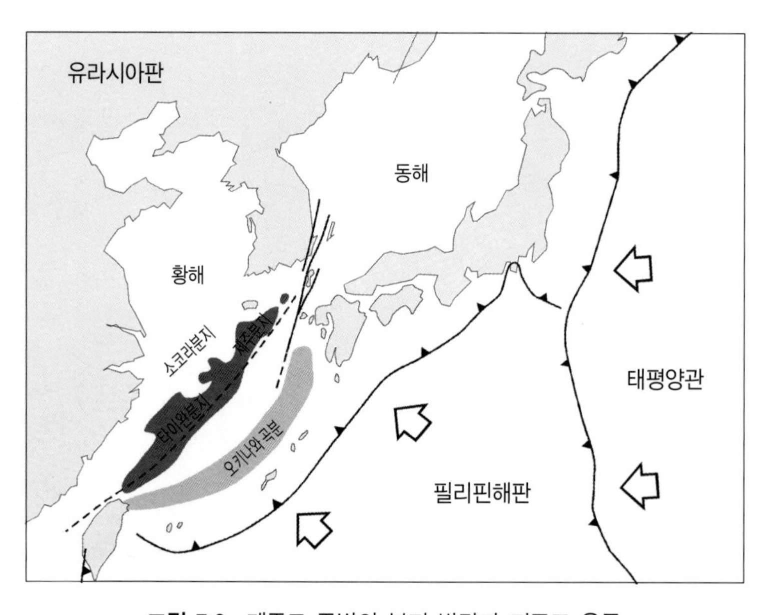

그림 7.9 제주도 주변의 분지 발달과 지구조 운동

mechanism of earthquackes)에 의해 밝혀졌다. 반면에 한반도, 중국 화북지방, 일본 서남부, 사할린섬 지역은 필리핀해판이나 태평양판의 영향보다는 히말라야 조산운동의 영향으로 동북동–서남서 또는 동–서 방향의 압축응력을 갖는 지구조 체제(tectonic regime)에 놓여 있다.

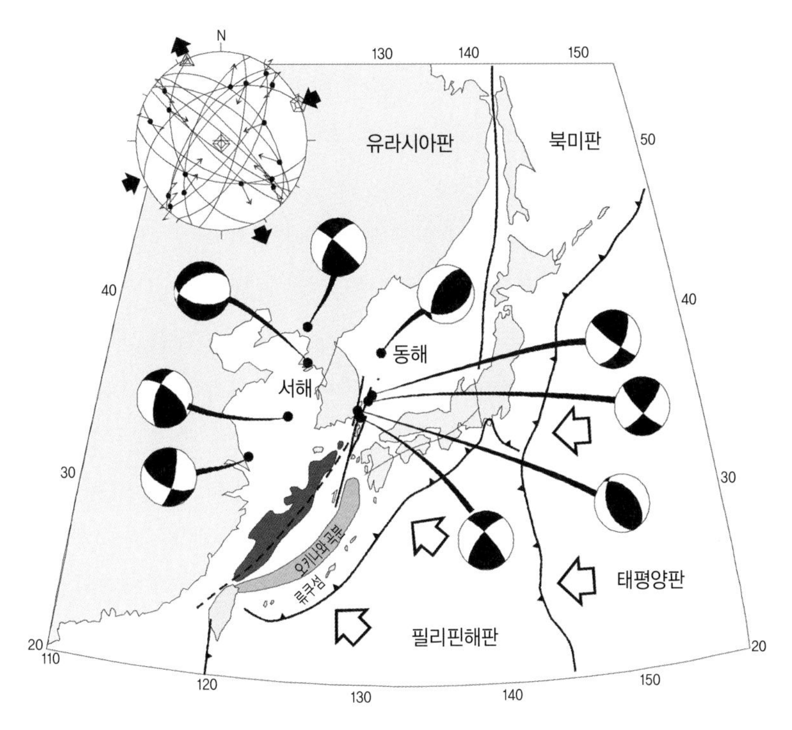

그림 7.10 지진초점기구 자료에 의한 광역 응력장

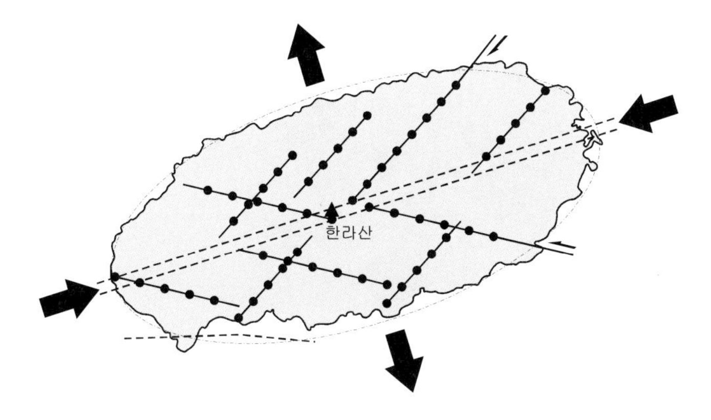

그림 7.11 장력 혹은 전단에 의해 형성될 수 있는 열극 형태

오키나와 곡분이 플라이오-플라이스토세 경계에서부터 열리기 시작하였다는 사실로 볼 때, 현생 지구조 체제는 약 2백만 년 전부터 시작되어 현재까지 계속되었다고 볼 수 있다. 이러한 광역적인 응력에 대한 정보로 제주도 화산분출이 일어났던 당시의 응력상태를 간접적으로 추정할 수 있다. 단층 구조분석에 의해 구한 한반도 남부지역에서의 최후기 지구조사건과 지진초점기구로부터 계산한 주응력축들은 서로 일치한다. 그림 7.10은 지진초점기구 자료와 그로부터 구한 광역적인 응력장을 설명하고 있다.

이러한 현생 응력장은 제4기 서귀포층 지역에 발달한 열개형 단열들에서도 확인되고 있다. 황재하 외(1994)는 산방산 지역에 대한 단층 구조분석 결과 광역적인 응력장 외에 다른 응력장도 존재한다고 밝힌 바 있다.

제주도의 장축방향(N73°E)이 현생 최대 주응력축에 평행하고 단축 방향(N17°W)이 최소 주응력축과 일치하고 있다는 사실은 현생 지구조 응력장과 관련될 것으로 추정된다(그림 7.11). 제주도의 장축 방향에 따라 열곡대(rift valley)가 존재할 가능성이 제시(윤상규와 김원영, 1984)된 바 있으며, 이러한 응력체제에서 열곡대가 형성되었을 가능성이 있다.

분석구(송이오름)의 형성은 열극을 따라 발달한다(Scarth, 1994). 이러한 열극은 광역적인 의미를 갖는 구조선이라 할 수 있으며 지구조 응력장에서 장력 또는 전단응력에 의해 형성되었을 가능성이 있다. 2백만 년 동안 존속되어 온 현생 지구조 체제를 고려해 볼 때, 이 지구조 체제에서는 N40°E 또는 N80°W 방향의 전단단열과 N70°E 방향의 인장단열이 형성될 수 있는 조건을 갖추고 있으며, 제주도에 형성되어 있는 분석구들은 공간적으로 단열(또는 단층)과 관련되어 분출한 것으로 추정된다(그림 7.12).

그림 7.12 제주도 내 분석구의 분포 및 배열 방향

현무암류로 구성된 제주도의 지질을 고려할 때, 지하수의 흐름과 부존을 지배하는 가장 큰 요인으로 다공질 용암의 높은 공극율과 투수성, 용암이 식으면서 형성된 주상절리, 그리고 이들 용암을 단절시킨 단층 등을 고려할 수 있다. 다공질의 용암류와 관련된 지하수 부존은 용암의 분포를 확인함으로써 가능하나, 지하에서 각기 다른 특성을 갖는 용암류의 분포는 지표 지질조사를 통해서 알 수 없는 어려움이 있다. 용암에 형성되어 있는 주상절리는 용암의 물성과 부위에 따라 차이가 있어 일반화는 어렵다. 비교적 현생에 가까운 시기에 분출한 제주도 용암 분포지에서 지표 하부에 발달해 있는 단층은 용암에 의해 피복되어 있어 그 존재를 간접적으로 추정할 수밖에 없다. 지하에 분포해 있는 단층을 간접적으로 확인할 수 있는 방법은 용암의 분출 특성을 검토함으로써 알 수 있을 것이다.

일반적으로 현무암질 용암의 분출은 단일 화구에서 분출한 경우와 지각의 틈을 따라 일어나는 열하분출(fissure eruption)이 있다. 열하분출의 근거는 분석구의 산출 양상을 검토함으로써 간접적으로 추론할 수 있다. 일반적으로 용암분출은 1개월 이내에 종료되며, 분석구의 형성은 50%가 30일 이내에, 95%가 1년 이내에 종료된다. 대부분의 분석구는 열하를 따라 분출하여 선상배열 양상으로 나타나는 것으로 알려져 있다. 분석구는 마그마에 함유된 기체의 폭발에 의해 형성되며 부분적으로 외부에서 유입된 소량의 물이 첨가되기도 한다. 따라서 분석구 형성기간 중에 마그마의 물리·화학적 특성이 변함으로써 스코리아 분출에서 용암분출로 바뀌기도 한다. 분석구를 형성시킨 용암에 대한 추론은 분석구 내에 협재되어 있는 용암과 스코리아 내의 광물조성을 검토함으로써 관련 용암에 대한 추정을 할 수 있고, 상호 지질 관계를 검토하여 관련 용암을 알아낼 수 있다.

분석구 중에는 분석구의 일부가 부서져 그 형태가 말굽형으로 산출되기도 한다. 이와 같은 말굽형 분석구는 분출구의 변화나, 마그마의 물리·화학적 특성이 바뀜으로써 다른 형태의 분출이 기존 열하 혹은 새로운 열하를 따라 발생하여 이미 형성된 분석구의 일부 혹은 전부를 파괴한 결과이다. 말굽형 분석구의 형성은 분출력의 상승, 용암분출, 휘발성분의 농집, 온천수, 마그마에 물이 공급된 상황에서 일어나는 것으로 알려져 있다. 따라서 동일시기에 형성된 분석구는 배열 양상과 말굽형 분석구의 부서진 방향을 검토함으로써 기존 열하 내지는 새로 형성된 열하의 방향을 해석할 수 있다.

7.2.3 제주도 지반조사 시 유의점

앞 장에서 언급한 바와 같이 제주도는 현무암질 용암이 켜켜이 분출하여 형성되었다. 이와 같은 지질 특성으로 인해 현재 지표에 나타난 암반이 지하에까지 그대로 연결되는 것이 아니라 수직적 암반의 변화가 다양한 것이 특징이다. 이로 인해 지표에서는 예측할 수 없는 용암동굴이 부존해 있을 가능성이 있는 곳이다.

용암동굴은 점성이 낮아 용암이 멀리까지 흐르며 표면이 비교적 매끄러운 파호이호이 용암이 분포하는 지역에서 잘 발달한다. 또한 아아 용암이 분포하는 곳에는 때로는 20~50m의 두꺼운 송이층이 용암과 교호하여 발달하며 지반을 형성하여(그림 7.13), 지반조사 시 용암층이 발견되어 그 아래는 견고한 지반으로 오인될 우려가 많은 곳이다. 제주도는 토양의 두께가 육지에 비해 매우 얇고, 지반의 수직적 변화가 다양하여 지반조사 시 철저한 지질조사가 수반되어야 한다.

그림 7.13 지표는 경고한 현무암층이나 그 아래는 연약한 스코리아로 구성된 도로 사면

7.3 울릉도와 독도의 지질

울릉도나 독도의 화산활동은 제주도, 백두산, 추가령 지구대 및 길주-명천 지구대에 분출하는 알칼리 화산암류와 함께 대부분 제4기에 속하는 것이다.

7.3.1 울릉도의 지질

울릉도는 동서 약 12km 남북 약 10km의 크기이며 성인봉이 가장 높아 해발 984m에 달하는 화산섬으로 전체 화산체의 높이는 약 3,000m에 달하며, 기저부의 면적은 약 13,000km^{2}에 달하는 아스파이트형(aspite type) 화산이다. 해수면 상에 노출되어 있는 것은 그의 일부분에 지나지 않는다. 화산체의 북쪽 중앙부 소위 나리분지는 장경 3km의 칼데라이다.

울릉도의 지질은 하부로부터 현무암질 각력응회암 및 현무암과 이들을 관입한 현무암질 암맥 및 휘록암과 같은 맥암류와 이를 다시 덮고 있는 조면암질 각력응회암, 래피리응회암 및 응회암, 조면암, 퇴적암, 조면안산암과 그리고 이들을 덮고 있는 해안 퇴적물 밑 테일러스들로 이루어져 있다.

화산활동 초기의 활동상은 하와이상인 것으로 믿어지나, 해수면 상에 노출된 부분, 즉 후기의 화산활동상은 발칸상 내지 초발칸상이다(원종관, 이문원, 1984).

울릉도의 화산활동은 화산층서로 다음과 같이 5단계로 구분된다(원종관, 이문원, 1984). 첫 번째 분출은 해수면 아래의 분출로서, 화산체 옆면에 발달한 열극을 통해서 용암류와 화산 쇄설물의 분출이 있었다. 즉 현무암질 집괴암과 응회암이 대부분이며(그림 7.14), 해안을 따라 200m 이상의 절벽을 이루고 있고, 층리가 잘 발달되고 비교적 넓게 분포한다. 두 번째의 화산 분출물은 주로 화산체의 남쪽 사면을 따라 흘렀으며, 조면암, 조면안산암, 화산력질 응회암, 포놀라이트(phonolite) 등으로서 층의 두께는 약 300m에 달하는 곳도 있으며, 화산 쇄설물로 보이는 것이 많다. 세 번째의 화산활동은 주로 화산체의 북쪽으로 흘렀으며, 화산 쇄설물이 적은 것이 특징이며, 조면암류(그림 7.15)와 응회암류를 불출하였고, 층의 두께는 100∼300m이다. 조면암은 에지린-휘석 조면암과 흑운모-감섬석 조면암이며 일부 포놀라이트로 점이하는 부분도 있다. 네 번째의 화산활동은 화산체의 동쪽에 다량의 조면암과 포놀라이트 용암을 분출하였으며, 해수면 상의 화산체 골격을 만든 것으로 여겨진다. 화산체 동쪽 사면에 넓게 분포하는 조면암은 주상절리가 잘

그림 7.14 울릉도의 하부 현무암으로 이루어진 도동항

그림 7.15 주상절리가 발달하는 코끼리 섬

발달되어 있으며, 하부에서는 흑운모-감섬석 조면안산암, 에지린-휘석 조면암, 각섬석 조면암 등으로 구성되어 있으며, 포놀라이트로 점이되기도 한다(그림 7.16).

제4기의 화산활동은 칼데라가 형성된 후, 서쪽 알봉 화구에서 다량의 함백류석조면암(leucite bearing trachyte)과 조면암질 부석이 분출하였다.

제1기의 현무암질 집괴암 내의 감람석 현무암력에 대한 K-Ar전암 연령은 약 이백칠십만 년, 현무암질 용암은 약 이백오십만 년으로 각각 측정되었다. 그 외 울릉읍 옥천동(또는 사동)에 분포하는 조면암질 현무암이 약 백팔십만 년, 사동 일대의 현무암이 약 백이십만 년, 서면 남양동 일대의 포놀라이트와 대등산의 조면암이 각각 백만 년 정도 그리고 서면 남서동의 조면암 용암과 북면 천부동의 조면암은 각각 이십만 년 이상인 것으로 알려져 있다. 이들은 다섯 단계의 화산활동기와 매우 비슷한 연대군을 보여준다.

울릉도에 분포하는 화산암은 알칼리 현무암, 조면암질 현무암, 조면암질 안산암과 조면암이다. 알칼리 현무암은 암갈색 또는 암회색으로서 반상조직을 보이며, 반정은 감람석,

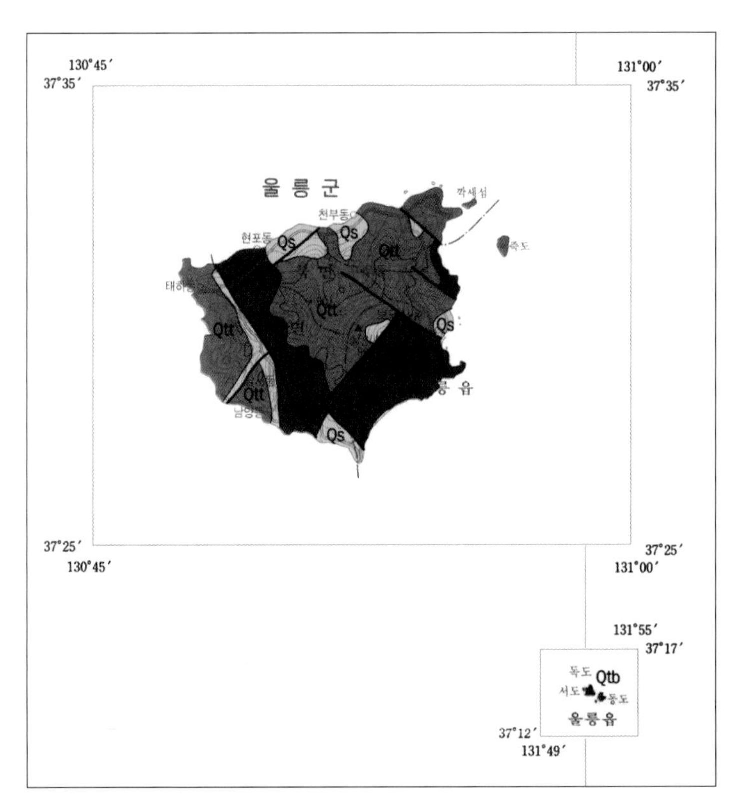

그림 7.16 울릉도의 경위도 및 지질도(고희재 외, 2000, 1대 백만 강릉 지질도)
Qtt; 조면암 및 조면안산암, Qs; 퇴적암, Qtb; 조면암 및 현무암

휘석, 사장석 등이며 그 함량은 20~40% 정도이다. 조면암질 현무암은 암회색이고 치밀하며, 사장석 반정을 소량 함유한다. 조면암질 안산암은 캐서타이트(kaersutite)를 반정으로 갖는 조면안산암과 백류석(leucite)을 석기에 갖는 조면안산암으로 구분된다.

7.3.2 독도의 지질

독도는 울릉도의 동남쪽 약 90km에 위치하며, 폭 약 200m, 길이 약 500m, 수심 약 100m의 해협을 경계로 동도(東島)와 서도(西島)로 분리되어 있다(그림 7.17). 동도의 최고봉은 해발 98m, 섬의 중앙에 직경 15m, 깊이 약 20m의 함몰대가 있다. 서도의 최고봉은 해발 168m이나 이 화산체를 해저면부터 계산하면 높이는 약 1,500m나 되는 거대한 원추구이다(그림 7.18).

독도의 지질은 대체로 알칼리 화산암류들로 구성되며 괴상 응회각력암, 3조의 조면안산암, 층상 라필리 응회암, 층상 응회암, 스코리아성 층상 라필리응회암, 각력암, 조면암, 염기성 암맥 등이 분포한다(그림 7.19).

독도에는 단층들이 잘 발달하며 제반 지질분포를 제어하고 있으며 단층들은 전반적으로 60° 이상의 고각으로 정단층의 운동학적 특성을 가진다.

독도는 제3기 플라이오세에 형성된 화산암류로 구성되며, 이들은 하부로부터 괴상 응회각력암, 조면안산암 I, 층상 라필리응회암, 층상 회질응회암, 조면안산암 II, 스코리아성 층상 라필리응회암, 조면안산암 III, 각력암, 조면암, 염기성 암맥 등 총 9개 암층 단위로 구분된다(그림 7.19). 이 지층들은 각각 3회에 걸친 용암분출과 화산쇄설성 분출에 의해

그림 7.17 독도 전경

그림 7.18 독도 서도 전경

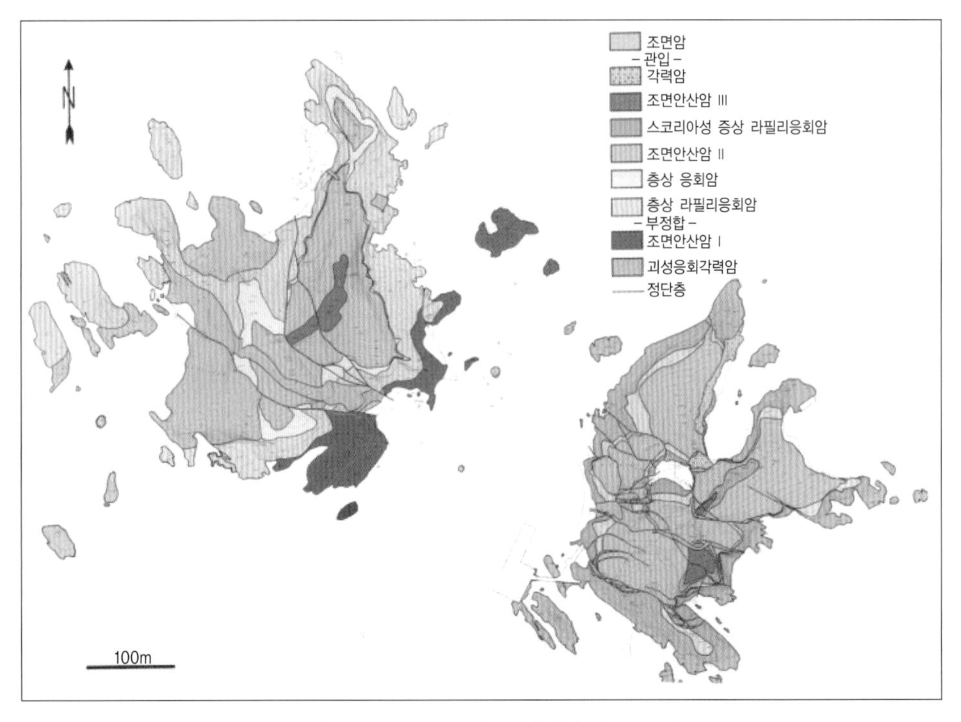

그림 7.19 독도 지질도(김복철 외, 2006)

형성된 조면안산암과 응회암층이 서로 교호하여 분포하고 있는 것이 특징이다. 그리고 보다 후기 단계에서 지반에 대규모로 형성된 틈을 따라 조면안산암 Ⅱ로부터 유입된 각력들이 급격하게 집적되어 각력암층이 형성되고 마지막 단계에서 조면암의 관입작용이 있었다. 괴상 응회각력암 및 조면안산암 I은 독도 초기의 화산체가 해수면 위로 나타나기 전에 수중에서 분출된 것이며, 그 상위의 지층들은 화산체가 성장하여 해수면 위로 노출된 이후에 분출하거나 또는 관입된 암층들이다.

매우 높은 발생 빈도를 보이는 독도의 단층들은 독도의 최후기 관입암체인 염기성 암맥을 제외한 모든 지층들이 단층에 의해 절단되거나 변위되어 있는 점으로 미루어보아, 조면암맥 관입 이후에서 염기성암맥 관입 이전의 시기 동안 집중적으로 발생하였음을 지시한다. 단층들은 전반적으로 60°이상의 고각의 경사를 이루는 판상의 정단층으로 산출하며, 변위가 상대적으로 많이 발생한 주 단층면을 기준으로 부수단층들이 동일 방향 또는 반대 반향의 경사를 이루면서 단층군을 형성하여 흔히 공액상의 기하학적 형태를 이룬다. 단층의 주향은 서북서 내지 북서 방향이 가장 우세하며, 동–서 내지 동북동, 북동 방향의 것들도 일부 발달한다.

일반적으로 화산활동 과정 중이나 종료된 직후에 화구 지반의 침하와 붕괴에 수반되어 화구를 중심으로 환상단열(ring fracture)이 형성되며, 이 단열대를 따라 암맥이 관입할 경우 환상암맥(ring dyke)이 형성된다. 해수면 위에 노출되어 있는 독도화산체의 면적이 워낙 협소하여 직접 확인할 수는 없으나, 독도의 단층들이 모두 정단층으로 산출하고 조면암맥들과 함께 좋은 연장성을 보이면서 대부분 서북서 내지 북서의 일관된 방향을 따라 집중적으로 분포하고 있는 점으로 미루어보아, 독도화산체의 환상단열과 환상암맥의 일부분일 가능성이 매우 높으며, 따라서 독도는 북북동 방향으로 수백 m 떨어진 지점에 화도가 위치할 것으로 추정되는 독도화산체의 남서쪽 화륜구(crater rim)에 해당한다.

서도에서 관찰된 단층대는 그 폭이 대부분 매우 좁으며, 단단하게 고화된 단층각력암 또는 단층비지의 혼합체로 구성된다. 이 단층암은 흔히 지하수에 의해 산화되어 적색을 띠고 있으며, 매우 단단하게 고화된 상태로 산출하고 있어 단층암이 굳어진 이후에 재차 변위가 일어났던 증거는 관찰되지 않는다. 단층의 자취를 따라서는 대부분 깊게 패인 골짜기가 형성되어 있으며, 일부 구간에서는 현재에도 침식삭박작용이 집중적으로 발생하여 독도의 지형변화에 적잖은 영향을 미치고 있다. 그러나 현재 단층대 자체는 단단하게 고화되어 있어 향후 가까운 기간 내에 단층면을 따라 지반이 스스로 미끄러지거나 붕괴될 징후를 보이는 단층대는 확인되지 않는다.

7.4 점토광물 및 특수지반

7.4.1 점토광물

점토광물의 기본구조는 사면체(tetrahedron)와 팔면체(octahedron)로 구분할 수 있다. 사면체는 규소(Si)를 중심으로 4개의 산소(O)가 위치하여 사면체를 이루고, 사면체가 여러 개 결합하게 되면 Tetrahedron sheet를 형성한다(그림 7.20). 팔면체는 알루미늄(Al)이나 마그네슘(Mg)을 중심으로 주변에 6개의 수산기(OH^-)가 배치되어 팔면체를 이루게 되고, 팔면체가 여러 개 결합하면 octahedral sheet를 형성한다(그림 7.21).

만일 알루미늄(Al)이 중심이 된 Al octahedron으로 판상형태를 이루면 깁사이트(gibbsite)라고 부르며, 마그네슘(Mg)이 중심이 된 Mg octahedron으로 판상형태를 이루면 수활석(brucite)이라고 부른다.

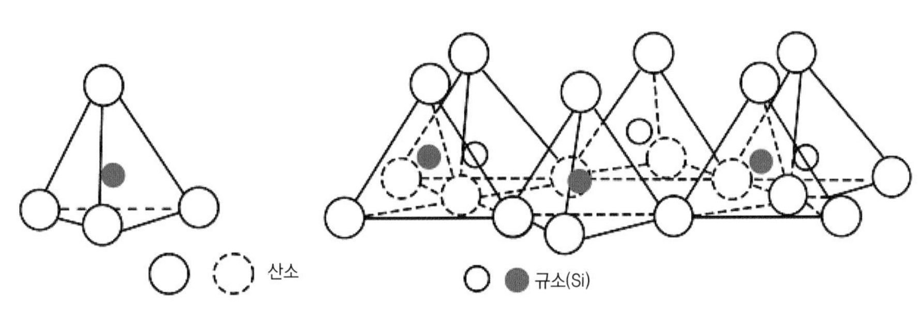

그림 7.20 사면체(tetrahedron)의 기본구조

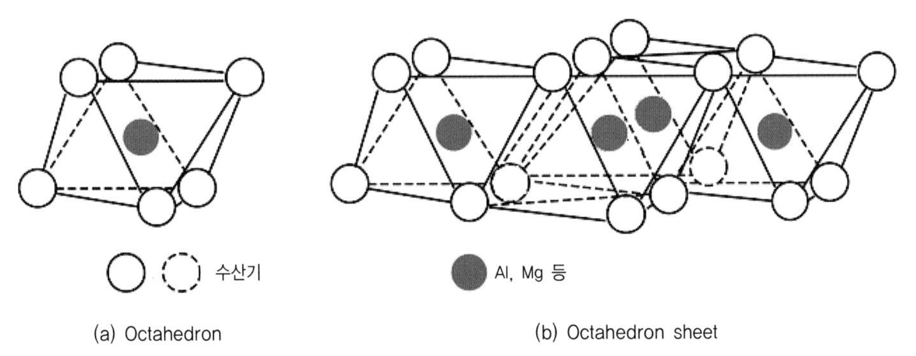

그림 7.21 팔면체(octahedron)의 기본구조

Tetrahedron sheet와 Octahedron sheet가 층이 쌓이게 되면 2층 구조나 3층 구조를 형성하게 되는 데 이에 따라 다양한 점토광물이 만들어지게 된다. 점토광물이란 점토를 구성하는 주성분 광물로 점토의 모든 성질을 좌우한다.

점토광물을 다음 5가지로 구분할 수 있다.

① 운모-일라이트(illite)군 : 견운모, 일라이트, 해록석(glauconite) 등

② 카오리나이트(kaolinite)군 : 카오리나이트, 할로이사이트(halloysite), 가수(加水) 할로이사이트, 딕카이트(dickite) 등

③ 녹점토(smectite)군 : 몬모릴로나이트(montmorillonite), 사포나이트(saponite), 논트로나이트(nontronite), 바이델라이트(beidellite), hectorite(헥토라이트) 등

④ 녹니석군 : 녹니석(chlolite), 페니나이트(pennine) 등

⑤ 기타 : 바미큐라이트(vermiculite), 알로펜(alopane) 등

이중에 알로펜을 제외하고 모두 층상구조를 하고 있다. 결정의 기본은 SiO_2의 사면체층(S층)과 AlO_6의 팔면체층(A층)이 평면적으로 넓게 평행하게 겹쳐져 쌓여 있다. 그림 7.22과 같이 2매의 S층의 중간에 1매의 A층이 협재하는 2:1형 광물군과 1매씩 교대로 하는 1:1형 광물군으로 대별된다. 이들 단위층 사이에 물, 유기화합물, $Mg(OH)_2$, K^+, Ca^{++} 등이 존재하거나 A층·S층 내에서도 Al^{3+}가 Mg^{2+}나 Fe^{3+}와 Si^{4+}가 Al^{3+}로 치환되어 각각의 점토성질이 달라져 있다.

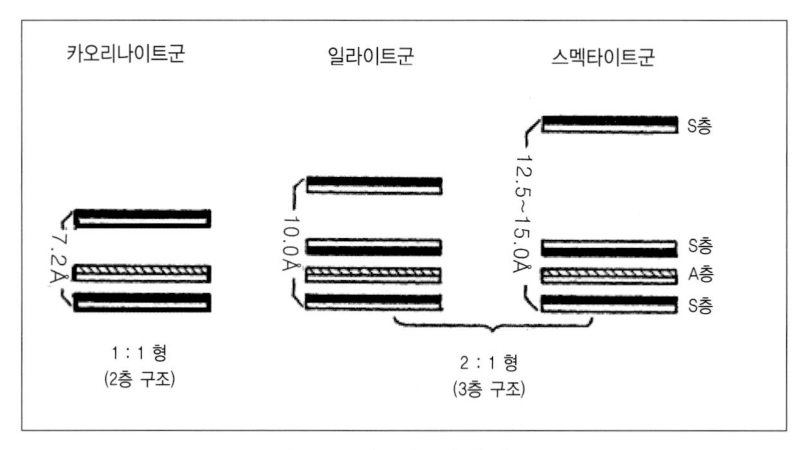

그림 7.22 점토광물의 층상구조

가. 주요한 점토광물의 특징

① 알로펜 : 비정질이고 화산회질 점토에 많이 포함되어 있다. 공학적 특성은 건조에 의해 상당히 변화하고 또 반죽에 의해 강도 저하가 현저하다. 공학적으로 극히 불안정하다. 관동 로옴 표층부의 주요 광물성분이다.

② 카오리나이트 : 안정된 2층 구조이고, 장석류의 분해에 의해 생성됨. 일본의 일반적인 토양에는 카오린 광물이 많다.

③ 하로이사이트 : 결정도가 낮은 카오리나이트군의 하나로 카오린층 사이에 물분자를 포함한다. 파이프상의 관동 로옴 하층부의 주요 광물이다. 이것이 탈수된 것이 meta-halloysite이다.

④ 일라이트 : 백운모의 결정도가 낮아진 것으로 세일 중의 주요 점토광물, 판상으로 결정도가 좋다. 팽윤성은 없다.

⑤ 녹니석 : 2:1형 광물의 격자 사이에 $Mg(OH)_2$가 규칙적으로 협재된 층 구조로 녹니편암이나 해저토에서 많이 볼 수 있다.

⑥ 바미큐라이트 : 2:1형 광물로 약한 팽윤성을 나타낸다. 흙 중에 다량으로 존재하는 예는 적다.

⑦ 스멕타이트 : 몬모릴로라이트와 결정화학적 성질이 비슷한 무리가 세계 각지에서 나타나서 군의 이름으로 스멕타이트가 이용될 수 있도록 되었다. 동족 점토광물로서 몬모릴로라이트, 바이델라이트, 논트로나이트, 사포라이트, 철 사포라이트, 헥토라이트가 있다. 스멕타이트군의 결정구조는 S층이 평행으로 중첩되어 있어 각 층 간에 층 구역이 만들어져 있다. 이 층 구역이나 입자표면에 Na, K, Ca 등의 양이온이 존재하고 있다. 이것이 교환성 양이온이라 불리는 것이고, pH 7.0에서 점토시료에 보유되는 교환성 양이온의 총량을 단위 질량당 밀리그램(meq)으로 나타낸 것을 양이온 교환용량(또는 염기치환용량) C.E.C.라 칭하고 팽윤성 지표의 하나로 이용된다.

팽윤성은 스멕타이트군이 가장 현저하다. 특히 Na^+의 교환성 양이온을 가진 스멕타이트군이 현저하고 원래 용적의 7~10배로 팽창한다. 주요한 점토광물의 염기치환용량은 아래 표 7.2와 같다.

표 7.2 점토광물의 염기치환용량

분류	점토광물	C.E.C.(meq/100g)
팽창성 2:1형 광물	몬모릴로라이트 바미큐라이트	100 ~ 160 80 ~ 150
비팽창성 2:1형 광물	클로라이트 일라이트	10 ~ 40 10 ~ 40
1:1형 광물	카오리라이트 하로이사이트	3 ~ 15 5 ~ 10

나. 점토광물의 생성과정과 산출상태

점토광물은 다음과 같은 3가지 작용에 의해 생성된다.

(1) 풍화작용에 의한 생성

우수나 지하수에 의해 암석이나 광물에서 여러 가지 이온이 용해되어 탈락하고 이동하여 간극수에 이온을 첨가한다. 또 다른 이온광물이나 암석과 화학반응을 하기 때문에 기존의 광물이 변질하여 상온 및 상압하에서 안정된 2차 광물이 생성된다. 처음에는 비정질의 겔상 물질이지만 풍화작용의 진행에 따라 결정성 광물이 된다.

(2) 속성작용에 의한 생성

바다나 하천 및 호수에 퇴적된 모래나 진흙이 각 격자 간의 고화에 의해 고결된 퇴적암으로 변하는 현상을 속성작용이라 부르고 속성작용의 초기단계에서는 카오리라이트나 몬모릴로나이트가 많고, 후기가 되면 녹니석이나 일라이트가 많아진다.

(3) 열수변질작용에 의한 생성

열수의 pH, 온도, 열수의 이동속도에 의해 열수변질의 정도가 달라지며, 생성된 점토광물도 달라진다. 열수변질에 의한 점토광물은 다음 3가지로 구분된다.

① 가장 강하게 변질된 지역에서는 철사포이트, 녹니석, 견운모가 생성된다.
② 중간 정도의 변질대 중에서는 딕카이트 등이 분포한다.
③ 가장 약한 변질대 중에는 몬모릴로나이트, 카오리라이트, 명반석이 분포한다.

점토광물의 판별법은 X선 분석, 시차열분석, 화학분석, 전자현미경관찰, 적외선 분석 등의 결과에 의해 종합적으로 실시한다.

다. 점성토의 구조

물속에 있는 점성토의 표면은 음전하로 대전되어 있고 양이온에 의하여 평형을 이루고 있다. 이와 같이 평형을 이루고 있는 점토입자는 상호 간의 거리가 가까워지면 입자 사이에 반발력이 작용한다. 그러나 판형을 이루는 점토입자의 가장자리는 양이온을 띠어 인력이 작용하고 있다. 따라서 음전하로 대전된 평면과 양전하로 대전된 가장자리는 인력이 작용하여 가장자리 대 면의 결합구조인 면모구조(flocculated structure)를 형성하게 되는 반면 평면끼리 가까워지면 반발력이 우세하여 이산구조(dispersed structure)를 형성하게 된다(그림 7.23).

점토의 구조는 해수와 담수에서 퇴적되었을 경우 면모화를 이루나 해수에서 퇴적되었을 경우 면모화가 훨씬 심하게 된다. 약 3.5%의 염도를 가진 해수는 전해질의 농도를 증가시켜 확산이중층의 두께를 감소시키기 때문이다. 점토의 강도시험에서 면모구조를 가진 점토의 강도가 가장자리 대면 결합의 전기력의 작용으로 인하여 이산구조보다 크게 나타난다. 수중에서 퇴적되어 면모화된 점토를 인위적으로 교란시키면 이산구조를 갖게 된다. 점토가 이산 구조화되면 점토입자 사이의 간극이 줄어들어 차수성이 향상되는 특성이 있다.

그림 7.23 흙의 구조

라. 점토광물을 포함하는 흙의 공학적 성질

강도적 성질은 일반적으로 팽윤을 일으키거나 변형 시에 입자결합이 파괴하여 전단저항이 감소한다. 또 입자와 간극수에 있는 이온과의 사이에 전기적 작용이 일어나 이온의 종류와 양에 의해 흙의 소성이나 강도가 변화한다. 예를 들면, 일라이트를 포함하는 해성점토의 간극수중의 염분이 녹아 탈락하면 그 강도가 급격히 감소하거나, 몬모릴로나이트나 카오리라이트를 주성분으로 하는 점토에서는 간극수의 양이온의 양이 증가하면 강도가 감소한다. 점토광물을 많이 포함하는 흙은 간극비는 크지만, 물이 통과할 수 있는 간극의 공들은 적기 때문에 투수성은 극히 낮다. 또한 점토광물을 많이 포함하는 흙의 간극비는 굉장히 크고, 이 위에 재하하면 간극수는 천천히 배수되어 압밀에 의한 체적변화가 생겨 소위 연약지반이 된다.

비교란 점토의 전단강도는 일반적으로 같은 수분함량을 지니는 새로이 성형이 된 같은 점토의 전단강도보다 더 크다. 재성형 과정에서 강도의 손실이 있으며, 재성형된 점토강도에 대한 비교란 점토강도의 비를 점토의 민감도(sensitivity, S_t)라고 부른다. Terzaghi에 의해 제안된 민감도의 측정은 재성형된 점토강도(C_r)에 대한 비교란 점토의 최대강도(C)의 비이다. 따라서 식은 다음과 같다.

$$\text{민감도}(S_t) = \frac{C}{C_r}$$

모든 점토는 같은 정도의 민감도를 나타낸다. '빠른'이란 용어는 점토 중에서 민감도가 16이상인 점토에 적용한다(Skempton과 Northey 1952). 점토의 민감도가 클수록, 더 어려운 공학적인 문제를 만들게 된다. '빠른 점토(quick clay)'라는 용어는 때때로 점토가 재성형된 상태에서 마치 액체처럼 거동하는 민감도를 갖는 점토를 나타내기 위해서 사용된다. 점토의 물성은 점토 내의 함수량에 의해 크게 좌우되며, 점토의 물성은 입자성 흙보다 광물학적으로 훨씬 더 복잡할 수 있다. 결과적으로 점토의 물성치 범위가 크게 나타난다(표 7.3).

7.4.2 특수지반

세계적으로 접하게 되는 특별한 문제를 나타내는 흙들이 다소 있다. 이러한 문제는 공학적인 어려움을 만들게 된다. 많은 경우 물성들은 흙의 기원이나 차후의 지질역사의 형태에 기인하고 환경이 종종 중요한 역할을 한다. 다음과 같이 몇 가지의 예를 살펴보자.

표 7.3 점토와 실트의 일부 물성

물성	실트	점토
비중	2.63-2.76	2.55-2.76
체적단위중량(kN/m^3)	17.65-21.2	14.5-21.2
건조단위중량(kN/m^3)	14.2-19.2	11.6-21.2
공극률	0.34-0.82	0.42-0.95
액상한계(%)	24-36	>25
소성한계(%)	14-25	>20
투수율(m/s)	10^{-6}-10^{-9}	10^{-9}-10^{-12}
점착력(kN/m^2)	< 70	15-200
마찰각(도)	25-35	4-17
압밀계수(m^2/yr)	12	5-20

(1) 황토

황토(loess)는 모든 대륙의 큰 지역에 존재하고 있는 홍적세의 특성을 가지는 노랗고, 석회질이며, 다공성의 바람에 날리는 실트이다. 보통 80% 이상의 황토입자는 석영으로 구성되어 있으며 10% 내지는 20%의 장석 또는 20% 정도의 탄산염으로 구성되어 있다. 점토 크기 입자의 비율은 15%까지의 범위를 가진다. 물질의 구조는 미립질 석영에 의해 결정되며, 길이는 20에서 50 마이크로미터 정도이다.

석영입자의 열린 구조는 종종 점토광물에 의해 강화되고, 탄산칼슘에 의해 결합된다. 전체적인 조직은 근본적으로 연약하며 갑작스럽게 붕괴되기 쉬운 구조를 가지고 있다. 황토는 토목기술자에게는 매우 어려운 상황을 만든다. 황토는 하중하에서 포화될 때 붕괴하는 경향이 있거나, 적어도 함수량이 변하는 경우에는 매우 빠르게 고화된다. 10분 안에 95% 정도의 침하가 발생할 수도 있다. 이러한 영향이 지엽적이어서 황토 위에 구축된 구조물에 매우 큰 부등침하가 유도될 수 있다. 예를 들어 큰 하중이나 지진 등의 다른 수단에 의한 교란 후에는 강도의 손실이 일어날 수 있다.

(2) 삽카

'삽카(sabkha)'라는 용어는 아랍어를 쓰는 국가에서 사용되며 '소금으로 덮인 편평한 표면'을 의미한다. 아라비아의 해안이나 내륙지역, 특히 페르시안 만의 남부해안을 따라 많이 존재하고 있다. 지질공학에서 현재 삽카는 특정한 퇴적환경에 기원을 둔 물질을 기술하는 용어로 사용되며, 모래질이나 실트질 퇴적물로 구성되어 있다. 적어도 부분적으로는 소금에 의해 그리고 일반적으로는 탄산칼슘과 황산칼슘에 의해 결합되어 있지만 소금이 차지하는 비율은 매우 다양하다. 우기, 돌발 홍수나 이례적으로 높은 조수의 경우, 이 층은 매우 급격하게 연약해질 수 있다. 삽카층에서의 지질공학적으로 어려운 점은 특히 수직방향으로 변화가 심한 지지력, 변화가 심한 압축성, 기존이나 새 광물들의 수화작용, 콘크리트나 강철에 대한 염분의 영향 등을 들 수 있다.

(3) 견고피각(堅固皮殼, Duricrust)

반 건조한 기후에서 만약 지하수위가 지표에서 멀지 않은 곳에 존재한다면 지표로 흡수된 물이 증발되고 지표근처 물질의 용액에 함유되어 있던 광물들이 퇴적되어 결과적으로 결합을 이루게 된다. 만약 지표근처의 물질이 암석이라면 간극을 채워 암석은 더 강해지게 된다. 용액 속의 광물들은 지표 아래에 존재하는 물질들에 의해 여과될 수 있다. 그래서 견고피각층은 원래의 조건보다 더 약한 침전물질의 아래에 놓이게 된다. 보통 결합물질은 대부분 방해석이므로 견고피각층의 형태를 염류피각(calcrete)이라는 용어를 쓴다. 그러나 규질의 결합물질인 경우에는 silcrete로, 철을 포함하는 결합물질은 ferrocrete 등으로 표현된다. 동시에 견고피각은 이러한 물질 때문에 지역에 따라서 많은 이름을 갖고 있다. 견고피각은 세계적으로 많은 지역에 널리 퍼져 있다. 견고피각의 두께는 수 cm에서 수 m까지의 범위를 가질 수 있고 두께의 변화가 상당히 심하지만 수평방향의 길이는 짧다. 견고피각은 지표근처나 보통 바다 근처에서 형성되어지지만 홍적세와 충적세 때 기후와 해수면 수위에서 상당한 변화가 있었기 때문에 현재 견고피각은 물속(Dennis, 1978)이나 해안선을 따라 해수면 상부에서 발견된다. 그러므로 현장조사에서 견고피각이 일어날 수 있었는지 아닌지를 결정하기 위해서 조사지역의 최근의 지질학적인 역사를 판단하는 것이 중요하다.

(4) 빙하토

빙하토(glacial soils)는 매우 넓은 범위에서 존재한다. 이것의 물성과 특성은 운반환경 즉 빙하의 상부, 내부, 또는 빙하의 기저면 근처에서 가용한 물질과 퇴적환경에 따라서 변한다. 따라서 빙력토(tills)는 빙하에 의해 직접적으로 퇴적된 흙이고 융빙수토(融氷水土)는 빙하 앞쪽의 가까운 거리, 즉 주빙하 혹은 먼 거리 즉 빙하연변에서 녹은 물에 의해 퇴적된 흙을 말한다. 빙력토라는 용어는 '표력토(漂礫土, boulder clay)'라는 용어로 더 많이 사용되며 두 용어는 동의어이다. 표력토는 암석학적인 기술이라기보다는 기원적인 용어이다.

이러한 빙력토의 특성은 운반위치(빙하 위나 내부), 빙하가 이동한 기반암의 특성, 빙하가 뚫고 이동한 암석의 특성 그리고 물질의 퇴적 방법들에 의해 결정된다. 일부 빙력토는 빙하의 밑부분이나 매우 가까이에 운반된 퇴적물과 기반암 위에 떨어진 퇴적물이 고화되어 생성된 것이다. 이러한 물질들은 빙하에 의해 눌리게 되며 점토질 물질들은 결과적으로 과압밀이 될 것이다. 물질은 빙하에 의한 분쇄작용에 의해 형성된 미세하게 쪼개진 '암석가루'로 구성될 수 있다. 기반암이 셰일이나 이암이었을 경우에는 빙력토 내의 점토광물의 비율이 높을 것이고 빙력토는 소성을 띠게 된다. 만약 기반암이 사질이나 화성암의 성질을 가지고 있다면, 점토광물의 파편은 매우 작을 것이지만 주요한 광물입자는 점토의 크기가 될 것이다. 그러나 이러한 두 물질에서 소성과 함수량이 매우 다르지만 두 경우 모두 호박돌이 드물게 분포한다.

빙하의 내부나 표면에 붙어서 운반된 물질은 빙하가 녹으면서 떨어지게 되고 이러한 과정은 점진적으로 진행된다. 이러한 물질의 축적은 융삭빙력토로서 알려져 있고, 퇴적빙력토보다 호박돌의 비율이 더 클 수 있다. 호박돌과 자갈 크기의 암석파편들은 각이 져 있고, 긴 거리를 운반되어온 증거로 보통 쇄설암을 발견할 수 있다. 모든 빙력토는 그들의 특성이 변하기 쉽고 그 결과 그들의 물성도 변하기 쉽다. 일반적으로 빙력토는 크기에 있어서 암석가루부터 호박돌까지 다양한 암석의 암설로 구성되지만 대개 모든 크기의 입자가 존재하는 것이 아니며 입도누락이 일반적이다.

빙하 암설(glacial debris)은 빙하 녹은 물에 의해 운반될 수 있고 그것에 의하여 분급이 되고 층을 이루게 되며, 이것이 융빙수퇴적물이다. 이러한 퇴적물은 자갈과 모래로 구성되며 이것들은 낮은 상대밀도 값을 가지게 된다. 이러한 낮은 밀도의 포켓은 발견하기 쉽지 않다. 일반적으로 문제가 예상되지만 그들의 존재를 가정하고 시공을 시작하기 전에 압밀장비를 이용하여 처리한다. 조립질의 융빙수퇴적물은 자주 콘크리트의 중요한 혼합재의 자원이 된다.

융빙수퇴적물의 다양성 중에서 빙호점토(varved clay)는 지질공학적 관점에서 가장 어려운 것이다. 빙호점토는 빙하의 전면으로부터 떨어진 물의 움직임이 적은 조건을 갖춘 지역에서 퇴적되지만 1년을 주기로 퇴적물이 이루어진다. 빙하에서 녹은 물의 흐름은 느린 늦겨울부터 이른 봄에 미세한 물질들이 퇴적지형으로 운반된다. 늦봄과 여름의 시기에는 빙하의 녹은 물의 흐름이 빨라져서 더 큰 입자의 물질들이 운반된다. 그래서 완전한 일 년 동안 실트크기의 입자들을 물러가게 하고 점토크기의 입자들이 연층을 구성한다. 입자크기에서의 이러한 변화는 재질의 물성변화를 일으킨다.

(5) 유기질 흙

이탄은 부분적으로 분해된 식물의 물질이 축적된 것이다. 초목류의 유체(遺體)가 저온, 수분과잉, 건조 등에 의해 분해작용이 방해받는 조건에서 장기간에 걸쳐 퇴적한 것으로 식물조직을 육안으로 판정할 수 있는 상태의 흙을 말한다. 그리고 여기에서 일련의 복잡한 생화학적 및 화학적 변화들이 상호작용하여 부식토와 그 후에 이탄을 생성할 수 있다. 식물의 종류와 이탄이 형성될 때의 조건과 반응에 따라서 많은 종류의 토탄이 있다. 이탄은 3,000~5,000년 전부터 현재에 이르는 비교적 새로운 시대의 퇴적물로서 1mm/년 정도의 생성속도로 퇴적되어 전체 두께는 10m가 한계이고, 일본에서는 6m 이하의 경우가 많이 있다. G.L. −20m 이하에서 출현하는 것은 드물다. 이탄이 형성되기 쉬운 지형조건은 하천의 자연제방이나 해안단구의 배후습지, 충적평야의 연못, 하천의 사행적(蛇行跡), 나뭇가지 형상 계곡이 출구가 막혀 만들어진 호소지(湖沼池), 소택지(沼澤池), 습지 등이다.

이탄은 지질공학적으로 두 종류로 구별될 수 있다. 주로 목질의 섬유상 이탄과 비결정질의 입자성 이탄이다. 지질공학적 물성의 차이는 표 7.4와 같이 요약될 수 있다. 다량으로 포함되어 있는 유기물에 의해 간극비 및 함수비가 굉장히 높고, 토층으로서 평면적, 수직적으로 매우 불균질한 성질을 나타낸다. 공학적으로 이탄층만이 아니고 기저층을 포함한 지반 전체의 토층구성이 큰 의미를 갖는다. 따라서 이런 점을 충분히 배려한 조사, 샘플링 및 시험을 실시할 필요가 있다. 이탄층에서 표준관입시험은 무의미하며 또 입도시험도 필요가 없고, 함수량의 결정에는 될 수 있는 한 많은 양의 시료를 이용한다.

빙하기후 초기에 형성된 이탄은 최근의 퇴적물 아래의 깊은 심도에 매장되어 존재한다. 그러므로 자주 지질공학적인 문제들은 물질의 압밀특성과 지지력과 관계된다. 토탄의 경우 이러한 특성들을 정의하는 것이 어렵다. 이탄은 일반적인 압밀이론을 적용할 수 없기 때문에 침하량을 계산하는 것이 어렵다. 비결정질의 입자성 토탄은 점토와 비슷하게 거동을 하지만, 섬유상의 토탄은 섬유물질의 크기의 변화와 그 결과 섬유사이 공극 크기의 변

표 7.4 이탄의 지질공학적 성질

물성	비결정질 입자성 이탄	섬유상 이탄
공극률(%)	〈 10	〈 25
함수량(%)	〉 500	〉 3,000
체적단위중량(KN/M^3)	〈 12	5-12
건조단위중량(KN/M^3)	6.5-13	6.5-13

화 때문에 다소 다른 압밀특성을 나타낸다. 압축량은 대부분을 차지하는 1차 압밀은 초기 간극비가 크기 때문에 비교적 단기간에 종료한다. 그 후의 장기적인 압축(2차 압밀)은 시간에 대해 거의 직선적으로 변화해서 정지하는 일이 없다(이것은 이탄의 실질 부분의 압축에 기인한다고 생각할 수 있다).

이탄층과 아래의 점성토층의 경계부에 모래층이 협재하는 경우, 이것을 배수층으로 볼 수 있지만 지지층으로 하기 위해서는 층의 두께, 고결도에 대한 충분한 검토를 실시한다. 또한 피압지하수가 부존하는 경우가 있기 때문에 주의가 필요하다. 말뚝 등의 깊은 기초구조를 채용하는 경우 부마찰력을 일으키는 일이 있고 수평저항에 약점을 가진다. 대규모의 지하수 양수는 지표침하 범위를 확대될 수 있다.

가능하다면 이탄은 시공 전에 제거하거나 치환해야 한다. 대안으로 토탄 하부에 기초하중을 받아줄 수 있는 말뚝을 타설할 수 있다. 만일 충분한 시간이 있다면 토탄에 '여성토'로 선행압밀을 시킬 수 있다. 즉 기초가 시공되기 전에 선행하중을 주는 것이다. 충분한 하중을 가해주면 토탄은 원래 부피의 25%까지 압축될 수 있다.

(6) 액상화하기 쉬운 지반

액상화라는 것은 모래층 중의 간극수압이 상승하여 흙의 전단강도가 저하되거나 또는 완전히 잃는 현상을 말한다. 평야에서 볼 수 있는 지반에서의 지진현상으로는 땅의 갈라짐, 융기, 함몰, 수평이동, 모래 및 물의 분출, 파상변형, 사면붕괴, 산사태 등이 있다. 단독으로 일어나는 경우는 드물고 양상은 복잡하고 다양하다. 이들 현상이 일어나기 쉬운 지형 및 지반조건은 다음과 같다.

① 연약 충적층이 두껍게 퇴적되어 있는 지형(특히 층의 두께 > 30m)
② 입자의 크기가 고른 느슨한 모래가 퇴적하여 지하수에 포화되어 있는 지역: 물 및 모래 분출(액상화)
③ 간척지 및 매립지역으로 매립 년대의 신구에 별로 관계없다. 충적층의 두께가 30m 이상이고, 지하수위가 높은 장소에서 발생하기 쉽다.
④ 옛날 하도, 자연제방, 옛날 소택지, 배후습지 등의 모래층이 탁월한 지역에서 지하수위가 1m보다 얕은 지역
⑤ 계곡 바닥의 저지대
⑥ 성토지나 절취사면
⑦ 구릉이나 대지에 생긴 계곡에 조성한 택지

⑧ 느슨한 풍화토 및 테일러스에 퇴적해 있는 사면지
⑨ 산등성이, 절벽, 하안 등의 지형 및 지질이 급변하는 장소
⑩ 활성단층상의 지역

대상지역이 액상화할 우려가 있는 지반인지를 예측하는 것이 중요하다. 그러나 전반적으로 적용할 수 있는 판정기준은 확립되어 있지 않다. 모래지반의 액상화는 입도, 밀도, 지하수위가 중요한 관계를 가지고 있다. 따라서 액상화 대책으로 요인을 액상화가 일어나기 어려운 방향으로 변화시키는 것과 액상화 발생을 전제로 하는 구조물의 대책을 세우는 것이다.

(7) 팽창성 지질

연약 암반에 굴착되는 터널시공에 있어서 발생 가능한 주요 문제점은 암반특성에 기인한 팽창성 토압, 과다한 용수문제 그리고 낮은 강도로 인한 터널 막장면 및 입구부 사면 안정성 문제 등이다. 팽창성 암반에 터널을 굴착할 경우, 굴착 중 암반이 터널 내부로 밀려들어오거나 지보에 막대한 토압이 작용하게 된다. 따라서, 암석 중에 팽창성 점토광물이 다량으로 함유된 경우 지보 및 라이닝 설계 시 주의가 필요하다. 팽창성을 나타내는 지질에는 다음과 같은 것이 있다.

① 신생대의 이암 및 응회암 : 비교적 세립이고 투수성과 강도가 작은 점토질 암석에 많다. 또한, 파쇄, 변질작용에 의해 연약화된 응회암도 같은 형태의 성상을 나타낸다. 팽창성 점토광물로 몬모리로라이트를 다량으로 함유하는 경우가 많다.
② 사문암 : 사문암은 감람암, 반려암, 휘록암 등의 염기성 암석이 조산운동 등의 지각변동 시에 사문암화 작용(열수변수작용의 일종)에 의해 형성된 것이다. 변질과정에서 자기 스스로 파괴되며, 편상 또는 점토상이 된다. 팽창성 점토광물로서는 사문석이나 활석 등을 포함한다.
③ 변질 안산암 : 화산성 혹은 열수성의 변질작용을 받은 점토광물이 많은 암석이고, 암질변화가 매우 심하다. 원암은 주로 화산암이나 화산쇄설암이다. 팽창성 점토광물로서는 몬모릴로나이트가 많다.
④ 기타 팽창성 암석 : 이질편암이나 녹색편암, 천매암 등이 풍화 및 파쇄작용을 받으면, 터널 굴착 시 응력해방에 의해 편리면의 박리 및 팽창이 발생한다.

⑤ 습곡대·단층파쇄대·단층 점토화대·변질대 : 이들 지대에서는 구조적인 잠재응력이나 암질의 열화에 의해 팽창성을 나타내는 경우가 있다.

팽창성 지질이 분포하는 지역에서는 충분한 사전조사가 필요하며 일반적인 조사법을 보다 면밀하게 시추나 각종 시험을 많이 실시한다. 팽창성 지질 조사 시 유의해야 할 점들은 다음과 같다.

- 지질구조에 대한 정밀조사를 실시하고, 습곡축의 위치, 방향, 정도, 빈도를 확실히 밝힌다.
- 특히 팽창성이 강한 지질로 예상되는 경우는 조사갱을 굴착하여 각종의 물성시험이나 계측을 실시한다.
- 사문암에 대해서는 자기탐사가 유효하다. 특히 엽편상(葉片狀)에 변질된 부분의 분포범위에 대한 확인이 필요하다.
- 탄성파탐사는 전체를 판단하는 데는 유효하지만, 속도값으로 팽창성의 평가를 실시하는 것은 부적당하다.

(8) 기타 지질

① 테일러스(talus) 퇴적물 : 테일러스는 산허리 사면에 퇴적하여 토사의 안식각에 가까운 상태로 안전을 유지하고 있다(그림 7.24). 따라서 터널을 굴착함으로써 미끄러져 움직일 우려가 높고, 그리고 기반암과의 경계면에서는 용수가 많아 터널 입구부에서는 특히 주의가 필요하다.

② 선상지 및 단구의 사력층 : 선상지나 단구의 사력층은 지하수가 풍부하여서 유사(流砂) 등에 따르는 막장의 안정이나 갈수문제에 주의해야 한다.

③ 연약 지질 : 제3기의 이암, 현저한 풍화대, 파쇄대, 제4기층에서는 지반지지력이 부족하여 붕괴·변형을 일으키기가 쉽다.

④ 산사태 지대 : 산사태 붕괴나 붕괴의 염려가 있는 지대에서 특히 터널입구부에 대해서는 주의해야 한다. 큰 구조선 내에 평행하여 터널을 굴착하기 때문에 산사태를 발생시키는 예도 있다.

⑤ 물의 이용이 많은 지역 : 물의 이용이 많은 지역에서는 터널 용수에 의해 갈수문제를 일으키는 경우가 있다. 사전에 우물, 저수지, 용천 등의 수자원 조사, 하천유량조사, 물의 이용 현황조사, 지하수위 변동 시뮬레이션 등을 실시하고, 대책을 세울 필요가 있다.

⑥ 미고결 모래층 : 미고결, 포화함수, 피압수 및 지반의 유실 등의 문제가 많다.

그림 7.24 산허리에 위치하는 테일러스

참 고 문 헌

고기원, 1991, 제주도 서귀포층의 지하분포 상태와 지하수와의 관계(요약), 지질학회지, 제27권, p.528.

고기원, 1997, 제주도의 지하수 부존 특성과 서귀포층의 수문지질학적 관련성, 부산대학교 대학원 박사학위논문, p.325.

고기원, 박원배, 김호원, 채조일, 1992, 제주도의 지하지질구조와 지하수위 변동과의 관계(I)- 강우에 의한 지하수위 변동(요약), 지질학회지, 제28권, p.540.

고기원, 박원배, 윤정수, 고용구, 김성홍, 신승종, 송영철, 윤 선, 1993, 제주도 동-서부 지역의 지하수 부존 형태와 수질 특성에 관한 연구, 재주도보건환경연구원보, 제4권, pp.191~222.

김규봉, 최위찬, 황재하, 김정환, 1984, 한국지질도 오수도폭, 한국동력자원 연구소

김규한, 하우영, 1997. 부평 은광산 지역의 유문암질암과 화강암류의 가스 및 유체포유물 연구. 자원환경지질, p.30, pp.519~529.

김동숙, 이창범, 백상호, 서해길, 최현일, 1988, 석탄자원조사보고소 (제10호) 문경탄전(II) 단산-오정산지역, 한국동력자원연구소, p.41.

김동학, 이병주, 1984, 한국지질도 남원도폭, 한국동력자원연구소

김봉균, 1969, 제주도 신양리 및 고산리지구의 신양리층에 대한 층서 및 고생물학적 연구(영문), 지질학회지, 제5권, pp.103~121.

김봉균, 1972, 서귀포층의 층서 및 고생물학적 연구, 손치무 교수 회갑기념 논문집, pp.1~18.

김상욱, 이영길, 1981, 유천분지 북부의 암석 및 지질구조, 광산지질, p.14, pp.35~49.

김옥준 외, 1965, 제주도 지하수탐색지질조사보고서, 건설부,(주)한국지하자원조사소, pp.1~81.

김옥준, 1970, "옥천층군의 지질시대에 관하여"에 대한 회답, 광산지질, 3권, pp.187~191.

김옥준, 1982, 한국의 지질과 광물자원, 정년퇴임 기념논문집, pp.18~175.

김옥준, 윤선, 길영준, 1968, 한국지질도 청하도폭(1:50,000) 및 설명서. 국립지질조사소

김종열, 1988, 양산단층의 산상 및 운동사에 관한 연구, 부산대학교 대학원, 박사학위논문, p.97.

김종환, 강필종, 임정웅, 1976, LANDSAT-1 영상에 의한 영남지역 지질구조와 광상과의 관계 연구, 지질학회지, Vol.12, pp.79~89.

김천수, 배대석, 정찬호, 김경수, 1996, 고준위 방사성 폐기물 처분기술 개발. 과학기술처.

김형식, 1971, 옥천변성대의 변성상과 광역변성작용에 관한 연구, 지질학회지 p.7, pp.221~256.

나기창, 김형식, 이상헌, 1982, 서산층군의 층서와 변성작용. 광산지질, p.15, pp.33~39.

민경원, 조문섭, 권성택, 김인중, 長尾敬介, 中村榮三, 1995, 충주지역에 분포하는 변성암류의 K-Ar의 연대:원생대 말기(65 Ma)의 옥천대 변성작용, 지질학회지 31권, pp.315~327.

박기화,이봉주, 한만갑, 김정찬, 기원서, 박원배, 김태윤. 2003, 제주도지질여행, p.179.

박병권, 1985, 조선누층군 상부 캠브리아계 화절층 rhythmite의 성인. 지질학회지, p.21, pp.184~195.

박정서, 신명식, 정찬순, 이명환, 윤덕용, 김성환, 황한석, 1975, 단양탄정 정밀 지질조사보고서와 지질도, 국립광물자원여구소, p.54.

박준범, 1994, 제주도 화산암의 지화학적 진화, 연세대학교 대학원 박사학위 논문, p.303.

박준범, 권성택, 1991, 제주도 화산암의 암석화학적 진화(2); 제주 동부 월라봉 부근 시추코아 연구(요약). 지질학회지, 제27권, p.531.

박준범, 권성택, 1993a, 제주도 화산암의 지화학적 진화; 제주 북부 지역의 화산층서에 따른 화산암류의 암석기재 및 암석화학적 특징, 지질학회지, 제29권, pp.39~60.
박준범, 권성택, 1993b, 제주도 화산암의 지화학적 진화(II); 제주 북부 지역의 화산암류의 미량원소적 특징, 지질학회지, 제29권, pp.477~492.
박형동, 2002, "이암과 셰일의 지질공학적 특성" 한국지반공학회 암반역학위원회 학술세미나 논문집, pp.20~30.
배대석, 1996, 편마암지역 지하공동주변 단열암반의 지하수유동 특성연구. 충남대, 박사학위 논문.
선우춘, 이병주, 김기석, 2010, '지질공학 원리와 실제', Engineering Geology- Principle and practice, ed. by M.H. de Freitas, 도서출판 씨아이알, p.489.
손치무 · 정지곤, 1971, 평창북서부의 지질. 지질학회지, p.7, pp.143~152.
손치무, 1970, 옥천층군의 지질시대에 관하여, 광산지질 3권 pp.9~16
손치무, 1971. 동아의 선캠브리아계의 층서. 광산지질, p.4, pp.19~32.
솜치무, 1975, 영춘부근의 지질구조, 지질학회지, 11권 pp.145~166
신희순, 선우춘, 이두화, 2000, 토목기술자를 위한 지질조사 및 암반분류, 구미서관, p.491.
엄상호, 서해길, 김동숙, 최일현, 박석환, 배두종, 이호영, 전희영, 권육상, 1977, 자원개발연구소, 문경탄전 정밀지질조사 보고서, p.60.
엄상호, 이동우, 박봉순 (1964) 한국지질도 포항도폭(1:50,000) 및 설명서. 국립지질조사소
엄성호, 이동우, 박봉순, 1964, 한국지질도 1/5만 포항도폭, 국립지질조사소
원종관, 1976, 제주도의 화산암류에 대한 암석화학적인 연구, 지질학회지, Vol.12, pp.207~226.
원종관, 이문원, 이동영, 손영관, 1993, 성산도폭지질도 설명서
원종관, 이문원, 이동영, 윤성효, 1995, 표선도폭지질도 설명서
윤상규, 김원영, 1984, 제주지역 지열조사 연구, 한국자원연구소, 국토이용지질조사연구, 83-5-08, pp.109~140.
윤성효, 1988, 포항분지 북부(칠포-월포 일원)에 분포하는 화산암류에 대한 암석학적층서적 연구. 광산지질, Vol.21, pp.117~129.
이대성, 1974, 옥천계 지질시대 결정을 위한 연구, 연세논총, p.11, pp.299~323.
이대성, 이하영, 1972, 옥천계내에 협재된 석회질 지층에 관한 암석학적 및 미고생물학적 연구, 손치무 교수 송수기념 논문집, pp.89~111.
이동영, 윤상규, 김주용, 김윤종, 1987, 제주도 제4기 지질조사연구, 한국동력자원연구소, KR-87-29, pp.233~278.
이문원, 1982, 한국 제주도의 암석학(I), 일본 암석광물광상학회지, 제77권, pp.203~214.
이병주, 1989, 이축성변형작용에 의해 형성된 압쇄암 내에 발달하는 미소구 조를 통한 이동 방향 결정 - 프랑스 남부 중앙지괴와 한반도 호남 압쇄대를 예로하여-, 지질학회지, vol.25, pp.152~163.
이병주, 1992, 화순탄전 북부지역에서 우수향 연성주향운동에 관련된 변형작용, 지질학회지, Vol.28, pp.40~51.
이병주, 김유봉, 이승렬, 김정찬, 강필종, 최현일, 진명식, 1999, 서울-남천점(1:250,000) 지질도 및 지질설명서, KR-99(S)-1, 한국지질자원연구소, p.64.
이병주, 박봉순, 1983, 옥천대의 변형 특성과 그 변형 과정 - 충북 남서단을 예로 하여-, 광산지질, p.16, pp.11~123.

이병주, 선우춘, 2009, 심도에 따른 불연속면의 형태 변화에 대한 고찰 -호남탄전과 수원인근 지역을 예로 하여-, 지질공학, 15권, 3호, pp.287~294.

이병주, 선우춘, 2009, 운모편암 분포지인 OO터널 종점부에서 절토사면의 안정성 분석연구, 지질공학, 16권, 2호, pp.287~294

이상만, 1966, 제주도의 화산암류(영문), 지질학회지, 제2권, pp.1~7.

이상만, 1980, 지리산 북동부 일대의 변성이질암에 관한 연구, 지질학회지, Vol.16, No.1, pp.35~46.

이재화, 이하영, 유강민, 이병수, 1989, 황강리층의 석회질 역에서 산출된 미화삭과 그의 층석적 의의, 지질학회지, 8권 pp.25~36.

이현구, 문희수, 민경덕, 김인수, 윤혜수, 板谷徹丸 (1992) 포항 및 장기분지에 대한 고지자기, 층서 및 구조연구 : 화산암류의 K-Ar년대. 광산지질, 제25권, pp.337~349.

立岩嚴, 1924, 조선지질도 제2집, 연일.구룡포 및 조양 도폭, 조선총독부 지질조사소.

장기홍, 1977, 경상분지 상부 중생계의 층서, 퇴적 및 지질구조, 지질학회지, Vol.13, pp.76~90.

장기홍, 1978, 경상분지 상부 중생계의 층서, 퇴적 및 지구조(II), 지질학회지, Vol.14, pp.120~135.

장기홍, 1985, 한국지질론. 민음사, p.215.

장태우, 1985, 전남 영광부근 화강암 mylonite 미구조의 순차적 발달, 지질학회지, Vol.21, pp.133~146.

장태우, 1994, 광주 전단대내 석영 분쇄암의 미구조에 관한 연구, 지질학회, p.30, pp.140~152.

장태우, 1997, 결정질암류 분포지역의 지질구조 특성연구, 한국원자력연구소.

장태우, 장천중, 김영기, 1993, 언양지역 양산단층 부근 단열의 기하분석, 광산지질, Vol.26, pp. 227~236.

정창희, 1969, 강원도 삼척탄전의 층서 및 고생물(I), 지질학회지, 5권, pp.13~56.

정창희, 1970, 지질학개론, 박영사, p.560.

정창희, 1971, 단양탄전의 층서 및 고생물, 지질학회지, 7권, pp.63~88.

정창희, 이하영, 고인석, 이종덕, 1979, 한국 하부 고생대층의 퇴적환경 (특히 정선지역을 중심으로). 학술원 논문집(자연과학편), p.18, pp.123~169.

채병곤, 장태우, 1994, 청하-영덕지역 양산단층의 운동사 및 관련단열 발달상태, 지질학회지, Vol.30, pp.379~394.

최위찬, 2001, 한반도 단층 등급분류, 한국지반공학회 암반역학위원회 특별세미나 논문집, pp.3~21.

최위찬, 최성자, 박기화, 김규봉, 1996. 철원-마전리 지질조사보고서. 한국자원연구소. p.31. 태백산지구지하자원조사단, 1962, 태백산지구 지질도. 대한지질학회.

최현일, 임순복, 1989, 문경탄정 대동지층의 퇴적환경 및 분지발달, KR-88(B)-9, 한국동력자원연구소, p.85.

하우영, 1996. 부평지역 유문암질 및 화강암질 암석의 암석학적 연구. 이화여자대학교 석사학위논문, p.88.

한국지반공학회, 2009, 지반기술자를 위한 지질 및 암반공학, p.719

황재하, 이병주, 송교영, 1994, 제주도의 제 4기 지구조운동. 자원환경지질학회지, 제27권, pp.209~212.

Akai K., Yamamoto K. and Arioka M., 1970, Experimentelle Forschung über anisotropische Eigenschaften von kristallinen Schiefern, in Proc. 2nd Int. cong. Rock Mechanics, Belgrade, vol.II, pp.181~186.

Allirot D. and Boehler J.P., 1979, Evolution des proprietes mechanique d'une roche stratifiee sous pression de confinement, in Proc. 4th Int. Cong. Rock Mechanics, Montreux, Vol.1, pp.15~22, Balkema, Rotterdam.

Allirot D., Boehler J.P. and Sawczuk A., 1977, Irreversible deformation of an anisotropic rock under hydrostatic pressure, Int. J. Rock Mech. Min. Sci. & Geomech. Abstr., vol.1, p.4, pp.423~430.

Bandis S., 1993, "Engineering properties and characterization of rock discontinuities." Comprehensive Rock Engineering(eds J.A. Hudson, E.T. Brown, C. Fairhurst & E. Hoek), Pergamon Press, Oxford, Vol. 1, pp.155~183.

Bandis S., A. Lumsden and N. Barton, 1981, "Experimental studies on scale effects on the shear behaviour of rock joints.", International Journal of Rock Mechanics and Mining Science and Geomechanics Abstracts, Vol. 18, No. 1, pp.1~21.

Bandis S., A. Lumsden and N. Barton, 1983, "Fundamentals of rock joint deformation." International Journal of Rock Mechanics and Mining Science and Geomechanics Abstracts, Vol. 20, No. 6, pp.249~268.

Barton N. & S. Bandis, 1980, "Some effects of scale on the shear strength of joints.", International Journal of Rock Mechanics and Mining Science and Geomechanics Abstracts, Vol. 17, No. 1, pp.69~73.

Barton N. & S. Bandis, 1982, "Effects of block size on the shear behaviour of jointed rock." Issues in rock mechanics. In Proceedings of 23rd US Symposium of Rock Mechanics, Berkeley, California, AIME, New York, pp.739~760.

Barton N. & V. Choubey, 1977, "The shear strength of rock joints in theory and practice.", Rock Mechanics, Vol. 12, No. 1, pp.1~54.

Barton N., 1971, "A relationship between joint roughness and joint shear strength.", Rock fracture, In Proceedings of International Symposium on Rock Fracture, Nancy, pp.1~8.

Barton N., 1973, "Review of a new shear strength criterion for rock joints.", Engineering Geology, Vol. 7, pp.287~332.

Barton N., 1974, "A Review of the Shear Strength of Filled Discontinuities in Rock.", Norwegian Geotechnical Institute Publication, No. 105.

Barton N., 1982, "Shear strength investigations for surface mining." In Stability in Surface Mining, Proceedings of 3rd International Conference (ed. Brawner), Vancouver, British Columbia, Society of Mining Engineers, pp.171~196.

Barton N., 1986, "Deformation phenomena in jointed rock.", Geotechnique, Vol. 36, No. 2, pp.147~167.

Bieniawski, Z.T. 1976. Rock mass classification in rock engineering. In Exploration for Rock Engineering, Proc. Of the Symp., (ed. Z.T. Bieniawski), 1, pp.97~106. Cape Town, Balkema.

Choi, H.I. and Park, K.S., 1985, Cretaceous/Neogene stratigraphic transition and Post-Kyeongsang tectonic evolution along and off the southeast coast, Korea, Jour. Geol. Soc. Korea, p.21, pp.281~296.

Choi, S.J. and Woo, K.S., 1993, Depositional environment of the Ordovician Yeongheung Formation near Machari area, Yeongweol, Kangweon-do, Korea. J. Geol. Soc. Korea, p.29, pp.375~386.

Choi, Y. S., Kim, J. C., and Lee, Y. I., 1993, Subtidal, flat-pebble conglomerates from the Early Ordovician Mungok Formation, Korea: origin and depositional process. J. Geol. Soc. Korea, p.29, pp.15~29.

Chough, S.K., Hwang, I.G. and Choe, M.Y. (1989) The Doumsan fan-delta system, Miocene Pohang Basin (SE Korea). Field Excursion Guide-book, Woosung Pub. Co., p.95.

Cluzel, D., Cadet, J-P., and Lapierre, H., 1990, Geodynamics of the Ogcheon belt (SOuth Korea), Tectonophysics, p.183, pp.31~56.

Deere D.U. & R. Miller, 1966, "Engineering classification and index properties for intact rock", Technical Report No. AFWL-TR-65-116, Air Force Weapons Lab., Kirtland Base, New Mexico.

Deere, D.U. and Deere, D.W., 1988, The rock qualitu designation (RQD) index in practice. In Rock classification systems for engineering purpose, (ed, L. Kirkaldie), ASTM Special Publication p.984, pp.91~101, Philadelphia: Am. Soc. Test. Mat.

Donath F.A., 1961, Experimental study of shear failure in anisotropic rocks, Geol. Soc. Am. Bull., vol.72, pp.985~990.

Donath F.A., 1963, Fundamental problems in dynamic structural geology, In The Earth Sciences(Ed. by Donnelly), pp.83~103, The University of Chicago Press.

Duncan J.M. & C.Y. Chang, 1970, "Non-linear analysis of stress and strain soils.", Journal of Soil Mechanics and Foundation Engineering, Div ASCE, Vol. 96, pp.1629~1655.

Flores G. & A. Karzulovic, 2003, "Geotechnical Guidelines. Geotechnical Characterization", ICS-II Caving Study, Task 4, JKMRC, Brisbane.

Franklin J.A. & Dusseault M.B., 1989, Rock Engineering, McGraw-Hill, New York.

Giani G.P., 1992, Rock Slope Stability Analysis, Balkema, Rotterdam.

Goodman R.E., 1970, "Deformability of joints.", Determination of the In Situ Modulus of Deformation of Rock, ASTM STP 477, ASTM, Ann Arbor, Michigan, pp.174~196.

Goodman R.E., 1976, "Methods of Geological Engineering in Discontinuous Rocks.", West Publishing, New York.

Goodman R.E., 1989, "Introduction to Rock Mechanics", 2nd ed., Wiley, New York, p.478.

Goodman R.E., R. Taylor & T. Brekke, 1968, "A model for the mechanics of jointed rock.", Journal of Soil Mechanics and Foundation Engineering, Div ASCE, Vol. 96, pp.637~659.

Goodman, R. E., 1980, "Introduction to Rock Mechanics", Wiley, New York, p.478.

Hencher S.R. & L.R. Richards, 1982, "The basic frictional resistance of sheeting joints in Hong Kong granite.", Hong Kong Engineer, Vol. 11, No. 2, pp.21~25.

Hencher S.R. & L.R. Richards, 1989, "Laboratory direct shear testing of rock discontinuities.", Ground Engineering, March, pp.24~31.

Hisakoshi, S., 1943, Geology of Seizen District, Kogendo, Tyosen, J. Geol., Soc., Japan, 50, pp.267~277.

Hoek E and Brown E.T. 1988. The Hoek–Brown failure criterion – a 1988 update. Proc. 15th Canadian Rock Mech. Symp. (ed. J.H. Curran), pp.31~38. Toronto: Civil Engineering Dept., University of Toronto.

Hoek E. & J. Bray, 1981, "Rock Slope Engineering", 3rd ed. IMM, London.

Hoek E. and Brown E.T. 1980. Underground Excavations in Rock. London: Institution of Mining and Metallurgy, p.527.

Hoek E., 2002, "Practical Rock Engineering.", Notes available online at http.//www.rocscience.com.

Hoek, E. 1968. Brittle failure of rock. In Rock Mechanics in Engineering Practice . (eds K.G. Stagg and O.C. Zienkiewicz), pp.99~124. London: Wiley

Hoek, E. 1983. Strength of jointed rock masses, 23rd. Rankine Lecture. G eotechnique 33(3), pp.187~223.

Hoek, E. and Brown, E.T. 1980. Empirical strength criterion for rock masses. J. Geotech. Engng Div., ASCE 106(GT9), pp.1013~1035.

Hoek, E., Carranza–Torres, C.T., and Corkum, B. (2002), Hoek–Brown failure criterion - 2002 edition. Proc. North American Rock Mechanics Society meeting in Toronto in July 2002.

Hoek, E., Wood, D. and Shah, S. 1992. A modified Hoek–Brown criterion for jointed rock masses. Proc. rock characterization, symp. Int. Soc. Rock Mech.: Eurock '92, (J.Hudson ed.). pp.209~213.

Holtz R.D. & W.D. Kovacs, 1981, "Introduction to Geotechnical Engineering.", Prentice Hall, Englewood Cliffs, New Jersey.

Hudson, J.A. and Harrison, J.P., 1997, Engineering Rock Mechanics, ElservierScience Ltd, The Boulevard, Langford Lane Kidington, Oxford UK, pp.113~140.

Hukasawa, T., 1943, Geology of Heisyo District, Kogendo, Tyosen. Geol. Soc. Japan, 50, pp.29~43.

Hwang, I.G., 1993, Fan–delta system in the Pohang basin (Miocene), SE Korea. Unpubl. Ph.D. Thesis, Seoul Nat'l. Univ., p.923.

ISRM, 2007, The Complete ISRM Suggested Methods for Rock Characterisation, Testing and Monitoring, 1974–2006(eds. R. Ulusay & Hudson J.A.), ISRM Turkish National Group, Ankara, Turkey.

Kang, P.C., 1979a, Geology analysis of Landsat imagery of South Korea(I), JourGeol. Soc. Korea, Vol.15, pp.109~126.

Kang, P.C., 1979b, Geology analysis of Landsat imagery of South Korea (II), Jour. Geol. Soc. Korea, Vol.15, pp.181~191.

Kee, W. S. and Kim, J H. 1992, Shear criteria in mylonites from the Soonchang Shear Zone, the Hwasun coalfield, Korea. J. Geol. Soc, Korea, Vol.29, pp.426~436.

Kennan, P, S., 1973, Weathered granite at the Turlough Hill pumped storage scheme, Co. Wicklow, Ireland. Quarterly Journal of Engineering Geology, Vol.6, pp.177~180.

Kim, B.K., 1965, The Stratigraphic and Paleontologic Studies on the Tertiary (Miocene) of the Pohang Areas, Korea. Jour. Seoul. Univ. Science and Technology Ser., Vol.15, pp.32~121.

Kim, J. C. and Lee, Y. I., 1998, Cyclostratigraphy of the Lower Ordovician Dumugol Formation, Korea: Meter-scale cyclicity and sequence stratigraphic interpretation. Geosci. J., p.2, pp.134~147.

Kobayashi, T., 1953, Geology of South Korea. J. Fac. Soc. Univ. Tokyo, Sect. 2, 8(4), p.293.

Kobayashi, T., 1966, The Cambro-Ordovician formations and faunas of South Korea. Part X. stratigraphy of Chosen Group in Korea and south Manchuria and its relation to the Cambro-Ordovician formations of other areas. Sect. A. The Chosen Group of South Korea: J. Sci., Univ. of Tokyo, Sect II. p.16, pp.1~84.

Kulhawy F., 1975, "Stress deformation properties of rock and rock discontinuities.", Engineering Geology, Vol. 9, pp.327~350.

Kwansniewski, M. A., 1993, Mechanical behaviour of anisotropic rocks, Comprehensive rock engineering, ed. J.A. Hudson, Pergamon press, Vol.1, pp.285~310.

Lama R.D. and Vutukuri V.S., 1978a, Handbook on Mechanical Properties of Rocks, Trans Tech Publications, Clausthal, Germany.

Lee, J.S., 1989, Petrology and tectonic setting of the Cretaceous to Cenozoic volcanics of South Korea; geodynamic implications on the East-Eurasian margin, PhD Thesis, Universite D'ORLEANS(in French with Korean abstract).

Lee, M.W., 1982, Petrology and geochemistry of the Jeju volcanic Island., Korea. Sci. Rep. Tohoku Univ., Series 3, 15, pp.177~256.

Lee, Su Gon, 1973, "Weathering of Granite", Jour. Geol. Soc. Korea, Vol.29, No.4, pp.396~413.

Lee, Y. I. and Kim, J. C., 1992, Storm-influenced siliciclastic and carbonate ramp deposits, the Lower Ordovician Dumugol Formation, South Korea. Sedimentology, 39, pp.951~969.

McMahon B.K., 1985, Some practical considerations for the estimation of shear strength of joints and other discontinuities, Fundamentals of Rock Joints. Proceedings of Int. Symp. (ed. Stephansson), Bjorkliden, pp.475~485. Centek Publishers, Luiea, Sweden.

Müller O., 1930, Untersuchungen an Karbongesteinen zur Klärung von Gebirgsdruckgragen, Glükauf, 66, pp.1601~1612.

Nakamura, E., Campbell, I. H., and McCulloch, M.T., 1989, Chemical geodynamics in a back arc region around the Sea of Japan; implications for the genesis of alkaline basalts in Japan, Korea, and China; J.Geophy.Res., v.94, pp.4634~4654.

Nakamura, E., McCulloch, M.T., and Campbell, I. H., 1990, (Review) Chemical geodynamics in a back arc region of Japan based on the trace element and Sr-Nd isotopic compositions; Tectonophysics, v.174, pp.207~233.

Onodera, T.F. & Kurma, A.H.M. 1980, Relation between texture and mechanical properties of crystalline rocks, Bull. Int. Ass. Engng. Geol., No.22, pp.173~177.

Patton F.D., 1966, "Multiple modes of shear failure in rock.", Proceedings of 1st Congress of International Society of Rock Mechanics, Lisbon, I, pp.509~513.

Priest S.D., 1993, "Discontinuity Analysis for Rock Engineering.", Chapman & Hall, London, p.473.

Pusch, R., 1995, Rock Mechanics on Geological Base, Elservier, p.498.

Rahn, J. R. L., 1973, The weathering of tombstones and its relationship to the topography of New England. Journal of Geological Education, Vol.19, p.197.

Reedman, A.J. and Fletcher, C., 1976, Tilites of Ogcheon Group and their stratigraphic significance, J. Geol. Soc. Korea, Vol.12 pp.107~112.

Reedman, A.J. and Um, S. H., 1975, Geology of Korea. Korea Institute of Energy and Resources, p.139.

Simons N, B. Menzies & M. Matthews, 2001, "A Short Course in Soil and Rock Slope Engineering.", Tomas Telford, London.

Simpson, C. and Schmid, S, m. , 1983, An evaluation of criteria to doduce the sense of movement in sheared rocks, Geol. Soc. Am. Bull., p.94, pp.1281~1288.

Spry,A., 1969, Metarmorphic texture: Oxford, Pergamon Prerss, p.350.

Szakacs, A., 1994, Redefining active volcanoes; a discussion; Bull.Volcanol., v.56, pp.321~325.

Tamanyu, S., 1990, The K-Ar ages and their stratigraphic interpretation of the Cheju Island volcanics, Korea; Bull.Geol.Sur.Japan, v.41, pp.527~537.

Tateiwa, I., 1924, Ennichi-Kyuryuho and Choyo sheet. Geol. Atlas Chosen, No.2, Geol. Sur. Chosen.

Tse R. & D.M. Cruden, 1979, "Estimating joint roughness coefficients.", International Journal of Rock Mechanics and Mining Science and Geomechanics Abstracts, Vol. 16, No. 5, pp.303~307.

Wittke W., 1990, "Rock Mechanics.", Theory and Applications with Case Histories. Springer-Verlag, Berlin.

Wyllie D.C. & C.W. Mah, 2004, "Rock Slope Engineering", Civil and Mining, 4th ed. Spon Press, London.

Wyllie D.C. and N.I. Norrish, 1996, "Rock strength properties and their measurement.", In Landslides Investigation and Mitigation, Special Report 247 (eds Turner A.K. and R. Schuster), Transportation Research Board, NRC, National Academy Press, Washington DC, pp.372~390.

Wyllie D.C., 1992, "Foundations on Rock.", E and FN Spon, London.

Yanai, S., Park, B, S, and Otoh, S., 1985, The Honam shear zone (South Korea): Deformation and Tectonic Implication in the Far East. Scientific papers College Arts and Sciences, Univ. of Tokyo, p.35, pp.181~210.

Yoo, C.M. and Lee, Y.I., 1997, Depositional cyclicity of the Middle Ordovician Yeongheung Formation, Korea. Carbo. Evap., p.12, pp.192~203.

Yoon, S., 1975, Geology and paleontology of the Tertiary Pohang Basin, Pohang district, Korea, Part 1. Geology. Jl. Geol. Soc. Korea, v.11, pp.187~214.

Yoshimura, 1940, Geology of the Neietsu District, Kogendo, Tyosen(Korea). J. Geol. Soc. Japan, p.47, pp.112~122.

Yun, H.S., 1986, Emended stratigraphy of the Miocene formation in the Pohang Basin, Part 1. Jl. Paleont. Soc. Korea, v.2, pp.54~69.

Yun, S., 1978, chemical composition and depositional environment of the Cambro-Ordovician sedimentary sequences in Yeonhwa I mine, southeastern Taebaegsan region, J. Geol. Soc. Korea, Vol.14 pp.145~174.

Zhang L., 2005, "Engineering Properties of Rocks.", Elsevier GeoEngineering Book Series, Vol. 4, Elsevier, Amsterdam.

찾 아 보 기

[ㄱ]

[ㅇ]

[ㅊ]

[ㅋ]

[ㅌ]

[ㅍ]

기타

토목기술자를 위한

한국의 암석과 지질구조(개정판)

초판인쇄 2010년 12월 08일
초판발행 2010년 12월 15일
2판 1쇄 2014년 11월 28일

지 은 이 이병주, 선우춘
펴 낸 이 김성배
펴 낸 곳 도서출판 씨아이알

책임편집 양승원
디 자 인 나영선, 류지영
제작책임 황호준

등록번호 제2-3285호
등 록 일 2001년 3월 19일
주 소 100-250 서울특별시 중구 필동로8길 43(예장동 1-151)
전화번호 02-2275-8603(대표)
팩스번호 02-2275-8604
홈페이지 www.circom.co.kr

ISBN 979-11-5610-101-7 93530
정가 28,000원

ⓒ 이 책의 내용을 저작권자의 허가 없이 무단전재 하거나 복제할 경우 저작권법에 의해 처벌될 수 있습니다.

여러분의 원고를 기다립니다.

도서출판 씨아이알은 좋은 책을 만들기 위해 언제나 최선을 다하고 있습니다. 토목·해양·환경·건축·전기·전자·기계·불교·철학 분야의 좋은 원고를 집필하고 계시거나 기획하고 계신 분들, 그리고 소중한 외서를 소개해주고 싶으신 분들은 언제든 도서출판 씨아이알로 연락 주시기 바랍니다. 도서출판 씨아이알의 문은 날마다 활짝 열려 있습니다.

출판문의처 : cool3011@circom.co.kr 02)2275-8603(내선 605)

<<도서출판 씨아이알의 도서소개>>

※ 문화체육관광부의 우수학술도서로 선정된 도서입니다.
† 대한민국학술원의 우수학술도서로 선정된 도서입니다.
§ 한국과학창의재단 우수과학도서로 선정된 도서입니다.

토목 · 지질

토목 그리고 Infra BIM
황승현, 전진표, 서정완, 황규환 저 / 2014년 10월 / 264쪽(사륙배판) / 25,000원

지반기술자를 위한 해상풍력 기초설계(지반공학 특별간행물 7)
(사)한국지반공학회 저 / 2014년 10월 / 408쪽(사륙배판) / 30,000원

기초 임계상태 토질역학
A. N. Schofield 저 / 이철주 역 / 2014년 10월 / 270쪽(155*234) / 20,000원

제2판 토질시험
이상덕 저 / 2014년 9월 / 620쪽(사륙배판) / 28,000원

제3판 기초공학
이상덕 저 / 2014년 9월 / 540쪽(사륙배판) / 28,000원

CIVIL BIM의 기본과 활용
이에이리 요타(家入龍太) 저 / 2014년 9월 / 240쪽(신국판) / 16,000원

토목구조기술사 합격 바이블 2권
안흥환, 최성진 저 / 2014년 9월 / 1220쪽(사륙배판) / 65,000원

토목구조기술사 합격 바이블 1권
안흥환, 최성진 저 / 2014년 9월 / 1076쪽(사륙배판) / 55,000원

기초 수문학
이종석 저 / 2014년 8월 / 552쪽(사륙배판) / 28,000원

기초공학의 원리
이인모 저 / 2014년 8월 / 520쪽(사륙배판) / 28,000원

실무자를 위한 토목섬유 설계·시공
전한용, 장용채, 장정욱, 정연인, 박영목, 정진교, 이광열, 김윤태 저 / 2014년 8월 / 588쪽(사륙배판) / 30,000원

토질역학
배종순 저 / 2014년 7월 / 500쪽(사륙배판) / 25,000원

수리학
김민환, 정재성, 최재완 저 / 2014년 7월 / 316쪽(사륙배판) / 18,000원

공업정보학의 기초
YABUKI Nobuyoshi, MAKANAE Koji, MIURA Kenjiro T. 저 / 황승현 역 / 2014년 7월 / 244쪽(신국판) / 16,000원

엑셀로 배우는 토질역학(엑셀강좌시리즈 8)
요시미네 미츠토시 저 / 전용배 역 / 2014년 4월 / 236쪽(신국판) / 18,000원

암반분류
Bhawani Singh, R.K. Goel 저 / 장보안, 강성승 역 / 2014년 3월 / 552쪽(신국판) / 28,000원

지반공학에서의 성능설계
아카기 히로카즈(赤木 寬一), 오오토모 케이조우(大友 敬三), 타무라 마사히토(田村 昌仁), 코미야 카즈히토(小宮 一仁) 저 / 이성혁, 임유진, 조국환, 이진욱, 최찬용, 김현기, 이성진 역 / 2014년 3월 / 448쪽(155*234) / 26,000원

건설계측의 이론과 실무
우종태, 이래철 공저 / 2014년 3월 / 468쪽(사륙배판) / 28,000원

엑셀로 배우는 셀 오토매턴 (엑셀강좌시리즈 7)
기타 에이스케(北 栄輔), 와키타 유키코(脇田 佑希子) 저 / 이종원 역 / 2014년 3월 / 244쪽(신국판) / 18,000원

재미있는 터널 이야기
오가사와라 미츠마사(小笠原光雅), 사카이 구니토(酒井邦登), 모리카와 세이지(森川誠司) 저 / 이승호, 윤지선, 박시현, 신용석 역 / 2014년 3월 / 268쪽(신국판) / 16,000원

토질역학(제4판)
이상덕 저 / 2014년 3월 / 716쪽(사륙배판) / 30,000원

지질공학
백환조, 박형동, 여인욱 저 / 2014년 2월 / 308쪽(155*234) / 20,000원

토질역학_기초 및 적용(제2판)
김규문, 양태선, 전성곤, 정진교 저 / 2014년 2월 / 412쪽(사륙배판) / 24,000원

내파공학
Goda Yoshimi 저 / 김남형, 양순보 역 / 2014년 2월 / 660쪽(사륙배판) / 32,000원

미학적으로 교량 보기
문지영 저 / 2014년 2월 / 372쪽(사륙배판) / 28,000원

지반공학 수치해석을 위한 가이드라인
D. Potts, K. Axelsson, L. Grande, H. Schweiger, M. Long 저 / 신종호, 이용주, 이철주 역 / 2014년 1월 / 356쪽(사륙배판) / 28,000원

흐름 해석을 위한 유한요소법 입문
나카야마 츠카사(中山司) 저 / 류권규, 이해균 역 / 2013년 12월 / 300쪽(신국판) / 20,000원

암반역학의 원리(제2판)
이인모 저 / 2013년 12월 / 412쪽(사륙배판) / 28,000원

토질역학의 원리(제2판)
이인모 저 / 2014년 8월 / 612쪽(사륙배판) / 30,000원

터널의 지반공학적 원리(제2판)
이인모 저 / 2013년 12월 / 460쪽(사륙배판) / 28,000원

댐의 안전관리
이이다 류우이치(飯田隆一) 저 / 박한규, 신동훈 역 / 2013년 12월 / 220쪽(155*234) / 18,000원

댐 및 수력발전 공학(개정판)
이응천 저 / 2013년 12월 / 468쪽(사륙배판) / 30,000원

(뉴패러다임 실무교재) 지반역학
시바타 토오루 저 / 이성혁, 임유진, 최찬용, 이진욱, 엄기영, 김현기 역 / 2013년 12월 / 424쪽(155*234) / 25,000원

Civil BIM with Autodesk Civil 3D
강태욱, 채재현, 박상민 저 / 2013년 11월 / 340쪽(155*234) / 24,000원

알기 쉬운 구조역학(제2판)
김경승 저 / 2013년 10월 / 528쪽(182*257) / 25,000원

새로운 보강토옹벽의 모든 것
종합토목연구소 저 / 한국시설안전공단 시설안전연구소 역 / 2013년 10월 / 536쪽(사륙배판) / 30,000원

응용지질 암반공학 †
김영근 저 / 2013년 10월 / 436쪽(사륙배판) / 28,000원

터널과 지하공간의 혁신과 성장 ※
그레이엄 웨스트(Graham West) 저 / 한국터널지하공간학회 YE위원회 역 / 2013년 10월 / 472쪽(155*234) / 23,000원

터널공학_터널굴착과 터널역학
Dimitrios Kolymbas 저 / 선우춘, 박인준, 김상환, 유광호, 유충식, 이승호, 전석원, 송명규 역 / 2013년 8월 / 440쪽(사륙배판) / 28,000원

터널 설계와 시공
김재동, 박연준 저 / 2013년 8월 / 376쪽(사륙배판) / 22,000원

터널역학
이상덕 저 / 2013년 8월 / 1184쪽(사륙배판) / 60,000원

철근콘크리트 역학 및 설계(제3판)
윤영수 저 / 2013년 8월 / 600쪽(사륙배판) / 28,000원

토질공학의 길잡이(제3판)
임종철 저 / 2013년 7월 / 680쪽(155*234) / 27,000원

지반설계를 위한 유로코드 7 해설서
Andrew Bond, Andrew Harris 저 / 이규환 · 김성욱 · 윤길림 · 김태형 · 김홍연 · 김범주 · 신동훈 · 박종배 역 / 2013년 6월 / 696쪽(신국판) / 35,000원

옹벽 · 암거의 한계상태설계
오카모토 히로아키(岡本寬昭) 저 / 황승현 역 / 2013년 6월 / 208쪽(신국판) / 18,000원

건설의 LCA
이무라 히데후미(井村 秀文) 편저 / 전용배 역 / 2013년 5월 / 384쪽(신국판) / 22,000원

건설문화를 말하다 ※
노관섭, 박근수, 백용, 이현동, 전우훈 저 / 2013년 3월 / 160쪽(신국판) / 14,000원

건설현장 실무자를 위한 연약지반 기본이론 및 실무
박태영, 정종홍, 김홍종, 이봉직, 백승철, 김낙영 저 / 2013년 3월 / 248쪽(신국판) / 20,000원

지질공학 †
Luis I. González de Vallejo, Mercedes Ferrer, Luis Ortuño, Carlos Oteo 저 / 장보안, 박혁진, 서용석, 엄정기, 최정찬, 조호영, 김영석, 구민호, 윤운상, 김학준, 정교철, 채병곤, 우 익 역 / 2013년 3월 / 808쪽(국배판) / 65,000원

유목과 재해
코마츠 토시미츠 감수 / 야마모토 코우이치 편집 / 재단법인 하천환경관리재단 기획 / 한국시설안전공단 시설안전연구소 유지관리기술그룹 역 / 2013년 3월 / 304쪽(사륙배판) / 25,000원

Q&A 흙은 왜 무너지는가?
Nikkei Construction 편저 / 백용, 장범수, 박종호, 송평현, 최경집 역 / 2013년 2월 / 304쪽(사륙배판) / 30,000원

상상 그 이상, 조선시대 교량의 비밀 ※
문지영 저 / 2012년 12월 / 384쪽(신국판) / 23,000원

인류와 지하공간 §
한국터널지하공간학회 저 / 2012년 11월 / 368쪽(신국판) / 18,000원

재킷공법 기술 매뉴얼
(재)연안개발기술연구센터 저 / 박우선, 안희도, 윤용직 역 / 2012년 10월 / 372쪽(사륙배판) / 22,000원

토목지질도 작성 매뉴얼
일본응용지질학회 저 / 서용석, 정교철 김광염 역 / 2012년 10월 / 312쪽(국배판) / 36,000원

엑셀을 이용한 수치계산 입문
카와무라 테츠야 저 / 황승현 역 / 2012년 8월 / 352쪽(신국판) / 23,000원

강구조설계(5판 개정판)
William T. Segui 저 / 백성용, 권영봉, 배두병, 최광규 역 / 2012년 8월 / 728쪽(사륙배판) / 32,000원

지반기술자를 위한 지질 및 암반공학 III
(사)한국지반공학회 저 / 2012년 8월 / 824쪽(사륙배판) / 38,000원

수처리기술
쿠리타공업(주) 저 / 고인준, 안창진, 원홍연, 박종호, 강태우, 박종문, 양민수 역 / 2012년 7월 / 176쪽(신국판) / 16,000원

엑셀을 이용한 구조역학 공식예제집
IT환경기술연구회 저 / 다나카 슈조 감수 / 황승현 역 / 2012년 6월 / 344쪽(신국판) / 23,000원

풍력발전설비 지지구조물 설계지침 · 동해설 2010년판 †
일본토목학회구조공학위원회 풍력발전설비 동적해석/구조설계 소위원회 저 / 송명관, 양민수, 박도현, 전종호 역 / 장경호, 윤영화 감수 / 2012년 6월 / 808쪽(사륙배판) / 48,000원

엑셀을 이용한 토목공학 입문
IT환경기술연구회 저 / 다나카 슈조 감수 / 황승현 역 / 2012년 5월 / 220쪽(신국판) / 18,000원

엑셀을 이용한 지반재료의 시험 · 조사 입문
이시다 테츠로 편저 / 다츠이 도시미, 나카가와 유키히로, 다니나카 히로시, 히다노 마사히데 저 / 황승현 역 / 2012년 3월 /342쪽(신국판) / 23,000원

토사유출현상과 토사재해대책
타카하시 타모츠 저 / 한국시설안전공단 시설안전연구소 유지관리기술그룹 역 / 2012년 1월 /80쪽(사륙배판) / 28,000원

해상풍력발전 기술 매뉴얼
(재)연안개발기술연구센터 저 / 박우선, 이광수, 정신택, 강금석 역 / 안희도 감수 / 2011년 12월 /282쪽(사륙배판) / 18,000원

에너지자원 원격탐사 †
박형동, 현창욱, 오승찬 저 / 2011년 12월 /284쪽(사륙배판) / 28,000원

해양시추공학
최종근 저 / 2011년 12월 / 376쪽(사륙배판) / 27,000원

터널설계시공 ※
Pietro Lunardi 저 / 선우춘, 김영근, 민기복, 장수호, 김광염 역 / 2011년 10월 / 584쪽(사륙배판) / 38,000원

건설공사와 지반지질
다나카 요시노리, 후루베 히로시 저 / 백용, 정재형 역 / 2011년 9월 / 228쪽(신국판) / 20,000원

해외광물자원 개발실무 ※
강대우 저 / 2011년 9월 / 736쪽(사륙배판) / 50,000원

수문설비공학
일본 水工環境防災技術研究会 저 / 최범용, 김영도, 조현욱, 양민수 역 / 2011년 9월 / 440쪽(사륙배판) / 27,000원

준설토 활용공학 ※
윤길림, 김한선 저 / 2011년 9월 / 308쪽(사륙배판) / 25,000원

댐 및 수력발전 공학
이응천 저 / 2011년 5월 / 374쪽(사륙배판) / 27,000원

엑셀을 이용한 지반공학 입문
이시다 테츠로 저 / 황승현 역 / 2011년 3월 / 204쪽(신국판) / 18,000원

지반기술자를 위한 지질 및 암반공학 II †
(사)한국지반공학회 저 / 2011년 2월 / 742쪽(사륙배판) / 35,000원

홍콩트랩
백이호 저 / 2011년 2월 / 352쪽(신국판) / 18,000원

방호공학개론
Theodor Krauthammer 저 / 박종일 역 / 2011년 1월 /400쪽(사륙배판) / 30,000원

그라운드 앵커 유지관리 매뉴얼
독립행정법인 토목연구소 · 일본앵커협회 저 / 한국시설안전공단 역 / 2009년 10월 / 238쪽(신국판) / 18,000원

실무자를 위한 흙막이 가설구조의 설계
황승현 저 / 2010년 9월 / 472쪽(사륙배판) / 25,000원

지질공학 †
M. H. de Freitas 편저 / 선우춘, 이병주, 김기석 역 / 2010년 9월 / 492쪽(사륙배판) / 27,000원

말레이시아에 대한민국을 심다
백이호 저 / 2010년 9월 / 304쪽(신국판) / 15,000원

엑셀을 이용한 구조역학 입문
차바타 요스케 · 다나카 카즈미 저 / 송명관 · 노혁천 역 / 2010년 9월 / 224쪽(신국판) / 18,000원

토석류 재해대책을 위한 조사법
사방 · 사태기술협회 저 / 한국시설안전공단 역 / 2010년 4월 / 244쪽(신국판) / 18,000원

지반기술자를 위한 입상체 역학
일본지반공학회 저 / 한국지반공학회 역 / 2010년 3월 / 392쪽(사륙배판) / 28,000원

토질역학 †
장연수 저 / 2010년 2월 / 614쪽(사륙배판) / 33,000원

자원개발공학
Howard L. Hartman, Jan M. Mutmansky 저 / 정소걸, 선우춘, 조성준 역 / 2010년 2월 / 540쪽(사륙배판) / 30,000원

터널붕괴 사례집 ※
(사)한국터널공학회 저 / 2010년 1월 / 420쪽(사륙배판) / 35,000원

한국의 터널과 지하공간 †
(사)한국터널공학회 저 / 2009년 12월 / 500쪽(사륙배판) / 30,000원

재미있는 흙이야기
히메노 켄지 외 저 / 이승호, 박시현 역 / 2009년 9월 / 196쪽(신국판) / 15,000원

터널설계기준 해설서
(사)한국터널공학회 저 / 2009년 6월 / 420쪽(사륙배판) / 30,000원

대형 · 대단면 지하공간 가상프로젝트
(사)한국터널공학회 저 / 2009년 6월 / 184쪽(사륙배판) / 16,000원

지반기술자를 위한 지질 및 암반공학 ※
(사)한국지반공학회 저 / 2009년 3월 / 724쪽(사륙배판) / 35,000원